Bewusstsein

Christof Koch

Bewusstsein

Warum es weit verbreitet ist, aber nicht digitalisiert werden kann

Aus dem Englischen übersetzt von Monika
Niehaus-Osterloh und Jorunn Wissmann

 Springer

Christof Koch
Division of Biology
California Institute of Technology
Pasadena, CA, USA

Übersetzt von
Monika Niehaus
Düsseldorf, Nordrhein-Westfalen
Deutschland

Jorunn Wissmann
Binnen, Niedersachsen, Deutschland

ISBN 978-3-662-61731-1   ISBN 978-3-662-61732-8   (eBook)
https://doi.org/10.1007/978-3-662-61732-8

Die Deutsche Nationalbibliothek verzeichnet diese Publikation in der Deutschen Nationalbibliografie; detaillierte bibliografische Daten sind im Internet über http://dnb.d-nb.de abrufbar.

Übersetzung der englischen Ausgabe: The Feeling of Life Itself – Why Consciousness Is Widespread but Can't Be Computed von Christof Koch, erschienen 2019 bei The MIT Press. © 2019 Massachusetts Institute of Technology. Alle Rechte vorbehalten.

Planung/Lektorat: Sarah Koch
Redaktion: Jorunn Wissmann, Binnen
Springer ist ein Imprint der eingetragenen Gesellschaft Springer-Verlag GmbH, DE und ist ein Teil von Springer Nature.
Die Anschrift der Gesellschaft ist: Heidelberger Platz 3, 14197 Berlin, Germany

*Das Leben ist keine symmetrisch
angeordnete Reihe von Wagenlampen; das
Leben ist ein leuchtender Nimbus, eine halb-
durchsichtige Hülle, die uns vom Anfang
unseres Bewußtseins an bis zum Ende
umgibt.*

aus Virginia Woolfs Essay *Modern Fiction*
(1921, deutsch *Moderne Romankunst*)

Für Teresa

Vorwort: Noch einmal Bewusstsein

Das Bewusstsein ist von zentraler Bedeutung in unserem Leben. Wir können uns diese Tatsache mit einem Gedankenspiel vor Augen führen. Angenommen, der Teufel böte Ihnen einen Pakt an: Sie bekommen so viel Geld, wie Sie wollen, müssen dafür aber auf sämtliches subjektives Empfinden verzichten – Sie werden zum Zombie. Von außen wirkt alles normal; Sie sprechen, handeln, bringen Ihre Reichtümer unters Volk, führen ein ausschweifendes Sozialleben und so fort. Doch Ihr Inneres ist dahin; kein Sehen, Hören, Riechen, Lieben, Hassen, Leiden, Erinnern, Denken, Planen, Sich-Vorstellen, Träumen, Bedauern, Wollen, Hoffen, Fürchten. Aus Ihrer Sicht könnten Sie ebenso gut tot sein, denn genauso würde es sich anfühlen – nach nichts.

Die Frage danach, wie das Erleben in die Welt kommt, beschäftigt uns seit Menschengedenken. Aristoteles warnte seine Leser vor mehr als 2000 Jahren, zuverlässiges Wissen über die Seele zu erlangen, gehöre zum Schwierigsten überhaupt. Dieses als „Körper-Geist-Problem" (früher „Leib-Seele-Problem") bezeichnete Rätsel beschäftigt Philosophen und Gelehrte seit Jahrtausenden. Unser subjektives Erleben erscheint uns grundlegend anders als all die physischen Vorgänge in unserem Gehirn. Die grundlegenden Gleichungen der Physik, das Periodensystem der Elemente, die endlosen ATGC-Reihen unserer Gene – nichts davon gibt Aufschluss über das Bewusstsein. Und dennoch werden wir jeden Morgen wach und sehen, hören, fühlen und denken, was in der Welt geschieht. Wir kennen die Welt nur aus unserem Erleben.

In welcher Beziehung steht das Mentale zum Physischen? Die meisten Vermutungen gehen dahin, dass das Mentale aus dem Physischen erwächst, sobald dieses eine hinreichende Komplexität aufweist. Demnach hätte es auf diesem Planeten vor dem Entstehen so großer Gehirne wie dem unseren das Mentale nicht gegeben. Doch sollen wir wirklich glauben, dass die Welt (um es mit den Worten Erwin Schrödingers auszudrücken) bis zu diesem Zeitpunkt „ein Spiel vor leeren Bänken blieb, für niemanden existent war und somit streng genommen gar nicht existierte"? Alternativ könnte das Mentale immer schon mit dem Physischen präsent gewesen sein, nur in einer nicht ohne weiteres erkennbaren Form. Vielleicht gab es Bewusstsein schon vor den ersten großen Gehirnen? Diesen nur selten beschrittenen Gedankenweg werde ich hier gehen.

Wann begann unser Bewusstsein? War unser erstes Erleben das von Verwirrung und Chaos, als wir mit der Geburt in eine raue Welt katapultiert, von gleißendem Licht geblendet, von Geräuschen und dem verzweifelten Bedürfnis nach Sauerstoff überwältigt wurden? Oder erfolgte es früher in der Wärme und Geborgenheit des Mutterleibs?

Wie wird unser Erlebensstrom einmal enden? Wird er ausgeblasen wie eine Kerze, oder wird er allmählich vergehen? Kann unser Geist, gekettet an ein sterbendes Tier, in einer Nahtoderfahrung Überirdischem begegnen? Kann moderne Technik helfen und unseren Geist in ein konstruiertes Medium überführen, ihm eine neue Hülle geben, indem sie ihn in die Cloud hochlädt?

Hören und sehen Menschenaffen, Tieraffen und andere Säugetiere die Anzeichen des Lebens? Sind Hunde bloße Maschinen, wie René Descartes einst vermutete, oder erleben sie die Welt als wildes Zusammenspiel von Gerüchen?

Außerdem wäre da noch die aktuell drängende Frage, ob Computer ein Erleben haben. Kann ein digitaler Code sich wie etwas anfühlen? Die dramatischen Fortschritte beim maschinellen Lernen haben eine Schwelle überwunden; vielleicht noch zu Lebzeiten mancher Leser wird künstliche Intelligenz (KI) auf dem Niveau des menschlichen Geistes entstehen. Wird diese KI auch ein Bewusstsein auf menschlichem Niveau haben, das ihrem Intelligenzniveau entspricht?

Im vorliegenden Buch beschreibe ich, wie diese Fragen, denen sich früher nur Philosophen, Schriftsteller und Filmemacher widmeten, heute von Wissenschaftlern angegangen werden. Mithilfe ausgefeilter Methoden und Instrumente, die tiefe Einblicke ins Gehirn gewähren und es auch beeinflussen, hat die Bewusstseinsforschung in den letzten zehn Jahren dramatische Fortschritte gemacht. Psychologen ermittelten, welche kognitiven Vorgänge welcher bewussten Wahrnehmung zugrunde liegen. Ein guter Teil der Kognition erfolgt abseits des Bewusstseins. Die Wissenschaft bringt Licht in diese dunklen Passagen, wo fremde, vergessene Dinge ein Schattendasein führen.

Zwei Kapitel widme ich dem Aufspüren des Bewusstseins in seinem Hauptorgan, dem zentralen Nervensystem (ZNS). Überraschenderweise tragen viele Hirnregionen nicht nennenswert zum Erleben bei. Das gilt beispielsweise für das Kleinhirn (Cerebellum), obwohl dieses viermal mehr Nervenzellen enthält als der Neocortex. Und selbst im Neocortexgewebe haben manche Sektoren eine viel innigere Beziehung zum Erleben als andere.

Zu gegebener Zeit wird die Suche nach den neuronalen Fußabdrücken des Bewusstseins Erfolg haben und es irgendwo im Dickicht des Nervensystems aufspüren. Früher oder später wird die Wissenschaft herausfinden, welche Nervenzellensembles welche Proteine exprimieren und in diesem oder jenem Aktivitätsmodus dies oder jenes Erleben beherbergen – dies verspricht enorme Fortschritte in der Behandlung von neurologischen oder psychiatrischen Patienten.

Wenn man die neuronalen Korrelate des Bewusstseins kennt, ist jedoch die grundlegendere Frage noch nicht beantwortet: Warum diese Neurone und nicht jene? Warum diese Schwingung und nicht die andere? Zu ermitteln, welche Art physikalischer Aktivität ein bestimmtes Empfinden erzeugt, ist ein löblicher

Fortschritt. Letztlich aber wollen wir wissen, warum dieser Mechanismus mit Erleben einhergeht. Was unterscheidet die Physik des Gehirns etwa von derjenigen der biologisch ebenfalls komplexen Leber, sodass aus ihr die vergänglichen Empfindungen des Lebens erwachsen?

Wir brauchen eine quantitative Theorie, die beim Erleben ansetzt und von dort aus weiter voranschreitet bis zum Gehirn. Eine Theorie, die ableitet und vorhersagt, wo Erleben zu finden ist. Die für mich aufregendste Entwicklung des vergangenen Jahrzehnts war das Entstehen eben einer solchen Theorie, der ersten dieser Art in der Geschichte des Denkens. Die integrierte Informationstheorie (IIT, auch „Theorie der integrierten Information") betrachtet die Teile und deren Interaktion, woraus ein – evolviertes oder auch konstruiertes – Ganzes entsteht; daraus leitet sie mittels hochspezifischer Berechnungen die Quantität und Qualität des Erlebens dieses Ganzen ab. Den Kern dieses Buches bilden zwei Kapitel, die diese Theorie beschreiben sowie die Art, wie diese jedes bewusste Erleben anhand von intrinsischen kausalen Kräften definiert.

Aus der Nüchternheit dieser abstrakten Betrachtungen wechsle ich dann in die chaotische klinische Praxis. Ich beschreibe, wie unter Anwendung der Theorie ein Tool entwickelt wurde, mit dem sich bei komatösen Patienten das Vorliegen oder Fehlen von Bewusstsein erkennen lässt. Anschließend diskutiere ich einige der kontraintuitiven Vorhersagen der Theorie. Wird das Gehirn an der richtigen Stelle durchtrennt, spaltet sich sein Geist in zwei Entitäten, die innerhalb eines Kopfes koexistieren. Umgekehrt kann, wenn die Gehirne zweier Personen über eine futuristische *Brain-Bridging*-Technik direkt miteinander verbunden werden, daraus ein einheitlicher Geist entstehen; der jeweils eigene Geist der Betroffenen würde ausgelöscht. Die Theorie sagt zudem voraus, dass Bewusstsein ohne Inhalt, im Zusammenhang mit bestimmten Meditationspraktiken als „reines Erleben" *(pure experience)* bekannt, bei nahezu stummem Cortex erreicht werden kann.

Nach Betrachtungen zu der Frage, warum das Bewusstsein überhaupt entstand, wende ich mich den Computern zu. Heute geht man allgemein davon aus, dass digitale, programmierbare Computer zu gegebener Zeit alles werden simulieren können, auch Intelligenz und Bewusstsein auf menschlichem Niveau. Computer-Erleben ist nach Überzeugung vieler nur noch ein paar clevere Klicks entfernt.

Doch der integrierten Informationstheorie zufolge entspricht dies ganz und gar nicht der Wahrheit. Erleben erwächst nicht aus Verarbeitung. Entgegen dem fast religiösen Glauben der Digerati in Silicon Valley wird es keine Seele 2.0 geben, die in der Cloud läuft. Entsprechend programmierte Algorithmen können zwar Bilder erkennen, Go spielen, mit uns sprechen und Auto fahren, doch sie werden nie ein Bewusstsein haben. Selbst ein perfektes Software-Modell des menschlichen Gehirns wird nichts erleben, denn ihm fehlen die intrinsischen kausalen Kräfte des Gehirns. Es wird intelligent handeln und sprechen. Es wird behaupten, ein Erleben zu haben, doch das wird nur vorgetäuscht sein – ein Fake-Bewusstsein. In Wirklichkeit ist niemand zu Hause. Intelligenz ohne Erleben.

Bewusstsein gehört ins Reich des Natürlichen. So wie Masse und Ladung hat es kausale Kräfte. Wollte man ein Bewusstsein von menschlichem Niveau in einer Maschine konstruieren, müsste man die intrinsischen kausalen Kräfte des menschlichen Gehirns auf der Ebene des Metalls, der Transistoren und der Verdrahtung instanziieren. Wie ich noch zeigen werde, sind die intrinsischen kausalen Kräfte heutiger Computer geradezu mickrig im Vergleich zu denen von Gehirnen. Künstliches Bewusstsein verlangt daher entweder nach Computerarchitekturen, die sich grundlegend von den heutigen unterscheiden, oder nach einer Vermischung von neuronalen und Silizium-Schaltkreisen, so wie es sich die Transhumanisten ausmalen.

Im Schlusskapitel erkunde ich die weitere Natur. Angesichts der ungeheuren Komplexität der Gehirne von „einfachen" Tieren unterstellt die IIT Erleben bei Papageien, Rabenvögeln, Oktopussen und Bienen. Bei Quallen ist das Nervensystem noch ein einfaches Nervennetz, daher ist ihr Erleben wohl entsprechend weniger ausgeprägt. Doch selbst einzellige Mikroorganismen bergen in ihrer Hülle eine enorme molekulare Komplexität, daher fühlen auch sie sich vermutlich ein klitzekleines bisschen wie „etwas".

Die integrierte Informationstheorie hat die Vorstellungskraft von Philosophen, Naturwissenschaftlern und Klinikern angeregt, denn sie eröffnet unzählige Möglichkeiten der experimentellen Forschung und verheißt, jene Aspekte der Realität zu beleuchten, die sich empirischen Untersuchungen bislang entzogen haben.

Jeder Unternehmer, der gegen alle Widerstände eine neue Firma gründet, braucht ein gesundes Maß an Selbsttäuschung. Nur so kann er motiviert bleiben, Jahr um Jahr unzählige Stunden zu arbeiten. Dem entsprechend schrieb ich dieses Buch in der Annahme, dass die Theorie zutrifft, ganz ohne die in der Wissenschaft sonst übliche Einschränkung „unter bestimmten Bedingungen". In den Anmerkungen erwähne ich aktuelle Kontroversen und zitiere ausgiebige und aktuelle Literatur. Letztlich muss aber die Natur ihr Urteil in Experimenten fällen, die die Vorhersagen der Theorie entweder bestätigen oder widerlegen werden.

Dies ist das dritte Buch, das ich zum Thema Erleben verfasst habe. *Bewusstsein: ein neurobiologisches Rätsel* erschien 2004 (deutsch 2005) und entstand aus einem Kurs, den ich viele Jahre gab und in dem ich die umfangreiche psychologische und neurologische Literatur zum subjektiven Erleben untersuchte. Darauf folgte 2012 (deutsch 2013) *Bewusstsein: Bekenntnisse eines Hirnforschers,* das sich mit den wissenschaftlichen Fortschritten und Erkenntnissen der vergangenen Jahre befasste, gewürzt mit autobiografischen Passagen. Das vorliegende Buch ist frei von solchen Ablenkungen. Sie brauchen nicht mehr zu wissen, als dass ich eines von sieben Milliarden zufälligen Blättern aus dem Kartenstapel der menschlichen Möglichkeiten bin – ich hatte eine glückliche Kindheit, lebte in vielerlei Städten in Amerika, Afrika, Europa und Asien, ein Physiker, der zum Neurobio-

logen wurde, Vegetarier und Radfahrer mit Hang zur Philosophie und einer ausgeprägten Liebe zu Büchern, großen, ungestümen Hunden, ausgiebiger sportlicher
Aktivität und der freien Natur, leicht melancholisch, da ich im Zwielicht eines
glanzvollen Zeitalters lebe.

Begeben wir uns also auf unsere Entdeckungsreise, mit dem Bewusstsein als
Leitstern.

Seattle   Christof Koch
im Oktober 2018

Danksagung

Bücher zu schreiben, ist eines der großen Vergnügen des Lebens, denn es bereichert uns über längere Zeit auf intellektueller und emotionaler Ebene, anders als die flüchtigeren körperlichen Genüsse. Das Nachdenken über den Inhalt des Buches, Diskutieren mit anderen, das Überarbeiten und die Zusammenarbeit mit Lektoren, Künstlern und dem Verlag fokussiert die eigene mentale Energie.

Hiermit möchte ich allen danken, die mich in den drei Jahren des Schreibens unterstützt haben.

Judith Feldmann überarbeitete meine Prosa. Die Künstlerin Bénédicte Rossi machte aus meinen Skizzen wunderbare Zeichnungen. Der englische Buchtitel ist zusammengesetzt aus den Worten *„you study the feeling of life"* („Sie erforschen, wie sich das Leben anfühlt!"), die Elizabeth Koch nach einem meiner Vorträge ausrief, und dem Titel von Francis Cricks Buch *Life itself: Its Origin and Nature (Das Leben selbst: sein Ursprung, seine Natur).*

Viele Freunde und Kollegen lasen Entwürfe, spürten unglückliche oder inkonsistente Formulierungen auf und halfen mir, die zugrunde liegenden Konzepte klarer zu benennen. Insbesondere möchte ich von Herzen Larissa Albantakis, Melanie Boly, Fatma Deniz, Mike Hawrylycz, Patrick House, David McCormick, Liad Mudrik und Giulio Tononi danken, die sich die Zeit nahmen, den gesamten Text sorgfältig zu lesen und zu korrigieren. Die Philosophen Francis Fallon und Matthew Owen halfen, einige konzeptuell verwirrende Fragen zu klären. Meine Tochter Gabriele Koch korrigierte entscheidende Abschnitte. All dies hat das Buch zu einem besseren gemacht.

Tagsüber bin ich leitender Wissenschaftler und Präsident des Allen Institute for Brain Science in Seattle, wo ich das Säugerhirn auf Ebene der Zellen erforsche. Ich danke dem inzwischen verstorbenen Paul G. Allen für seine Weitsicht und die Mittel dafür, dass meine Kollegen und ich unter dem Motto „Big Science, Team Science and Open Science" die großen Fragen bearbeiten können. Ich danke dem Geschäftsführer des Allen Institute, Allan Jones, dafür, dass er meine Forschungsunternehmungen toleriert. Und ich danke der Tiny Blue Dot Foundation und der Templeton Foundation dafür, dass sie einige der in diesem Buch beschriebenen Forschungsarbeiten gefördert haben.

Nicht zuletzt danke ich meiner Ehefrau, Teresa Ward-Koch, dafür, dass sie mich (gemeinsam mit Ruby und Felix) immer wieder daran erinnert, was im Leben wirklich zählt, und über die vielen Stunden am späten Abend und frühen Morgen hinwegsah, die ich allein schreibend verbrachte.

Inhaltsverzeichnis

Was ist Bewusstsein?

1

Was haben der köstliche Geschmack der Lieblingsspeise, stechende Zahn-schmerzen, das Völlegefühl nach einem schweren Essen, das Dahinkriechen der Zeit beim Warten, das Wollen einer willkürlichen Handlung und die Mischung aus Angeregtheit und einer Prise Angst vor einem Wettbewerb gemeinsam?

Sie alle sind unterschiedliche Erfahrungen; gemeinsam ist ihnen, dass es sich um subjektive Zustände handelt. Sie alle nehmen wir bewusst wahr. Das Wesen des Bewusstseins scheint kaum fassbar zu sein, und viele sind der Ansicht, dass es sich gar nicht definieren lasse. Doch die Definition ist eigentlich ganz einfach. Sie lautet:

Bewusstsein ist Erleben.

Das ist alles. Bewusstsein ist jedes Erleben, vom normalsten bis zum außergewöhnlichsten. Manche ergänzen die Definition noch um die Worte *subjektives* oder *phänomenales*. Für meine Zwecke sind diese Adjektive jedoch überflüssig. Manche unterscheiden „Bewusstheit" *(awareness)* und Bewusstsein *(consciousness)*. Aus Gründen, die ich an anderer Stelle formuliert habe,[1] finde ich diese Unterscheidung nicht hilfreich, darum benutze ich diese Begriffe hier synonym. Ich unterscheide auch nicht zwischen Fühlen bzw. Empfinden *(feeling)* und Erleben *(experience)*, obwohl Fühlen bzw. Empfinden im Alltagsgebrauch meist im Zusammenhang mit starken Emotionen, wie Wut oder Liebe, gebraucht werden. Für mich ist Fühlen ein Erleben. Insgesamt also ist Bewusstsein gelebte Realität. Es entspricht dem, wie es sich anfühlt, lebendig zu sein. Ohne Erleben wäre ich ein Zombie; ich wäre für mich selbst nicht jemand, sondern ein Nichts.

Natürlich hat mein Geist auch noch andere Facetten; insbesondere der große Bereich des Nicht- und des Unbewussten, der abseits des Scheinwerferlichts des Bewusstseins existiert. Die eigentliche Herausforderung am Körper-Geist-Problem ist jedoch das Bewusstsein, nicht die unbewusste Verarbeitung; rätselhaft ist doch, dass ich etwas *sehen,* etwas *fühlen* kann und nicht die Frage, wie mein visuelles System die auf meine Netzhaut einprasselnden Photonen so verarbeitet, dass ich ein Gesicht erkenne. Letzteres schafft jedes Smartphone, doch kein Gerät kann sehen oder fühlen.

Der im 17. Jahrhundert lebende französische Physiker, Mathematiker und Philosoph René Descartes suchte in seinem *Discours de la méthode* nach ultimativer Gewissheit als Grundlage allen Denkens. Vorausgesetzt, so Descartes, alles könne angezweifelt werden – auch die Existenz der äußeren Welt –, und er wüsste dennoch etwas, so wäre dieses Etwas gewiss. Dazu stellte sich Descartes einen übermächtigen „bösen Geist" *(genius malignus)* vor, der ihn über die Existenz der Welt, seines, Körpers und all dessen, was er sah oder fühlte, täuschte. Unzweifelhaft war jedoch, *dass* er etwas erlebte. Descartes schloss daraus, dass er existierte, weil er ein Bewusstsein hatte. Dies formulierte er mit den vielleicht berühmtesten Worten der westlichen Philosophie:

Ich denke, also bin ich.[2]

Mehr als ein Jahrtausend zuvor formulierte Augustinus von Hippo, einer der vier Kirchenväter, in seinem Werk *Über den Gottesstaat (De civitate dei)* einen ganz ähnlichen Gedanken, nämlich *si enim fallor sum,* oder

Wenn ich mich nämlich täusche, dann bin ich.[3]

Nicht ganz so hochintellektuell, dafür näher am heutigen Cyberpunk-Empfinden ist Neo, die Hauptfigur der *Matrix*-Filmtrilogie. Neo lebt in einer Computer-simulation, der Matrix, die für ihn so aussieht und sich so anfühlt wie die „reale" Alltagswelt. Tatsächlich wird sein Körper in einem gigantischen Lagerhaus ver-wahrt, wo er zusammen mit der restlichen Menschheit empfindungsfähigen Maschinen (einer modernen Variante von Descartes' „bösem Geist") als Energie-quelle dient. Bis Neo die rote Pille von Morpheus nimmt, lebt er in kompletter Unkenntnis dieser Realität; dennoch hat er zweifellos ein bewusstes Erleben, auch wenn dieses eine komplette Täuschung ist.

Man könnte es auch so ausdrücken, dass die *Phänomenologie* – was ich erlebe und wie meine Erlebnisse strukturiert sind – dem vorausgeht, was ich über die Außenwelt ableiten kann; das schließt auch wissenschaftliche Gesetze ein. Bewusstsein geht der Physik voraus.

Betrachten wir es einmal so: Ich sehe etwas, von dem ich gelernt habe, dass es ein Gesicht ist. Gesichtsperzepte erfüllen bestimmte Kriterien: Sie sind meist achsensymmetrisch, umfassen meist so etwas wie einen Mund, eine Nase und zwei Augen. Wenn ich die Augen eines Gesichts genau betrachte, kann ich folgern, ob das Gesicht mich anblickt, ob es wütend oder erschreckt oder sonstiges ist. Ich schreibe diese Attribute vorbehaltlos Objekten zu, so genannten Menschen, die in einer Welt außerhalb meiner selbst existieren; ich lerne, wie ich mit ihnen interagiere, und folgere, dass ich eine Person wie sie bin. Mit dem Heranwachsen verinnerliche ich diesen Ableitungsprozess zutiefst, sodass ich meine Folgerungen als vollkommene Gewissheit betrachte. Aus diesen Erfahrungen konstruiere ich ein Bild von der Welt. Dieser Ableitungsprozess wird verstärkt und erhält immensen Nachdruck durch die intersubjektive Methode der Wissenschaft, die verborgene Aspekte der Realität – wie Elektronen und Schwerkraft, explodierende Sterne, den genetischen Code, Dinosaurier und derlei mehr – enthüllt. Letztlich aber sind all dies Folgerungen; zwar sehr vernünftige, aber doch nur Schlussfolgerungen. Alles könnte sich als Irrtum erweisen – nur nicht, dass ich etwas erlebe. Dieser einen Tatsache kann ich mir absolut sicher sein. Alles andere ist eine Folgerung, selbst die Existenz einer Außenwelt.

Das eigene Erleben leugnen

Die große Stärke dieser schlichten Definition – Bewusstsein ist Erleben – besteht darin, dass sie komplett nachvollziehbar ist. Einfacher geht's nicht. Das Bewusstsein ist die Art, wie die Welt für mich aussieht und sich für mich anfühlt (mehr über Sie im folgenden Kapitel).

Einige wenige Wissenschaftler sehen das anders. Es bereitet mentales Unbehagen, wenn man den zentralen Aspekt des Lebens nicht erklären kann; deshalb bezeichnen manche Philosophen, darunter das Ehepaar-Team Patricia und Paul Churchland, den gängigen Glauben an die Realität des Erlebens verächtlich als naive Annahme, vergleichbar der Vorstellung, die Erde sei eine Scheibe; diesen Glauben gelte es zu überwinden. Sie wollen die Vorstellung vom Bewusstsein an sich aus wissenschaftlichen Diskussionen eliminieren.[4] So gesehen leidet in Wahrheit also niemand unter Grausamkeit, Folter, Quälerei, Elend, Depression oder Angst. Der eliminativen Sichtweise nach würde somit alles Leid komplett von der Welt verschwinden, wenn die Leute nur erkennen würden, dass sie sich über die wahre Natur ihres Erlebens täuschen und Bewusstsein nicht wirklich existiert! Utopia erreicht – allerdings gäbe es auch weder Freude noch Genuss; wo gehobelt wird, da fallen nun einmal Späne. Nun, ich halte dies – milde ausgedrückt – für höchst unwahrscheinlich. Dieses Leugnen der Authentizität des Erlebens ist das metaphysische Gegenstück zum Cotard-Syndrom, einem psychischen Leiden, bei dem die Patienten sich für wandelnde Leichname halten.

Andere, wie Daniel Dennett, argumentieren wortreich, dass es Bewusstsein zwar gebe, daran aber nichts wesentlich, intrinsisch oder besonders sei. Im Interview mit der *New York Times* sagte er: „Das schwer greifbare bewusste Erleben – das Rotsein von Rot, das Schmerzhaftsein von Schmerz –, das die Philosophen Qualia nennen? Reine Illusion."[5] An meinen grässlichen Rückenschmerzen wäre demnach über meine Verhaltensdispositionen hinaus, etwa mein Verlangen, absolut unbewegt flach auf dem Boden zu liegen, nichts Authentisches, Reales.

Derlei Lehren, aus selbstdienlichen Gründen von vielen im Silicon Valley (zu dem ich im vorletzten Kapitel noch kommen werde) unterstützt und gefördert, erklären die intrinsische Natur des Bewusstseins zur letzten großen Illusion, die wir noch abzuschütteln haben. Ich finde das absurd – denn selbst wenn Bewusstsein eine Illusion ist, die alle teilen, bleibt es doch ein subjektives Erleben, das nicht weniger real ist als jedes beliebige wahrheitsgetreue Perzept.

Angesichts dieser Streitereien wird klar, dass die analytische Philosophie des
20. Jahrhunderts zum guten Teil vor die Hunde gegangen ist. John Searle, der Alt-
meister unter den amerikanischen Philosophen, hatte für seine Kollegen sogar nur
diese vernichtenden Worte übrig:

> Die herausragendste Eigenschaft der … Mainstream-Philosophie des Geistes der letzten
> 50 Jahre … ist offenbar falsch.[6]

Der Philosoph Galen Strawson meint:

> Sofern in der Ablehnung der gängigen Ansicht zum Wesen von Dingen wie dem Schmerz
> durch diese Philosophen überhaupt irgendein Sinn steckt … scheint ihre Ansicht doch
> eine der erstaunlichsten Manifestationen menschlicher Irrationalität, die je dokumentiert
> wurde. Es ist weitaus weniger irrational, die Existenz eines göttlichen Wesens zu
> postulieren, das wir nicht wahrnehmen können, als die Richtigkeit der gängigen Ansicht
> zum Erleben abzustreiten.[7]

Ich gehe davon aus, dass Erlebnisse der einzige Aspekt der Realität sind, mit dem
ich unmittelbar vertraut bin. Ihre Existenz stellt für unser gegenwärtiges, recht
begrenztes Verständnis der physikalischen Natur der Realität eine klare Herausforderung dar; sie schreien geradezu nach einer rationalen, empirisch überprüfbaren Erklärung.

Der Physiker Ernst Mach, nach dem die Einheit der Schallgeschwindig-
keit benannt ist, lebte im 19. Jahrhundert und beschäftigte sich eifrig mit der
Phänomenologie, also der Erforschung dessen, wie uns die Welt erscheint. Ich
habe eine bekannte Bleistiftzeichnung von ihm adaptiert, *Innenperspektive*
(Abb. 1.1), um einen wichtigen Aspekt zu verdeutlichen: Ich brauche keine
wissenschaftliche Theorie, keine Heilige Schrift, keine Bestätigung durch eine
kirchliche, politische oder philosophische Autorität oder sonstwen, um etwas zu
erleben. Mein bewusstes Erleben existiert für sich und braucht nichts Externes,
wie etwa einen Beobachter. Jede Theorie des Bewusstseins muss diese wesentliche, intrinsische Realität widerspiegeln.[8]

Die Herausforderung, Bewusstsein als Erleben zu definieren

Diese schlichte Definition hat einen Nachteil: Sie ergibt nur für andere Lebewesen
mit einem Bewusstsein einen Sinn. Es ist zwecklos, einer nicht-bewussten Superintelligenz oder einem Zombie Erleben erklären zu wollen. Ob dies für immer
so gilt, werden wir sehen – denn das, was der Philosoph Thomas Nagel eine
„objektive Phänomenologie" nannte, könnte in greifbarer Nähe liegen.[9]

Sachlich ausgedrückt ist *sehen* eng verknüpft mit visuomotorischem Verhalten, das sich als „Handeln in Reaktion auf elektromagnetische Strahlung
eines bestimmten Spektralbereichs" definieren lässt. Somit sieht jeder Organismus, der auf visuellen Input aktiv reagiert, ob Floh, Hund oder Mensch. Diese
Beschreibung des visuomotorischen Verhaltens lässt jedoch den Teil des eigent-

Abb. 1.1 Innere Perspektive: Die Welt, gesehen durch mein linkes Auge – inklusive eines Teils meiner Augenbraue und Nase, und meines Hundes Ruby, der auf einem Sessel sitzt und mich anblickt. Das Maß, in dem dieses Perzept mit der Realität übereinstimmt, ist letztlich offen; vielleicht halluziniere ich auch. Doch dies ist eine Zeichnung meines bewussten visuellen Erlebens, der einzigen Realität, mit der ich es unmittelbar zu tun habe (Basierend auf Ernst Mach, *Innenperspektive*).

lichen „Sehens" – das Bemalen der Leinwand mit Szenen aus dem Leben, wie in Abb. 1.1, vollkommen aus. Visuomotorisches Verhalten ist Handeln; das ist, für sich genommen, völlig in Ordnung, aber etwas ganz anderes als meine subjektive Wahrnehmung der Szene vor mir.

Heute speichert eine bildverarbeitende Software nicht nur mit Leichtigkeit Fotos, sondern erkennt und identifiziert auch Gesichter. Der Algorithmus bezieht Informationen aus den einzelnen Bildpunkten und erzeugt daraus ein Label, beispielsweise „Mama". Doch diese direkte Umwandlung – Bild rein, Label raus – ist grundlegend verschieden davon, wie ich das Erblicken meiner Mutter erlebe. Ersteres ist eine Input–Output-Transformation, ein Verhalten; letzteres ist ein Seinszustand.

Einem Zombie Gefühle zu erklären, ist viel schwieriger, als einer blind geborenen Person das Sehen zu erklären. Der Blinde kennt nämlich Geräusche, Berührungen, Liebe, Hass und dergleichen; ich muss nur erklären, dass ein visuelles Erleben dasselbe ist wie ein auditorisches, nur dass visuelle Perzepte mit Klecksen assoziiert sind, die sich in bestimmter Weise bewegen, wenn unsere Augen wandern oder wir den Kopf drehen, und deren Oberflächen bestimmte Eigenschaften haben, wie Farbe oder Textur. Der Zombie dagegen hat keinerlei Perzepte, mit denen das Gefühl des Sehens vergleichbar wäre.

Ich erwache jeden Morgen in einer von bewusstem Erleben durchdrungenen Welt. Als rationales Wesen versuche ich, die Natur dieses erhellenden Gefühls zu erklären, wer es hat und wer nicht, wie es aus der Physik und meinem Körper erwächst und ob künstliche Systeme es auch haben können. Dass es schwieriger ist, Bewusstsein objektiv zu definieren als ein Elektron, ein Gen oder ein Schwarzes Loch, bedeutet noch lange nicht, dass ich die Suche nach einer Wissenschaft des Bewusstseins aufgeben muss. Ich muss nur härter daran arbeiten.

Jedes Erleben ist strukturiert

Jedes Erleben trägt Distinktionen (Unterscheidungen) in sich, das heißt, jedes Erleben ist strukturiert und besteht aus zahlreichen internen phänomenalen Distinktionen. Nehmen wir als Beispiel ein besonderes visuelles Erlebnis (Abb. 1.1). Im Fokus befindet sich meine Berner Sennenhündin Ruby; sie sitzt auf einem Sessel, auf den ich auch meine Füße gelegt habe. Andere Objekte sind im Hintergrund zu erkennen. Doch das ist nicht alles; da ist noch mehr, viel mehr. Es gibt links und rechts, oben und unten, die Mitte und die Peripherie, Nähe und Ferne – unzählige räumliche Beziehungen. Selbst wenn ich meine Augen in völliger Dunkelheit öffne, nehme ich einen geometrischen Raum wahr, der sich in alle Richtungen ausdehnt.

Das tatsächliche Erlebnis ist unmöglich in einer Zeichnung wiederzugeben, denn es umfasst auch Rubys typischen Geruch und die emotionale Färbung meiner Zuneigung zu ihr. Diese distinkten sensorischen und affektiven Aspekte sind miteinander zu einem komplexen Erlebenscocktail vermischt, jeder mit seinem eigenen zeitlichen Verlauf; manche sind rascher, andere eher langsam, manche sind flüchtig, andere bleibend. Das gilt für die meisten Erlebnisse; jedes lässt sich in kleinere Einheiten aller Modalitäten differenzieren.[10]

Betrachten wir ein weiteres Alltagsbeispiel. Eingequetscht auf Sitz 36 F während eines holprigen Zweistundenflugs bemerke ich, dass der Cappuccino von heute Morgen allmählich meine Blase füllt. Bis ich endlich im Terminal zur Toilette gehen kann, wird das Verlangen zu pinkeln fast unerträglich[11] – dann spüre ich schließlich bewusst das Abfließen des Urins, begleitet von dem angenehmen Gefühl des nachlassenden Drucks. Weiter kann ich jedoch nicht in mein Inneres blicken. Ich kann diese Wahrnehmungen nicht in primitivere atomische Elemente zerlegen. Ich kann nicht hinter den „Schleier der Maya" blicken, um ein Bild der Hindus zu bemühen. Mein introspektiver Spaten ist auf undurchdringliches Grundgestein gestoßen.[12] Und ich werde sicher niemals die Synapsen, Neurone und all die anderen Dinge in meinem Kopf erleben, die das physische Substrat jeden Erlebens bilden. Diese Ebene ist mir komplett verborgen.

Zum Schluss möchte ich eine eher seltene Form von Bewusstseinszuständen betrachten: mystische Erlebnisse, die in vielen religiösen Traditionen bekannt sind, ob christlich, jüdisch, buddhistisch oder hinduistisch. Typisch ist deren Inhaltsleere: keine Geräusche, keine Bilder, keine körperlichen Empfindungen, keine Erinnerungen, keine Furcht, kein Bedürfnis, kein Ego, keine Unterscheidung von Erlebendem und Erlebtem, Begreifendem und Begriffenem (nicht-dual).

Der im Spätmittelalter lebende Dominikanermönch, Philosoph und Mystiker Meister Eckhart begegnete dem Allmächtigen in einer eigenschaftslosen Ebene, dem „Seelengrund":

> Da ist das stille „Innerste", denn keine Kreatur ist je dorthin vorgedrungen und kein Bild, noch hat die Seele dort ein Tun oder Begreifen, darum ist sie sich dort keiner Bilder bewusst, ob des eigenen oder irgendeiner anderen Kreatur.[13]

Mit ähnlichen Worten beschreiben erfahrene Praktiker der buddhistischen Meditation den nackten oder reinen Bewusstseinszustand:

> Verbleibe in strahlender und nicht greifbarer Offenheit, klar wie ein wolkenloser Himmel. Bewegungslos wie der Ozean ohne Wellen, verbleibe in vollkommener Mühelosigkeit, ohne ablenkende Gedanken. Unveränderlich und leuchtend wie eine Flamme, die nicht vom Wind gestört wird, bleibe ganz und gar rein und licht.[14]

In Kap. 10 komme ich noch einmal auf den inhaltsleeren oder reinen Bewusstseinszustand zurück, denn dieses Phänomen stellt jede Erklärung des Bewusstseins als reinen Rechenvorgang vor eine enorme Herausforderung. Immerhin ist selbst das reine Erleben genau genommen eine Untereinheit (wenn auch keine „richtige") des Ganzen und somit strukturiert.

Was ist mir über die intrinsische und strukturierte Natur jedes bewussten Erlebens hinaus noch mit Gewissheit über mein Erleben bekannt? Was kann ich positiv über jedes Erleben sagen, ganz gleich, wie normal oder exotisch es ist?

Jedes Erleben ist informativ, integriert und definit

Es gibt drei weitere Eigenschaften jedes bewussten Erlebens, die außer Zweifel stehen.

Erstens ist jedes Erleben höchst *informativ*, distinkt aufgrund seiner eigenen Art. Jedes Erlebnis ist reich an Informationen, es umfasst viele Details, eine Komposition spezifischer phänomenaler Distinktionen (Unterscheidungen), die auf spezifische Weise miteinander verknüpft sind. Jedes Einzelbild jedes Films, den ich je gesehen habe oder sehen werde, ist ein distinktes Erlebnis, jedes entspricht einer reichen Phänomenologie von Farben, Formen, Linien und Strukturen im gesamten Gesichtsfeld. Und dann sind da die auditorischen, olfaktorischen, taktilen, sexuellen und sonstigen körperlichen Erlebnisse – jedes mit seiner ganz eigenen Beschaffenheit. Es kann keine „typische" Erfahrung geben. Selbst das Erlebnis, etwas verschwommen im dichten Nebel zu sehen, ohne wirklich zu erkennen, was es ist, ist ein spezifisches Erlebnis.

Ich besuchte vor nicht allzu langer Zeit ein Blind Café und erlebte dabei eine Art umgekehrten Geburtsvorgang. Aus einem beleuchteten Vorraum tastete ich mich durch einen langen, schwarzen, engen Geburtskanal in einen komplett dunklen Raum – es war so dunkel, dass ich nicht sehen konnte, dass meine Frau vor meiner Nase mit ihrer Hand wedelte. Wir griffen nach Stühlen, setzten uns, machten uns mit den anderen Gästen bekannt und begannen in der stygischen Dunkelheit zu essen – sehr, sehr vorsichtig. Dieses wirklich einzigartige Erlebnis sollte Sehenden die Welt der Blinden näherbringen. Doch selbst in diesem vollkommen dunklen Raum hatte ich ein differenziertes visuelles Erleben, spezifisch und kombiniert mit seinen Echos und Empfindungen; es war etwas anderes, als in einem komplett dunklen Hotelzimmer aufzuwachen.

Zweitens ist jedes Erleben *integriert,* also nicht wieder auf seine unabhängigen Bestandteile zu reduzieren. Jedes Erlebnis ist einzig, holistisch, mit allen phänomenalen Distinktionen und Beziehungen, die es umfasst. Ich erlebe die gesamte Zeichnung, auch meinen Körper auf dem Sofa und das Zimmer, nicht nur die Beine und (unabhängig davon) die Hand. Ich erlebe nicht die linke Seite unabhängig von der rechten oder den Hund unabhängig vom Sessel, auf dem er kauert. Ich erlebe das Ganze. Wenn mir ein Paar von seiner Hochzeitsreise („Honeymoon") erzählt, dann habe ich ein distinktes Bild des Paares, wie es sich auf eine romantische Reise begibt, und denke nicht an die von Bienen produzierte süße Substanz und den großen Himmelskörper.[15]

Drittens ist jedes Erleben *definit* bezüglich seines Inhalts und seiner räumlich-zeitlichen „Körnung". Es ist unverwechselbar. Wenn ich mir die häusliche Szene aus Abb. 1.1 noch einmal anschaue, sehe ich meinen Hund und die Welt aus der Perspektive vom Sofa aus, bei geschlossenem rechtem Auge. Ein differenzierter Bewusstseinsinhalt ist „darin", während alles andere „draußen" ist, außerhalb des Scheinwerferlichts. Die Welt, die ich sehe, ist nicht begrenzt durch eine Linie, jenseits derer die Dinge grau oder dunkel sind, so wie hinter meinem Kopf. Eine solche Linie existiert nicht. Die Bleistiftstriche sind aufs Papier gezeichnet, alles andere nicht.

Mein Erleben ist das, was es ist, mit einem definiten Inhalt. Wäre es mehr (etwa sehen mit hämmernden Kopfschmerzen) oder weniger (wie die Zeichnung, aber ohne Hund), wäre es ein anderes Erleben.

Unterm Strich hat jedes bewusste Erlebnis fünf distinkte und unbestreitbare Eigenschaften: Jedes existiert für sich, ist strukturiert, informativ, integriert und definit. Dies sind die fünf grundlegenden Kennzeichen jedes einzelnen bewussten Erlebnisses, vom gewöhnlichen zum exaltierten, vom schmerzhaften bis zum orgiastischen.

Jedes Erlebnis hat einen Blickwinkel und einen zeitlichen Verlauf

Nach Ansicht mancher Forscher haben Erlebnisse noch mehr Eigenschaften als diese fünf, etwa die, dass jedes Erlebnis einen einzigartigen Blickwinkel habe – wie eine Ich-Erzählung, eine Erste-Person-Perspektive. Ich betrachte die Zeichnung; ich bin der Mittelpunkt dieser Welt.[16] Ich vermute, dass die Zentriertheit aus der Repräsentation des Raumes erwächst, so wie mir diese von meinem Seh-, Hör- und Tastsinn vermittelt wird. Jeder dieser drei assoziierten sensorischen Räume hebt eine besondere Lokalität hervor, nämlich die Stelle, wo die Augen, die Ohren oder der Körper sich befinden. Obwohl natürlich das, was ich sehe, höre und fühle, sämtlich auf einen gemeinsamen Raum bezogen sein muss (sodass beispielsweise die Geräusche, die ich aus sich bewegenden Lippen kommen höre, dem ebenfalls dort lokalisierten Gesicht zugeordnet werden), bin „ich" an jenem einen Punkt lokalisiert, dem Ursprung meines eigenen Raums. Dieser ist zugleich das Zentrum all meiner Verhaltensweisen, etwa der Bewegung meiner Augen mit dem einhergehenden Perspektivwechsel. Dass wir eine Perspektive, einen bestimmten Blickwinkel haben und nicht von nirgendwoher blicken, erwächst natürlicherweise aus der Struktur der sensomotorischen Kontingenzen, ohne dass eine weitere grundlegende Eigenschaft postuliert werden muss.

Überzeugender könnte da schon das Argument sein, dass jedes Erlebnis in einem bestimmten Moment stattfindet, dem gegenwärtigen Jetzt. An der objektiven Definition dieses Jetzt haben sich Philosophen, Physiker und Psychologen seit Ewigkeiten erfolglos versucht. Zweifellos hat das gelebte Leben drei distinkte Zeitbereiche – Vergangenheit, Gegenwart und Zukunft, wobei die erlebte Gegenwart den Übergang zwischen Vergangenheit und Zukunft markiert.[17] Die Vergangenheit umfasst alles, was bereits passiert ist. Sie ist unabänderlich, auch wenn die Art, wie ich mich in meinem Gedächtnispalast an Ereignisse erinnere, anfällig für Neuinterpretationen und spätere Ereignisse ist, was scheinbar der Kausalität widerspricht. Die Zukunft wiederum umfasst alles, was noch nicht geschehen ist; sie ist offen und ungewiss. Das eben noch Zukünftige wird für immer zur trügerischen Gegenwart und dann unweigerlich zur Vergangenheit, sobald es erlebt wurde.

Es gibt jedoch ungewöhnliche Erlebnisse, bei denen die Zeitwahrnehmung aussetzt. Für Menschen, die Halluzinogene nehmen, kann der Strom der Zeit (und mit ihm die Dauer der Gegenwart) beispielsweise langsamer werden oder ganz stehenbleiben. Die Zeit kriecht dahin, wenn unsere Aufmerksamkeit maximal ist, etwa bei einer gefährlichen Kletterpartie an einer blanken Granitwand. Spielfilme wie *Matrix* visualisieren diese Verlangsamung der wahrgenommenen Zeit mithilfe des bekannten Bullet-Time-Effekts. Kurzum, das Vergehen der Zeit ist keine universelle Eigenschaft aller Erlebnisse, sondern nur der meisten.[18]

Was bleibt, ist das Quintett essenzieller Eigenschaften, die alle bewussten Erlebnisse aufweisen:

> Jedes bewusste Erlebnis existiert für sich, ist strukturiert, hat seine spezifische Art, ist eins und ist definit.[19]

So ist es jedenfalls für mich. Wie ist es für Sie? Was kann ich mit Gewissheit über das Erleben der anderen sagen? Wie können ihre Erlebnisse im Labor untersucht werden? Auf diese Fragen gehe ich im folgenden Kapitel ein.

Wer hat ein Bewusstsein?

2

Bis hierhin habe ich ausgiebig über meine Erlebnisse gesprochen, denn sie sind die einzigen, die ich unmittelbar kenne. In diesem Kapitel aber geht es um Ihr Erleben und um das von anderen.

Bei den alten Römern war ein *privatus* jemand, der sich aus dem öffentlichen Leben zurückgezogen hatte (heutzutage, im Zeitalter von Internet und Social Media, geradezu undenkbar). So verhält es sich auch mit bewusstem Erleben: Jedes einzelne ist privat, für andere unzugänglich. Meine Wahrnehmung beim Sehen von Gelb ist meine Wahrnehmung, nur meine. Selbst wenn Sie und ich dasselbe gelbe Postauto anschauen, nehmen Sie vielleicht einen anderen Farbton wahr, und was Sie sehen, wird mit ziemlicher Sicherheit andere Assoziationen bei Ihnen auslösen als das, was ich sehe, bei mir.

Die Erste-Person-Perspektive des Bewusstseins ist eine singuläre Eigenschaft des Geistes und macht es für Untersuchungen sehr viel schwieriger zugänglich als die üblichen wissenschaftlichen Forschungsobjekte. Diese sind durch Eigenschaften wie Masse, Bewegung, elektrische Ladung, Molekülstruktur definiert, die für jeden mit den richtigen Messinstrumenten zugänglich sind. Demnach nennt man sie auch Dritte-Person-Eigenschaften.

Die Herausforderung des Körper-Geist-Problems besteht also darin, die Kluft zwischen der subjektiven Erste-Person-Perspektive des erlebenden Geistes und der objektiven Dritte-Person-Perspektive der Wissenschaft zu überwinden.

Dabei sei angemerkt, dass die Erlebnisse anderer Leute nicht die einzigen nicht-beobachtbaren Entitäten sind, die die Wissenschaft erforscht. Am bekanntesten ist wohl die Wellenfunktion der Quantenmechanik, die sich ebenfalls einer direkten Untersuchung entzieht. Messbar sind lediglich Wahrscheinlichkeiten, die von der Wellenfunktion abgeleitet sind. Auch das Multiversum, also die zahllosen Universen im Kosmos mit jeweils eigenen physikalischen Gesetzen, ist eine nicht-beobachtbare Entität. Im Gegensatz zu Wellenfunktion oder Bewusstsein liegt das Multiversum vollkommen jenseits unserer kausalen Reichweite, blcibt aber dennoch Gegenstand fieberhafter Spekulationen.[1]

© Springer-Verlag GmbH Deutschland, ein Teil von Springer Nature 2020
C. Koch, *Bewusstsein*, https://doi.org/10.1007/978-3-662-61732-8_2

Eine extreme Reaktion auf die private Natur des Bewusstseins ist der Solipsismus, die metaphysische Doktrin, derzufolge nichts außerhalb meines Geistes existiert. Dieser Glaube ist zwar logisch konsistent und unmöglich zu widerlegen, aber auch höchst unproduktiv, denn er erklärt keines der interessanten Fakten des Universums, in dem ich lebe. Wie entstand mein Geist? Warum ist er von Sternen, Hunden, Gesichtern bevölkert? Welche Gesetze regeln deren Verhalten?

Eine mildere Form des Solipsismus akzeptiert die Realität der Außenwelt, leugnet aber die Existenz anderer bewusster Wesen. Jeder außer mir ist ein Zombie, ohne Gefühle, der nur vorgibt, zu lieben und zu hassen. Nun, dies ist logisch möglich, aber nichts weiter als intellektuelles Geschwätz – denn es setzt voraus, das mein Gehirn, nur meines, das Bewusstsein hervorgebracht hat. *Ein psychophysikalisches Gesetz für mein Gehirn, und ein anderes Gesetz für die Gehirne der anderen sieben Milliarden Erdenbürger.* Die Wahrscheinlichkeit, dass dies zutrifft, ist gleich null.

Auf mich wirkte der Solipsismus immer wie eine Extremform des Egotismus und außerdem steril und nutzlos. Ja, ich kann mir zu meinem Vergnügen ausmalen, ich wäre der einzige existierende Geist und in dem Augenblick, in dem ich stürbe, versänke die Welt wieder in die Leere, aus der sie aufstieg, bevor ich sie erlebte. Doch der Solipsismus erklärt nicht die mich umgebende Welt. Verschwenden wir also nicht noch mehr Zeit auf ihn, sondern wenden wir uns der eigentlichen Aufgabe zu.

Die Fruchtbarkeit des abduktiven Denkens

Die rationalste Alternative besteht darin anzunehmen, dass andere Menschen, so wie Sie, ebenfalls ein bewusstes Erleben haben. Diese Folgerung basiert auf der großen Ähnlichkeit unserer Körper und Gehirne. Bestärkt wird sie, wenn das, was Sie mir über ihr Erleben berichten, meinen Erlebnissen offensichtlich gleicht.

Rein logisch ist nicht zu beweisen, dass Sie kein Zombie sind. Es ist eher eine Folgerung zur besten Erklärung, eine Form des Nachdenkens, die zu der wahrscheinlichsten Erklärung der relevanten Daten führt. Dieses abduktive Denken extrapoliert nach rückwärts, um so die Hypothese abzuleiten, die die plausibelste Erklärung aller bekannten Fakten abgibt.

Die Abduktion steht im Zentrum der Wissenschaft: Astronomen hatten Mitte des 19. Jahrhunderts Unregelmäßigkeiten in der Umlaufbahn des Uranus bemerkt. Das brachte den französischen Astronom Urbain Le Verrier dazu, die Existenz und Position eines unbekannten Planeten zu abduzieren. Beobachtungen mit dem Teleskop bestätigten dann die Existenz von Neptun, eine triumphale Bestätigung von Newtons Gravitationstheorie. Darwin und Wallace abduzierten, dass die Evolution mittels natürlicher Selektion die wahrscheinlichste Erklärung für die Verbreitung von Arten in den Ökosystemen der Welt sei. Die Abduktion ist eine Form des Denkens, die mit Wahrscheinlichkeiten arbeitet. Schlusspunkt einer soliden abduktiven Folgerung ist eine Hypothese, die alle bekannten Fakten am besten erklärt. Täglich abduzieren wir die beste Erklärung einer verwirrenden Vielfalt von Phänomenen – wir diagnostizieren die wahrscheinlichste Ursache eines Hautausschlags, eines streikenden Autos, eines undichten Rohrs, einer Finanz- oder politischen Krise.

Die Suche nach der wahrscheinlichsten Erklärung aller relevanten Fakten ist das komplette Gegenteil zu der Denkart von Verschwörungstheoretikern, die hinter allem das bösartige Wirken ihres jeweiligen Feindbildes (CIA, Juden, Kommunisten) wittern. Dies wird dann mit einer ausgeheckten, verschlungenen Argumentationskette versehen, inklusive der Beteiligung von Tausenden von Einzelpersonen, was höchst unwahrscheinlich ist. Sichtungen der Heiligen Jungfrau Maria in einem Käsesandwich, gigantische Alien-Artefakte auf dem Mars und die Theorie, dass es nie eine Mondlandung gab, sind allesamt bedauerliche Beispiele dafür, wie die Folgerung hin zur besten Erklärung gescheitert ist.[2]

Sherlock Holmes ist ein Meister der Abduktion, und die BBC-Serie *Sherlock* visualisiert seine Folgerungen durch lebhafte grafische Überlagerungen. Trotz Holmes' Behauptung, er praktiziere eine „Wissenschaft der Deduktion", bedient er sich nur selten der Deduktion, denn diese würde eine logische Zwangsläufigkeit implizieren. Aus den beiden Aussagen „alle Menschen sind sterblich" und „Sokrates ist ein Mensch" folgt notwendigerweise, dass Sokrates sterben wird. Im echten Leben ist die Situation niemals so eindeutig. Holmes abduziert typischerweise die wahrscheinlichste Erklärung der Tatsachen, wie in dem berühmten Dialog mit dem Polizisten in der Kurzgeschichte *Silberstrahl:*

> Inspektor Gregory: „Könnten Sie mich nicht noch auf einen oder den andern Punkt aufmerksam machen?" Holmes: „Jawohl – auf das sonderbare Benehmen des Hundes während der Nacht." Inspektor: „Der Hund hat sich in der Nacht ganz ruhig verhalten." Holmes: „Ja, darin bestand eben die Sonderbarkeit."

Holmes abduzierte, dass der Hund nicht gebellt hatte, weil er den Täter kannte. In der Computerwissenschaft und bei der künstlichen Intelligenz ist abduktives Denken der letzte Schrei, denn es verleiht Software eine enorme Fähigkeit zum Schlussfolgern, etwa IBMs Frage-und-Antwort-System Watson, das natürliche Sprache benutzt und in der medizinischen Diagnostik eingesetzt wird.[3]

Den bewussten Geist der anderen sondieren

Anders als bei meinem eigenen Geist, der mir unmittelbar vertraut ist, kann ich die Existenz des Geistes bei anderen nur durch abduktives Denken ableiten. Ich kann den Geist eines anderen nie direkt erleben. Insbesondere abduziere ich, dass Sie und andere Menschen Erlebnisse haben, die meinen ähnlich sind, es sei denn, starke Gründe sprechen dagegen (etwa wenn der oder die andere eine Hirnschädigung oder starke Vergiftung aufweist). Dies vorausgesetzt, kann ich nach systematischen Verbindungen zwischen Bewusstsein und physikalischer Welt suchen.

Die Psychophysik (wörtlich „Physik der Seele") widmet sich der Erforschung quantitativer Beziehungen zwischen Stimuli – einem Ton, einem gesprochenen Wort, einem Farbfeld, einem Bild auf einem Bildschirm, einem Wärmereiz auf der Haut – und den von ihnen ausgelösten Erlebnissen. Als Zweig der Psychologie hat die Psychophysik zuverlässige, stimmige, reproduzierbare und gesetzmäßige Beziehungen zwischen objektiven Stimuli und subjektiven Berichten ermittelt.[4]

Dieses Kapitel beschäftigt sich zwar in erster Linie mit dem Sehen, doch ist die Perzeption ein weit gefasster Begriff, der nicht nur die klassischen fünf Sinne – Sehen, Hören, Riechen, Fühlen und Schmecken – umfasst, sondern auch Schmerz, Gleichgewicht, Herzfrequenz, Übelkeit und weitere epigastrische Empfindungen.

Zur Quantifizierung der Phänomenologie unter Laborbedingungen verlassen sich Psychologen nicht auf blumige Beschreibungen, sondern stellen vielmehr ganz einfache Fragen. Viele einfache Fragen. Bei einem typischen Experiment etwa starren die Versuchsteilnehmer, die für ihren Aufwand bezahlt werden, auf einen Bildschirm, während ein Bild (etwa ein kaum sichtbares Gesicht oder ein Schmetterling vor einem Hintergrund mit unruhiger hell-dunkler Körnung) kurz gezeigt wird. Unmittelbar danach werden sie gefragt, „haben Sie ein Gesicht oder einen Schmetterling gesehen?" (Abb. 2.1). Als Antworten sind nur „Gesicht" oder „Schmetterling" erlaubt, nicht „ich bin nicht sicher" oder „tut mir leid, ich weiß es nicht". Wer im Zweifel ist, soll raten.

In der Praxis sprechen die Versuchspersonen nicht, sondern drücken Tastaturknöpfe, was schnelles und konsistentes Reagieren erlaubt. So können die Forscher schnell Antworten aus Hunderten von Versuchsdurchläufen erhalten. Das Drücken der Tasten gibt zudem Auskunft über die Reaktionszeit der Versuchspersonen, die ebenfalls informativ sein kann.

Das Erleben wird hier auf das Drücken von Tasten reduziert. Als Durchschnittswert aus einem Block einzelner Versuchsdurchläufe sind solche Reaktionen ein *objektives Maß der Perzeption,* denn die Forscher können die Richtigkeit der Antwort überprüfen (da sie Zugriff auf das Computerprogramm haben, das entweder Gesicht oder Schmetterling zeigt). Tatsächlich weiß also eine „dritte Person", ob das, wovon die Versuchsperson berichtet, dem entspricht, was auf dem Bildschirm zu sehen war.

Wie schnell die Taste gedrückt wurde, ist leicht zu messen, doch die Schnelligkeit des Sehens ist sehr viel schwieriger zu bestimmen. Vergleiche des Zeitpunkts, zu dem beim Anblick des Gesichts EEG-Signale auftreten, mit dem Zeitpunkt von EEG-Signalen, wenn kein Gesicht zu sehen war (wie im in Abb. 2.1 gezeigten Fall), deuten darauf hin, dass das visuelle Erleben 150–350 ms nach Eintreten des Stimulus in unser Auge einsetzt.[5]

Die Erkennbarkeit des Bildes wird manipuliert, sodass es mal leichter und mal schwerer zu erkennen ist. Werden die Bilder nur eine Sechzigstelsekunde gezeigt, kann die perzeptuelle Beurteilung von Durchgang zu Durchgang stark variieren. Angenommen, das 50-%-Bild vom Gesicht aus Abb. 2.1 würde kurz auf dem Bildschirm erscheinen. Sie würden dreimal „Gesicht" antworten, doch beim vierten Mal die Taste für „Schmetterling" drücken. Je deutlicher das Objekt aus dem verschwommenen Hintergrund hervortritt (bei den 75- oder 100-%-Bildern),

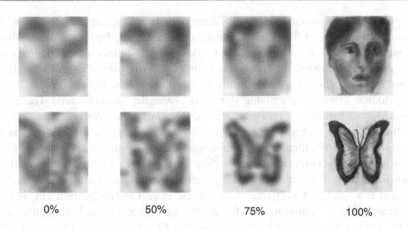

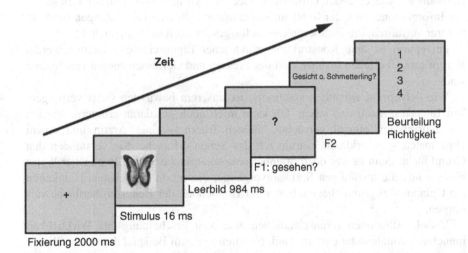

Abb. 2.1 Das Erleben sondieren: Bilder von Gesichtern oder Schmetterlingen werden nach und nach durch Überlagern von visuellem Rauschen schwerer erkennbar gemacht, während die Versuchspersonen durch Drücken von Tasten angeben, ob sie ein Gesicht oder einen Schmetterling gesehen haben. Durchgänge, bei denen der Stimulus korrekt wahrgenommen wurde, werden mit solchen verglichen, bei denen dies nicht der Fall war, obwohl dasselbe Bild auf die Netzhaut fiel. (Nach Genetti et al. 2011)

desto größer ist die Wahrscheinlichkeit, dass Sie richtig antworten, bis Sie dies schließlich bei fast jedem Durchgang tun. Es gibt eine beständige Progression, vom Nicht-Unterscheiden-Können über Antworten, die häufiger richtig sind als zufällig gegebene, bis hin zu durchgängig richtigen Antworten.[6]

Das Wiederholen dieses Versuchs mit vielen Testpersonen ergibt ähnliche, aber nicht identische Reaktionsraten in Abhängigkeit von der Sichtbarkeit. Es beeinflusst die Reaktionen nicht sehr, welche Bilder benutzt werden, ob nun Schmetterlinge oder beispielsweise Bilder von Tieren oder Häusern. Das ist beruhigend und bekräftigt meine zuvor formulierte Annahme, dass wir alle bewusste Wesen sind.

Derlei Perzeptionsforschung zeigt, dass die Sinneswahrnehmung weder eine passive Reflexion ist noch eine simple Kartierung der Außenwelt auf einem inneren, geistigen Bildschirm. Perzeption ist ein aktiver Prozess, „eine Konstruktion einer Beschreibung der Welt", wie der einflussreiche Theoretiker David Marr es formuliert.[7] Wir sind sehr vertraut mit dieser Welt, weil es diejenige ist, die wir sehen, hören und sonstwie erleben. Wir folgern diese Welt aus den Daten, die in ausgefeilten, aber unbewussten Prozessen auf unsere Augen, Ohren und sonstigen Rezeptoren einwirken. Wir blicken also nicht auf die Welt und sagen uns dann, „hm, diese Oberfläche dort reflektiert Licht auf diese Weise und verdeckt eine andere Oberfläche, und auf die erste Oberfläche fällt ein Schatten von einer anderen, entfernteren Oberfläche, mit einer hellen Lichtquelle rechts oben". Nein, wir schauen hin und sehen eine Gruppe Leute unter einem hellen Herbstmond, die einander teilweise verdecken. All dies wird auf der Grundlage der Informationen von der Netzhaut sowie unserer visuellen Erfahrungen (und der unserer Vorfahren, die in unseren Genen festgeschrieben sind) abgeleitet.

Perzeption ist eine Konstruktion exakt jener Eigenschaften, die in unserem Kampf ums Überleben in einer Welt des Fressens und Gefressenwerden von Nutzen sind.

Wie Perzeption eigentlich stattfindet, ist unserem bewussten Geist verborgen. Wir blicken einfach und sehen. Ich kann mich noch gut daran erinnern, wie ich vor Jahrzehnten einmal versuchte, meinen Eltern – einer Ärztin und einem Diplomaten – zu erklären, warum ich das Sehen erforsche. Sie verstanden den Grund nicht, denn es war doch offenbar eine so einfache Sache. In gleicher Weise bleiben uns die unzähligen Softwarevorgänge, die schon einfachsten Tätigkeiten am Computer zugrunde liegen, hinter der Einfachheit der Benutzeroberfläche verborgen.

Visuelle Illusionen veranschaulichen, wie weit Erscheinung und Wirklichkeit manchmal voneinander entfernt sind. Nehmen wir zum Beispiel den *Lilac Chaser,* der in der englischsprachigen Wikipedia seinen eigenen Eintrag hat (https://en.wikipedia.org/wiki/Lilac_chaser). Blickt man starr auf das Kreuz in der Mitte, sieht man eine hellgrüne Scheibe, die immer im Kreis herumwandert. Der eigentliche Stimulus aber sind zwölf im Kreis angeordnete rosa Scheiben, von denen immer eine kurz verschwindet; die Stelle, an der eine Scheibe fehlt (eigentlich eine Lücke) ist es, die im Kreis herumwandert. Was man sieht, ist also gar nicht da, und was auf dem Bildschirm tatsächlich vor sich geht, ist nicht das, was wir sehen!

Der Lilac Chaser funktioniert immer; auch wenn man weiß, dass er eine Illusion ist, kann man ihn nicht austricksen. Er ist ein extremes Beispiel für die Differenz zwischen unserer Wahrnehmung der Außenwelt und deren tatsächlichen metrischen Eigenschaften (Größe, Entfernung und dergleichen). Meist ist der Widerspruch zwischen Erscheinen und Realität gering und hat keine Folgen. So gesehen ist unsere Wahrnehmung mehr oder weniger zuverlässig. Manchmal aber ist die Diskrepanz groß und zeigt die Grenzen der Perzeption auf. Selbst bewusstseinserweiternde Drogen befreien uns nicht aus dem Käfig, der unser Gehirn ist – die Welt in sich selbst, Kants *Ding an sich,* ist niemals direkt zugänglich.

Ich bin ein leidenschaftlicher Kletterer und suche stets die besondere Kombination aus intensiver Furcht und jenem Hochgefühl, das sich hoch oben im Fels einstellt, wenn die Zeit in den gegenwärtigen Augenblick zusammenschmilzt. Kürzlich befand ich mich an einem schmalen Felsvorsprung hoch oben an einem Berg; es schneite, und es wehte ein kräftiger Wind. Ich musste einen Spalt auf einer Seilbrücke überqueren, von der eine Seite ziemlich zerfranst war. Mit beiden Füßen auf den Planken schob ich mich langsam und bewusst vorwärts, kontrolliert bis auf das leichte Zittern meines Wadenmuskels (als würde ich das Fußpedal einer alten Nähmaschine betätigen, das Kletterern bekannte *„Elvis leg"*). In der Mitte der Kluft zwang ich mich, zum Flussbett tief unter mir hinunterzuschauen, bevor ich mich weiter bis zu der relativen Sicherheit des schmalen Felsvorsprungs auf der anderen Seite bewegte.

In Wirklichkeit aber ging ich, und das ist mir etwas peinlich, über einen hölzernen Steg auf dem Teppichboden eines Büros und trug ein Virtual-Reality-Headset! Mein visuelles Erleben der leeren Räume neben und unter mir, mein Empfinden, dort zu sein, das Geräusch des Windes in meinen Ohren – all dies erzeugte ein spürbares Gefühl von Erregung und Anspannung. Das abstrakte Wissen, dass ich mich in Sicherheit befand, konnte das Gefühl der Gefahr nicht eliminieren. Eine emotionale Demonstration der Grenzen unserer Wahrnehmung.

Die Tiefen des Bewusstseins ausloten

Die Psychophysik erforscht die Beziehung zwischen Erste-Person-Erlebnissen und objektiven Dritte-Person-Messgrößen, wie etwa Reaktionsgeschwindigkeiten. Manchen genügt das jedoch nicht, denn ihrer Ansicht nach geben objektive Messgrößen die subjektive Natur eines Erlebnisses nicht wirklich wieder. In dem Bestreben, der eigentlichen Phänomenologie näher zu kommen, haben Psychologen *subjektive Messgrößen* entwickelt, um zu ergründen, was Menschen über ihr Erleben wissen, also eine einfache Form des Selbst-Bewusstseins.

Erinnern wir uns an das Experiment, bei dem das undeutliche Bild auf dem Bildschirm aufleuchtet. Nach dem Drücken der Taste für „Gesicht" oder „Schmetterling" werden Sie gebeten, darüber nachzudenken, was Sie gedrückt haben und wie sicher Sie sich hinsichtlich Ihrer Antwort sind. Denkbar wäre hier eine Skala von 1 bis 4, wobei 1 für „ich rate", 2 für „es könnte ein Gesicht gewesen sein", 3 für „ich glaube, ich habe ein Gesicht gesehen" und 4 für „ich bin sicher, dass es ein Gesicht war" steht (und Entsprechendes für die Antwort „Schmetterling"). Bei einem Durchgang antworten Sie vielleicht „Gesicht, 4" (gleichbedeutend mit „ich bin sicher, dass ich ein Gesicht gesehen habe"), beim nächsten „Schmetterling, 2" („es könnte ein Schmetterling gewesen sein"). Je deutlicher das Objekt erkennbar wird, desto mehr nimmt sowohl Ihre Fähigkeit, beide Motive zu unterscheiden, als auch Ihr Vertrauen in die eigene Entscheidung zu. Je weniger Vertrauen Sie in das eigene Erleben haben, desto schlechter schneiden Sie (objektiv gemessen) ab.[8]

Selbst wenn man annimmt, nur zu raten, kann man überraschenderweise ein wenig, aber doch signifikant besser abschneiden als bei rein zufälligen Entscheidungen. Auch bei sehr kurzen oder undeutlichen Stimuli, die kein unterscheidbares Erleben erzeugen, können Testpersonen somit einen Teil der damit einhergehenden sensorischen Informationen verarbeiten, sozusagen per „Bauchgefühl". Dies so genannte *unbewusste Priming* ist je nach Versuchsdurchgang und Experiment sehr unterschiedlich und hat meist nur einen schwachen Effekt (das heißt, es verschiebt den Anteil der richtigen Antworten vielleicht von 50 %, was einem Zufallswert entspricht, auf 55 %). Da das unbewusste Priming eher schwach ausgeprägt und inkonsistent ist, bleibt seine Existenz umstritten.[9]

Derlei subjektive Messgrößen werden oft mit umfangreichen Fragebögen abgefragt, in denen die Versuchspersonen ihr Erleben in vielerlei Dimensionen nach einer Zahlenskala bewerten sollen. Alle Aspekte der Phänomenologie können so erfasst werden – Stärke und Timing von visuellen und anderen sensorischen Perzepten, bildliche Vorstellung, Erinnerungen, Gedanken, innere Dialoge (die Stimme im eigenen Kopf), Selbstbewusstsein, kognitives Arousal, Freude, sexuelle Erregung, Gefühle der Liebe, Angst, Zweifel, Selbstentgrenzung und die Auflösung des Selbst (die beiden letzten bei Einnahme halluzinogener Drogen). So lässt sich die Geografie des Geistes bei Testpersonen unterschiedlicher Geschlechter, Ethnien und Altersstufen detailliert kartieren und auf Unterschiede und Ähnlichkeiten hin untersuchen.[10]

Bevor es weitergeht, möchte ich noch auf eine große Schwäche der verhaltensbasierten Methoden hinweisen, die das Erleben ergründen wollen. Betrachten wir noch einmal das Experiment aus Abb. 2.1. Je nach Bild sieht man ein bestimmtes Gesicht von eines bestimmten Alters und Geschlechts, das vom Betrachter aus nach rechts blickt, mit einem bestimmten Gesichtsausdruck, genau so geformten Augenbrauen, einem grauen Irgendwas auf der linken Wange, einem verschwommenen weißen Muster zur Linken und so fort. Jeder dieser Deskriptoren entspricht einer positiven Distinktion. Daneben gibt es zahlreiche negative Distinktionen – man ist sich sicher, keine Katze, kein rotes Feuerwehrauto, kein Bündel Briefe gesehen zu haben, ebenso wenig wie unzählige andere Dinge.

All diese positiven und negativen Distinktionen aber werden von Psychologen so gut wie nie abgefragt. Die übliche psychophysikalische Versuchsanordnung reduziert das ganze Experiment auf eine einfache Unterscheidung: „Was haben Sie gesehen, ein Gesicht oder einen Schmetterling?" Die entsprechende Ein-Bit-Antwort gleicht einem Klassifikator beim Maschinensehen und ermöglicht hochreproduzierbare Ergebnisse, die sich mathematisch analysieren lassen. Leider aber bleiben dabei Myriaden weiterer Distinktionen unberücksichtigt.

Psychologen und Philosophen unterscheiden manchmal zwischen *phänomenalem Bewusstsein* und *Zugriffsbewusstsein* (englisch *access consciousness*). Ersteres entspricht dem, was wir tatsächlich erleben, Letzteres dem, was wir berichten können, beispielsweise dem Versuchsleiter.

Manch einer vertritt die Ansicht, unser Erleben einer Szene voller Farben, Ansichten, Geräusche und Intensität sei illusorisch, da uns nur einige wenige einfache Datensätze zugänglich seien. Immerhin wird die Informationskapazität des Bewusstseins auf zwei bis neun Posten geschätzt, was nicht gerade viel ist. Demnach ist das phänomenale Bewusstsein ebenso karg wie das Zugriffsbewusstsein – es hat nur minimalen Inhalt. Doch wenn man nur ein Bit zur Verfügung hat, um sein Erleben zu beschreiben, dann wirkt die Phänomenologie natürlich furchtbar karg. Die scheinbare Armut an Bewusstseinsinhalten ist also eher unangemessenen experimentellen Techniken geschuldet. Das Erleben ist mehr als ein Tastendruck![11]

Unser Leben läuft mithilfe nicht-bewusster Zombies ab

Die unterschwellige Perzeption ist bestenfalls schwach, doch andere Aspekte des Geistes entziehen sich praktisch immer dem Scheinwerfer des Bewusstseins, obwohl sie uns stark betreffen. Dies ist das Reich des Nichtbewussten (ich vermeide hier absichtlich den stark freudianisch geprägten Begriff des „Unbewussten").[12]

Ob Sie nun Auto fahren, Medien konsumieren oder sich mit Freunden unterhalten, stets bewegen Sie dabei Ihre Augen in einer Abfolge schneller, ruckartiger Sprünge, so genannter *Sakkaden*. Das geschieht im Wachzustand drei- bis viermal pro Sekunde, doch fast nie ist man sich dieser unablässigen Bewegungen bewusst.

Stellen wir uns einmal vor, wir würden unser Smartphone in derselben Weise bewegen, während wir damit ein Foto machen. Natürlich wäre das Foto dann vollkommen verwischt. Wie kann uns unsere visuelle Welt so klar und durch die Bewegungen unverzerrt erscheinen, wenn doch unsere Bildsensoren, sprich: unsere Augen ständig in Bewegung sind? Nun, unser nicht-bewusster Geist blendet verwischte Bildabschnitte einfach aus; dies bezeichnet man als sakkadische Unterdrückung (englisch *saccadic suppression*). Tatsächlich „erwischen" wir unsere Augen nie bei einer Bewegung. Betrachten Sie sich doch einmal im Spiegel, während Sie Ihre Augen schnell hin und her bewegen – Sie werden Ihre Augen erst hier, dann dort sehen, aber niemals dazwischen. Eine zuschauende Freundin sieht dagegen vollkommen klar die Bewegung Ihrer Augen; man kann einfach nur die eigenen Augenbewegungen nicht sehen. Unser Gehirn unterdrückt die kurzen Abschnitte, die ein verwischtes Bild abgeben würden, und ersetzt sie durch eine Art Standbild, wie im Film. Dasselbe gilt für das Blinzeln, das wir alle paar Sekunden ausführen (allerdings nicht für bewusst ausgeführtes *Zwinkern*). All dieses rasante Bearbeiten erfolgt vollkommen unbemerkt; wir sehen beim Umherschauen ein lückenloses, beständiges Bild von der Welt.

Angesichts der Tatsache, dass wir täglich mehr als 100.000 Sakkaden durchführen, die jeweils 20–100 ms dauern, summiert sich die sakkadische und die Blinzel-Unterdrückung auf über eine Stunde pro Tag, in der wir de facto blind sind. Erst seit die Wissenschaft die Augenbewegungen erforscht, ist man sich dieses bemerkenswerten Umstandes überhaupt bewusst.

Augenbewegungen sind nur ein Beispiel für eine ausgefeilte Reihe von Prozessen, die über spezialisierte Schaltkreise im Gehirn ablaufen und ein gelebtes Leben ausmachen. Die Detektivarbeit von Neurologen und Psychologen hat eine bunte Vielfalt solcher spezialisierter Prozesse zutage gefördert. Diese an unsere Augen, Ohren, unser Gleichgewichtsorgan und andere Sinnesorgane gekoppelten Servomechanismen steuern unsere Augen, unseren Hals, Rumpf, unsere Arme, Hände, Finger, Beine und Füße. Sie sind für Alltagshandlungen wie Rasieren, Waschen, Schnürsenkelbinden, die Radfahrt zur Arbeit, das Tippen auf die Computertastatur, Schreiben von Kurznachrichten, Fußballspielen und dergleichen verantwortlich. Francis Crick und ich nannten diese spezialisierten, sensorisch-kognitiv-motorischen Routinen *Zombiesysteme*.[13] Sie sorgen für das flüssige und rasche Zusammenspiel von Muskeln und Nerven, das allen Fertigkeiten zugrunde liegt. Sie ähneln Reflexen – wie Blinzeln, Husten, dem Wegziehen der Hand von der heißen Herdplatte oder dem Erschrecken bei einem plötzlichen lauten Geräusch. Klassische Reflexe laufen automatisch und schnell ab und beruhen auf Schaltkreisen im Rückenmark oder Hirnstamm. Zombiesysteme dagegen kann man sich als flexiblere und adaptive Reflexe vorstellen, an denen das Vorderhirn beteiligt ist.

Die sakkadischen Augenbewegungen werden von einem solchen Zombiesystem gesteuert und umgehen dabei das Bewusstsein. Die Routinetätigkeit eines Zombies kann durchaus in unser Bewusstsein vordringen, aber erst nach ihrer Ausführung. Bei einem Querfeldeinlauf in den Bergen Südkaliforniens ließ mich irgendetwas zu Boden blicken. Mein rechtes Bein schob sich sofort etwas weiter vor, denn mein Gehirn hatte eine Klapperschlange entdeckt, die sich auf dem steinigen Weg sonnte, genau dort, wo ich meinen Fuß hinsetzen wollte. Noch bevor ich das Reptil bewusst gesehen hatte, bevor mein Adrenalinspiegel in die Höhe geschossen war und bevor die Schlange ihr warnendes Rasselgeräusch gemacht hatte, hatte ich es vermieden, auf sie zu treten, und war an ihr vorbei. Hätte ich mich auf das bewusste Gefühl der Furcht verlassen, um meine Beine zu steuern, wäre ich auf das Tier getreten. Versuche bestätigen, dass motorische Aktivität schneller sein kann als das Denken, wobei die korrigierende motorische Aktivität der bewussten Wahrnehmung etwa eine Viertelsekunde voraus ist. Stellen Sie sich einen Weltklassesprinter vor, der die 100 m in zehn Sekunden läuft: Bis der Läufer den Startschuss bewusst hört, ist er schon mehrere Sätze vom Startblock entfernt.

Das Sich-Aneignen einer neuen Sportart – wie Tennisspielen, Segeln, Rudern oder Bergsteigen – erfordert eine enorme physische und mentale Disziplin. Beim Freiklettern lernt der Neuling, wo er Hände, Füße und Körper positionieren muss, um den Grip des Kletterschuhs auszunutzen, die Spreiztechnik anzuwenden, zu piazen oder Handgelenk oder Finger in einer Spalte zu verkeilen. Der Kletterer achtet auf die Flakes und Rillen, die eine senkrechte Granitwand zu einer erkletterbaren Wand mit Haltegriffen machen, und lernt, den Abgrund unter sich zu ignorieren. Eine Sequenz unterschiedlicher sensorisch-kognitiv-motorischer Aktivitäten wird so zu einem reibungslos ablaufenden motorischen Programm. Hunderte Stunden intensiven und eifrigen Trainings resultieren schließlich in einem gedankenfreien, makellosen Flow, einer himmlischen Erfahrung. Die ständige Wiederholung lässt spezialisierte Schaltkreise im Gehirn entstehen, die man oft als *muskuläres Gedächtnis* bezeichnet; diese machen die Fertigkeit mühelos, die Bewegungen des Körpers flüssig, ohne überflüssigen Aufwand. Der erfahrene Kletterer verschwendet keinen Gedanken auf die Details seiner Aktivität, die ein großartiges Zusammenspiel von Muskulatur und Nerven erfordert.

Tatsächlich ist vieles, was im Leben abseits wissenschaftlicher Untersuchungen vor sich geht, dem Bewusstsein nicht zugänglich oder umgeht dieses komplett. Weit verbreitet ist etwa das Phänomen des *Mind blanking* („Leeren des Geistes"): Der Geist ist dabei scheinbar abwesend, während der Körper die Routinen des Alltagslebens ausführt.[14] Virginia Woolf, eine scharfsinnige Beobachterin des inneren Selbst, schrieb dazu:

> Oft, wenn ich an einem meiner sogenannten Romane schrieb, hat mich das gleiche Problem in Verlegenheit gebracht, nämlich, wie soll man beschreiben, was ich in meiner eigenen Stenographie mit „Nicht-Sein" bezeichne. Jeder Tag enthält mehr Nicht-Sein als Sein. Gestern […] war zufällig ein guter Tag […]; und obgleich es ein guter Tag war, war das Gute daran in etwas wie undefinierbare Watte eingehüllt. Das ist immer so. Ein großer Teil des Tages wird nicht bewußt gelebt. Man geht spazieren, sieht alles mögliche und befaßt sich mit dem, was getan werden muß; mit dem defekten Staubsauger […]. An einem schlechten Tag ist der Anteil des Nicht-Seins viel größer.[15]

So wie man niemals das ausgeschaltete Licht im Kühlschrank zu Gesicht bekommt, weil es immer angeht, wenn man die Kühlschranktür öffnet, kann man nicht erleben, nichts zu erleben. In einer Studie klingelten Psychologen nach dem Zufallsprinzip Testpersonen auf dem Smartphone an und fragten sie, wessen sie sich gerade in diesem Augenblick bewusst seien. So stellten die Forscher fest, dass ein leerer Geist, definiert durch völlig fehlendes Erleben (und damit das komplette Gegenteil zum im vorigen Kapitel beschriebenen reinen Erleben) während eines Tages im Büro, bei der Hausarbeit oder beim Sport, während des Autofahrens oder Fernsehens recht häufig auftritt. Achtsamkeit, das „Im-Augenblick-Sein", bildet das Gegenteil zum leeren Geist.

Irgendwo im Gehirn wird der Körper überwacht, entstehen Liebe, Freude und Furcht, keimen Gedanken, werden hin und her bewegt und wieder verworfen; irgendwo im Gehirn werden Pläne geschmiedet und Erinnerungen abgelegt. Doch das bewusste Selbst ist während dieser regen Aktivität oft abgeschaltet oder nimmt diese zumindest nicht wahr. Wir sind unserem eigenen Geist fremd.

Allerdings sollte es uns nicht überraschen, dass die meisten Aktivitäten des Geistes dem Bewusstsein nicht zugänglich sind; schließlich fühlen wir auch nicht, wie unsere Leber den Pinot noir vom vorigen Abend verstoffwechselt, dass in unserem Darm Billiarden von Bakterien ein fröhliches Leben führen oder dass unser Immunsystem gerade einem Krankheitserreger den Garaus bereitet.

Das Nichtbewusste ist ein Grenzbereich des Geistes, der unentdeckt blieb, bis Philosophen und Psychologen – allen voran Friedrich Nietzsche, Sigmund Freud und Pierre Janet – Ende des 19. Jahrhunderts auf seine Existenz schlossen. Es ist uns verborgen, und das spiegelt sich in unserem tiefen, intuitiven Empfinden wider, dass es nur den bewussten Geist gibt. Dies erklärt auch, warum so vieles in der Philosophie des Geistes fruchtlos ist. Man kann nicht durch Introspektion in die unbewussten Tiefen des eigenen Geistes vordringen. Yogi Berra könnte dazu gesagt haben: „Du weißt nicht, was du nicht erlebst."

Die Existenz des Nichtbewussten wirft die Frage nach der physischen bzw. physikalischen Grundlage des Bewusstseins auf. Worin besteht der Unterschied zwischen unbewusster und bewusster Aktivität des Geistes?

Die Grenzen verhaltensbasierter Methoden

Man sollte meinen, dass Wissenschaftler irgendwelche als subjektiv beschriebenen Messgrößen nicht einmal mit der Kneifzange anfassen würden. Doch subjektiv ist nicht gleichbedeutend mit willkürlich. Subjektive Messungen folgen etablierten Regeln, die sich überprüfen lassen. So gilt die Regel, dass mit sinkender Stimulus-dauer oder zunehmendem Verblassen des zentralen Objekts im Verhältnis zum Hintergrund (Abb. 2.1) sowohl die objektive Reaktionsrate als auch das subjektive Zutrauen abnehmen und die Reaktionszeit länger wird – je sicherer man sich dessen ist, was man erlebt, desto schneller antwortet man. Anders gesagt, lässt sich die Erste-Person-Perspektive durch Dritte-Person-Messungen überprüfen.

Es ist gute wissenschaftliche Praxis, davon auszugehen, dass Testpersonen die Anweisungen der Versuchsleitung nicht immer ganz getreulich ausführen – entweder weil sie diesen nicht Folge leisten können (so wie im Fall von Babys und Kleinkindern, die spezielle Techniken erfordern), sie falsch verstehen oder sie nicht ausführen wollen (etwa weil sie sich langweilen und willkürlich irgendwelche Tasten drücken, oder weil sie schummeln wollen). Daher ist es entscheidend, gute Kontrollen zu entwickeln; man kann beispielsweise Leerversuche (catch trials) einbauen, für die die Antworten bekannt sind, Versuche wiederholen, um die Einheitlichkeit zu überprüfen, und die Ergebnisse mit anderen Daten vergleichen, um solche unangemessenen Antworten auf ein Minimum zu beschränken.

Es gibt jedoch auch Versuchspersonen, die so isoliert sind wie ein in der Arktis überwinternder Polarforscher zu Beginn des 20. Jahrhunderts – Patienten mit schweren Beeinträchtigungen des Bewusstseins infolge von Hirntraumata, Enzephalitis, Meningitis, Schlaganfall, Drogen- oder Alkoholvergiftung oder Herzstillstand. Gelähmt und ans Bett gefesselt, können sie weder sprechen noch sonstwie Auskunft über ihren mentalen Zustand geben. Anders als komatöse Patienten, die kaum Reflexe zeigen und in einem Zustand tiefer Bewusstlosigkeit unbeweglich daliegen, durchlaufen Patienten im vegetativen Zustand Phasen des Augenöffnens und -schließens, die an Schlafphasen erinnern (ohne dass dabei die mit Schlaf assoziierten Hirnwellenaktivitäten auftreten).[16] Manchmal bewegen sie ihre Gliedmaßen reflexhaft, verziehen das Gesicht, wenden den Kopf, stöhnen oder bewegen krampfhaft die Hände. Für den laienhaften Beobachter wirken diese Bewegungen und Laute so, als wäre der Patient wach und versuche verzweifelt, mit seinen Angehörigen zu kommunizieren.

Erinnern wir uns an Terri Schiavo aus Florida, die 15 Jahre lang im vegetativen Zustand verharrte, bis ihr Tod 2005 ärztlich herbeigeführt wurde. Der Fall erhielt viel öffentliche Aufmerksamkeit, weil sich ihr Ehemann dafür einsetzte, die lebenserhaltenden Maßnahmen bei ihr einzustellen, während ihre Eltern glaubten, die geliebte Tochter zeige noch ein gewisses Maß an Bewusstsein. Der Rechtsstreit ging durch alle möglichen Instanzen und landete schließlich auf dem Tisch des damaligen US-Präsidenten George W. Bush. Letztlich setzte sich der Ehemann mit seinem Wunsch durch, die lebenserhaltenden Maßnahmen bei seiner Frau zu beenden.[17]

Die zuverlässige Diagnose des vegetativen Zustands ist eine Herausforderung. Wer kann schon mit Gewissheit sagen, ob die betroffenen Patienten Schmerz und Verzweiflung empfinden, während sie in der Grauzone zwischen flüchtigem Bewusstsein und innerem Nichts leben? Zum Glück kommt die Neurotechnologie solchen Patienten zu Hilfe, wie ich in Kap. 9 ausführlich darlegen werde.

Das Fehlen reproduzierbaren, willkürlichen Verhaltens ist somit nicht immer ein sicheres Zeichen für fehlendes Bewusstsein. Umgekehrt ist das Vorliegen bestimmter Verhaltensweisen nicht immer ein sicheres Zeichen für vorhandenes Bewusstsein. Eine Vielzahl reflexähnlicher Verhaltensweisen – Augenbewegungen, Haltungsanpassungen, Murmeln im Schlaf – umgehen das Bewusstsein. Schlafwandler können komplexe, stereotype Verhaltensweisen ausführen – Umherlaufen, Sich-An- oder -Auskleiden und derlei mehr –, ohne sich später daran erinnern zu können oder sonstige Anzeichen dafür zu zeigen, dass sie sich dessen bewusst waren.[18]

Somit gilt: Ja, verhaltensbasierte Methoden stoßen an Grenzen, wenn man damit auf das Erleben bei anderen schließen will; doch selbst diese Grenzen lassen sich objektiv untersuchen. Und mit zunehmendem Wissen über das Bewusstsein kann die Wissenschaft die Grenze zwischen Bekanntem und Unbekanntem immer weiter nach hinten verschieben.

Bis hierhin habe ich mich ausschließlich mit Menschen und ihrem Erleben beschäftigt. Wie verhält es sich bei den Tieren? Sehen, hören, riechen, lieben, fürchten und trauern auch sie?

Bewusstsein bei Tieren

Der Kontrast hätte nicht größer sein können – auf der einen Seite eine der angesehensten Persönlichkeiten der Welt, Seine Heiligkeit der 14. Dalai Lama, der seinem Glauben Ausdruck verlieh, dass jedes Leben ein Empfinden habe; auf der anderen Seite ich als Neurowissenschaftler, der den gegenwärtigen westlichen Konsens darüber vertrat, dass einige Tiere vielleicht, möglicherweise, das kostbare Geschenk des Empfindens, des bewussten Erlebens, mit dem Menschen gemein haben.

Das Ganze fand im Rahmen eines Symposiums von buddhistischen Mönchsgelehrten und westlichen Wissenschaftlern in einem tibetischen Kloster in Südindien statt, das den Dialog über Physik, Biologie und Hirnforschung förderte.[1]

Die philosophischen Wurzeln des Buddhismus reichen bis ins 5. Jahrhundert vor Christus zurück. Er definiert Leben als den Besitz von Wärme (also einem Stoffwechsel) und Empfinden, also der Fähigkeit wahrzunehmen, zu erleben und zu handeln. Seiner Lehre zufolge verfügen alle Tiere, ob groß oder klein, über Bewusstsein – menschliche Erwachsene und Föten, Affen, Fische, ja selbst Schaben und Stechmücken. Sie alle sind leidensfähig, jedes einzelne Leben ist kostbar.

Vergleichen wir diese Haltung der allumfassenden Ehrerbietung mit der historischen Sicht in der westlichen Welt. Die abrahamitischen Religionen predigen die Ausnahmestellung des Menschen – auch wenn Tiere über Empfindungen, Triebe und Motivationen verfügen und intelligent handeln können, fehlt ihnen demnach doch die unsterbliche Seele, die sie als besonders kennzeichnet, als fähig, im Jenseits, im Eschaton, wiederaufzuerstehen. Auf meinen Reisen und bei meinen Vorträgen begegne ich vielen Wissenschaftlern und anderen, die explizit oder implizit an die Alleinstellung des Menschen glauben. Kulturelle Sitten verändern sich langsam, und die frühkindliche religiöse Prägung hat großen Einfluss auf die Menschen.

Ich wuchs in einer gläubigen römisch-katholischen Familie auf, mit Purzel, einem furchtlosen Dackel. Purzel konnte zärtlich sein, neugierig, verspielt,

© Springer-Verlag GmbH Deutschland, ein Teil von Springer Nature 2020
C. Koch, *Bewusstsein*, https://doi.org/10.1007/978-3-662-61732-8_3

aggressiv, beschämt oder ängstlich. Meine Kirche aber lehrte, dass Hunde keine Seele hätten, sondern allein Menschen. Schon als Kind spürte ich intuitiv, dass das nicht stimmte; entweder hatten wir alle Seelen (was auch immer das bedeuten mochte) oder keiner von uns.

Von René Descartes stammt die berühmte Formulierung, dass ein Hund, der schmerzvoll aufheult, wenn er von einer Kutsche angefahren wird, nicht etwa Schmerz empfinde. Der Hund sei schlichtweg eine kaputte Maschine, ohne die *res cogitans* oder kognitive Substanz, die den Menschen auszeichnet. Wer nun behauptet, Descartes habe nicht wirklich geglaubt, dass Hunde und andere Tiere nichts empfänden, den weise ich darauf hin, dass er (wie andere Naturphilosophen seiner Zeit) an Kaninchen und Hunden Vivisektionen durchführte.[2] Das entspricht sozusagen einer Operation am offenen Herzen, jedoch ohne jegliche Narkose oder schmerzstillende Mittel. So sehr ich Descartes als revolutionären Denker bewundere, damit komme ich doch nur schwer zurecht.

Die Moderne verwarf den Glauben an eine cartesische Seele, doch die vorherrschende kulturelle Haltung bleibt dieselbe: Der Mensch ist etwas Besonderes, er steht über allen anderen Lebewesen. Alle Menschen genießen Menschenrechte, aber kein Tier. Kein Tier hat das fundamentale Recht auf Leben, auf körperliche Freiheit und Unversehrtheit. Auf diesen Zustand werde ich im Epilog noch einmal zurückkommen.

Doch dieselbe abduktive Folgerung, mit der wir Erleben bei anderen Menschen ableiten, lässt sich auch auf nichtmenschliche Tiere anwenden. In diesem Kapitel werde ich besonders der Frage nach Erleben bei Säugetieren, also unseresgleichen, nachgehen.[3] Im letzten Kapitel aber gehe ich darauf ein, inwieweit Bewusstsein auch bei anderen Lebewesen zu finden ist.

Kontinuität von Genetik, Physiologie und Verhalten

Aus drei Gründen abduziere ich mit Gewissheit Erleben bei den uns nahestehenden Säugern:

Erstens sind alle Säugetiere, evolutionär gesehen, eng miteinander verwandt. Alle Plazentatiere gehen auf kleine, pelzige, nachtaktive gemeinsame Vorfahren zurück, die in Wäldern umherhuschten und auf Insektenjagd gingen. Nachdem die meisten verbliebenen Dinosaurier vor etwa 65 Mio. Jahren infolge eines Asteroideneinschlags ausgestorben waren, entwickelten sich Säugetiere zu neuer Vielfalt und besetzten all jene ökologischen Nischen, die durch diese globale Katastrophe leergefegt worden waren.

Der moderne Mensch ist genetisch am nächsten mit dem Schimpansen verwandt. Die Genome der beiden Arten, quasi ihre Bauanleitungen, weisen nur alle paar Hundert „Wörter" einen Unterschied auf.[4] Übrigens unterscheiden wir uns auch nicht übermäßig von Mäusen, denn fast alle Mausgene haben eine Entsprechung im menschlichen Genom. Wenn ich also von „Menschen und Tieren" schreibe, folge ich einfach den vorherrschenden sprachlichen, kulturellen und

Gesetzesgewohnheiten, die zwischen beiden unterscheiden; es bedeutet nicht etwa, dass ich denke, der Mensch sei kein Tier.

Zweitens ist die Architektur des Nervensystems bei allen Säugetieren erstaunlich konserviert. Die meisten der annähernd 900 unterschiedlichen makroskopischen Strukturen, die das menschliche Gehirn aufweist, finden sich auch im Gehirn der Maus, jenem Lieblingsversuchstier der Forschung, obwohl dieses um das Tausendfache kleiner ist.[5]

Selbst einem mit einem Mikroskop bewaffneten Neuroanatom fällt es schwer, zwischen Menschen- und Mäusenervenzellen zu unterscheiden, wenn der Maßstabsbalken entfernt wurde (Abb. 3.1).[6] Damit sei nicht gesagt, das menschliche Neurone dasselbe sind wie Mäuseneurone – das sind sie nicht; erstere sind komplexer, haben mehr Dendriten und ein vielfältigeres Erscheinungsbild als letztere. Dasselbe gilt auf Ebene des Genoms, der Synapsen, der Zellen, der Verknüpfungen und der Architektur – wir beobachten dort unzählige quantitative, aber keine qualitativen Unterschiede zwischen den Gehirnen von Mäusen, Hunden, Tieraffen und Menschen. Die Rezeptoren und Leitungsbahnen etwa, die Schmerz vermitteln, sind bei allen Spezies analog.

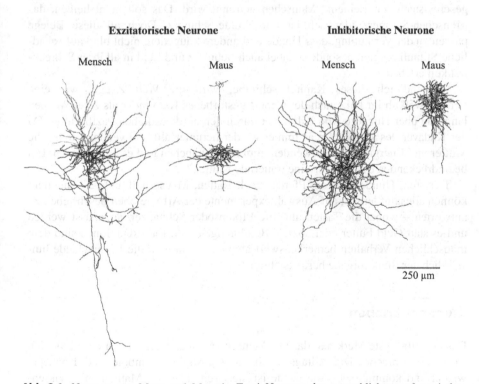

Abb. 3.1 Neurone von Maus und Mensch: Zwei Neurone des menschlichen und zwei des Maus-Neocortex in einer Darstellung des Allen Institute of Brain Science. Ihre Morphologie ist ähnlich; die menschlichen Nervenzellen sind jedoch größer. (Daten zur Verfügung gestellt von Staci Sorensen/Allen Institute.)

Der Mensch hat ein großes Gehirn, doch die Gehirne von anderen Lebewesen, wie Elefanten, Delfinen und Walen, sind größer. Beschämenderweise ist der Neocortex bei manchen nicht nur größer, sondern er enthält auch doppelt so viele Cortexneurone wie der unsere.[7]

Drittens ist das Verhalten von Tieren dem des Menschen ähnlich. Meine Hündin Ruby liebt es beispielsweise, die Reste von dem Schneebesen zu lecken, den ich zum Schlagen von Sahne benutze – ganz gleich, wo im Haus oder Garten sie gerade steckt, sobald sie das Geräusch des metallenen Schneebesens in der Glasschüssel hört, kommt sie angelaufen. Ihr Verhalten verrät mir, dass sie die süße, fettige Sahne ebenso gern mag wie ich; ich folgere daraus, dass sie ein angenehmes Erlebnis hat. Oder wenn sie kläfft, jault, an ihrer Pfote nagt, humpelt und dann hilfesuchend zu mir kommt: Dann schlussfolgere ich, dass sie Schmerzen hat, weil ich mich unter ähnlichen Bedingungen ähnlich verhalten würde (vom Nagen einmal abgesehen). Physiologische Messungen bestätigen dies: Hunde zeigen wie Menschen bei Schmerzen eine erhöhte Herzfrequenz, ihr Blutdruck steigt und sie setzen Stresshormone frei. Hunde erleben Schmerz nicht nur durch Verletzungen; sie leiden auch, wenn sie beispielsweise geschlagen oder sonstwie misshandelt werden oder wenn ein älteres Tier von einem Wurfgeschwister oder „seinem" Menschen getrennt wird. Das soll nicht heißen, das Menschen-Schmerz identisch ist mit Hunde-Schmerz. Doch all diese Belege passen zu der Vermutung, dass Hunde und andere Säugetiere nicht bloß auf schädliche Stimuli reagieren, sondern dabei auch Schmerz und Leid in all ihrer Schrecklichkeit erleben.

Während ich dieses Kapitel schreibe, wird die Welt Zeuge, wie eine Schwertwalkuh ihr kurz nach der Geburt gestorbenes Kalb mehr als zwei Wochen lang und über Hunderte von Kilometer durch den nordwestlichen Pazifik trägt. Da der Kadaver des kleinen Orcas immer wieder herunterfällt und versinkt, muss die Mutter viel Energie dafür aufwenden, ihm nachzutauchen und es aufzufangen. Ein beeindruckendes Beispiel für eine trauernde Mutter.[8]

Tieraffen, Hunde, Katzen, Pferde, Esel, Ratten, Mäuse und andere Säugetiere können allesamt lernen, auf Auswahlexperimente der Art wie oben beschrieben zu antworten – wobei die Tasten auf ihre Pfoten oder Schnauzen angepasst werden und es statt Geld Futter oder soziale Belohnungen gibt. Ihre Reaktionen sind dem menschlichen Verhalten bemerkenswert ähnlich, wenn man die Unterschiede hinsichtlich der Sinnesorgane berücksichtigt.[9]

Stummes Erleben

Das augenfälligste Merkmal, das uns Menschen von anderen Tieren unterscheidet, ist unsere Sprache. Die Alltagssprache gibt abstrakte Symbole und Konzepte wieder und kommuniziert diese. Sie ist die Grundlage von Mathematik, Wissenschaft, Zivilisation und sämtlichen kulturellen Errungenschaften.

Viele klassische Gelehrte betrachten die Sprache als entscheidenden Faktor, wenn es um das Thema Bewusstsein geht. Sie glauben entweder, dass die Sprache unmittelbar das Bewusstsein ermöglicht oder dass sie eine der bezeichnenden Verhaltensweisen ist, die mit Bewusstsein assoziiert sind. Dies zieht eine scharfe Trennlinie zwischen Tieren und Menschen. Jenseits dieser Linie leben alle großen und kleinen Tiere, ob Bienen, Kalmare, Hunde oder Menschenaffen; sie alle zeigen zwar im Verhalten und neuronal viele Manifestationen des Sehens, Hörens, Riechens sowie Schmerz- und Wohlempfindens so wie der Mensch, haben jedoch keine Gefühle. Sie sind demnach nichts weiter als biologische Maschinen ohne geistiges Innenleben. Diesseits der Linie dagegen lebt eine einzelne, einzigartige Spezies, nämlich *Homo sapiens*.[10] Irgendwie ist bei dieser dasselbe biologische Material, aus dem auch die Gehirne der Kreaturen jenseits der Trennlinie bestehen, zusätzlich mit Empfinden (Descartes' *res cogitans* oder der „Seele" des Christentums) ausgestattet.

Einer der wenigen Psychologen, die noch heute die evolutionäre Kontinuität des Bewusstseins leugnen, ist Euan Macphail. Er beharrt darauf, dass Sprache und ein Selbstempfinden für das Bewusstsein notwendig seien. Weder Tiere noch kleine Kinder erleben laut Macphail etwas, da sie nicht sprechen können und kein Selbstempfinden haben – eine bemerkenswerte Schlussfolgerung, mit der er sich bei Eltern und pädiatrischen Anästhesiologen sicher viele Freunde macht.[11]

Was sagen die Belege? Was geschieht, wenn jemand die Fähigkeit zu sprechen verliert? Wie beeinflusst das sein Denken, sein Selbstempfinden und sein bewusstes Erleben der Welt? Als *Aphasie* bezeichnet man Sprachstörungen, die auf begrenzte Hirnschädigungen zurückgehen, meist, aber nicht immer, solche der linken Hemisphäre im Cortexbereich. Es gibt verschiedene Formen der Aphasie; je nach Lokalisierung der Schädigung kann diese das Verständnis von Sprache oder Texten beeinträchtigen, die Fähigkeit, Dinge korrekt zu benennen, die Sprachbildung, die Grammatik, die Ausprägung der Störung und derlei mehr.[12]

Die Neuroanatomin Jill Bolte Taylor wurde infolge ihres flammenden TED Talk und ihres nachfolgend als Bestseller verkauften Buchs schlagartig berühmt; in beiden berichtete sie über ihr Erleben eines Schlaganfalls.[13] Im Alter von 37 Jahren erlitt sie in der linken Hemisphäre eine massive Hirnblutung; daraufhin wurde sie für einige Stunden vollkommen stumm. Sie verlor auch ihre innere Stimme, jenen stimmlosen Monolog, der uns überall begleitet; zudem war ihre rechte Hand gelähmt. Taylor erkannte, dass ihre verbalen Äußerungen keinerlei Sinn ergaben und sie ihrerseits das Gerede der anderen nicht verstehen konnte. Lebhaft schildert sie in ihren Erinnerungen, wie sie die Welt in Bildern wahrnahm, während sie die unmittelbare Folge ihres Schlaganfalls erlebte und sich fragte, wie sie mit anderen Menschen kommunizieren sollte. Ein unbewusster Zombie würde sich wohl schwerlich so verhalten.

Zwei Einwände ließen sich gegen Taylors bewegenden Bericht vorbringen. Zum einen lässt sich ihre Erzählung nicht unmittelbar verifizieren – sie erlitt den Schlaganfall, als sie allein zu Hause war –, und zum anderen rekonstruierte sie diese Ereignisse Monate und Jahre nach dem eigentlichen Ereignis. Nehmen wir einmal den besonderen Fall eines 74-jährigen Mannes mit einer arteriovenösen Fehlbildung im Gehirn, die kleinere sensorische Krampfanfälle auslöste. Im Rahmen seiner Behandlung wurden bestimmte Regionen seiner linken Hirnhemisphäre per Injektion lokal betäubt. Das bewirkte eine massive Aphasie, die etwa zehn Minuten andauerte; der Patient war außerstande, Tiere zu benennen, einfache Ja/Nein-Fragen zu beantworten oder Bilder zu beschreiben. Unmittelbar danach forderte man ihn auf, niederzuschreiben, woran er sich erinnerte. Dabei wurde deutlich, dass er sich dessen bewusst gewesen war, was geschah:

> Insgesamt schien mein Verstand zu funktionieren, nur dass ich keine Wörter finden konnte oder sich diese in andere Wörter verwandelt hatten. Mir war während dieser Prozedur auch die ganze Zeit klar, was für ein furchtbares Durcheinander das bedeutet hätte, wenn es nicht aufgrund der Lokalanästhesie reversibel gewesen wäre. Ich hatte nie Zweifel, dass ich mich später würde erinnern können, was gesagt oder getan wurde; das Problem war nur, dass ich es oft nicht konnte.[14]

Er erinnerte sich korrekt daran, dass er ein Bild von einem Tennisschläger gesehen und diesen als solchen erkannt hatte, dass er das Halten des Schlägers mit der Hand nachgeahmt sowie erklärt hatte, dass er gerade einen Schläger gesehen habe. Doch tatsächlich hatte er immer nur das Nonsens-Wort „perkbull" geäußert. Eindeutig aber erlebte der Patient auch während seiner kurzen Aphasie die Welt weiter. Das Bewusstsein verschwand nicht mit seinen sprachlichen Fähigkeiten oder denen von Jill Taylor.

Viele Belege von Split-Brain-Patienten zeigen, dass Bewusstsein in der nicht-sprechenden (meist der rechten) Hirnhälfte erhalten bleiben kann. Bei den Betroffenen wurde das Corpus callosum (auch Balken genannt, Abb. 10.1) chirurgisch durchtrennt, damit sich Epilepsieanfälle nicht von einer Hemisphäre in die andere ausbreiten können. Fast 50 Jahre der Forschung belegen, dass solche Patienten zwei bewusste Ichs haben. Jede Hemisphäre hat ihren eigenen Geist mit seinen jeweiligen Eigenheiten. Der linksseitige Cortex dient in der Regel der normalen Verarbeitung und Bildung von Sprache; die rechte Hemisphäre ist nahezu „stumm", kann aber ganze Wörter lesen sowie zumindest in manchen Fällen die Syntax verstehen und einfache Sätze und Lieder hervorbringen.[15]

Dem könnte man entgegenhalten, dass Sprache für die normale Entwicklung des Bewusstseins nötig ist, aber nicht mehr für das Erleben benötigt wird, sobald diese Entwicklung einmal abgeschlossen ist. Diese Hypothese lässt sich schwerlich umfassend überprüfen, würde dies doch erfordern, ein Kind unter Bedingungen eines ausgesprochenen sozialen Mangelzustands großzuziehen.

Es gibt dokumentierte Fälle von „Wolfskindern", die entweder in nahezu vollständiger sozialer Isolation aufwuchsen oder in Gruppen mit nichtmenschlichen Primaten, Wölfen oder Hunden lebten. Eine so extremer Misshandlung oder Vernachlässigung hat schwere linguistische Defizite zur Folge, doch sie beraubt diese Kinder nicht des (meist tragischen und verständnislosen) Erlebens der Welt.[16]

Fassen wir noch einmal zusammen, was auf der Hand liegt: Sprache trägt sehr wesentlich dazu bei, wie wir die Welt erleben, insbesondere zu unserem Selbstempfinden als narrativer Mittelpunkt in Vergangenheit und Gegenwart. Doch unser grundlegendes Erleben der Welt ist nicht auf sie angewiesen.

Neben der eigentlichen Sprache gibt es natürlich noch weitere kognitive Unterschiede zwischen dem Menschen und anderen Säugetieren. Menschen können sich zu enorm großen und flexiblen Allianzen zusammenfinden, um gemeinsame religiöse, politische, militärische, ökonomische und wissenschaftliche Vorhaben umzusetzen. Wir können absichtlich grausam sein. In Shakespeares *Richard III.* heißt es:

Das wildste Tier kennt doch des Mitleids Regung.
Ich kenne keins, und bin daher kein Tier.

Wir sind überdies zur Introspektion fähig, können also unser Handeln und unsere Motivationen im Rückblick überdenken. Im Heranwachsen erwerben wir ein Gefühl für Sterblichkeit, die Erkenntnis, dass unser Leben endlich ist, jenen großen Wermutstropfen der menschlichen Existenz. Für Tiere spielt der Tod keine so beherrschende Rolle.[17]

Der Glaube, dass nur Menschen ein Erleben haben, ist absurd, ein Überbleibsel des atavistischen Wunsches, die wichtigste Spezies im gesamten Universum zu sein. Weitaus vernünftiger und übereinstimmend mit allen bekannten Fakten ist die Annahme, dass wir das Erleben mit allen Säugetieren gemein haben. Wie weit das Bewusstsein im Stammbaum des Lebens hinunterreicht, ist Thema des Schlusskapitels.

Bevor ich mich den neurowissenschaftlichen und biologischen Aspekten des Bewusstseins zuwende, bleibt noch eine Herausforderung. Von vielen mentalen Aktivitäten glaubt man, dass sie im engen Zusammenhang mit dem Bewusstsein stehen. Das gilt besonders für Denken, Intelligenz und Aufmerksamkeit. Im Folgenden möchte ich erläutern, warum man diese kognitiven Routinen vom Bewusstsein unterscheiden kann und sollte. Erleben ist nicht dasselbe wie Denken, Intelligenz und Aufmerksamkeit.

Bewusstsein und das Übrige

4

Die Geschichte eines jeden wissenschaftlichen Konzepts, sei es Energie, Gedächtnis oder Genetik, zeichnet sich durch wachsende Differenzierung und Raffinesse aus, bis sich sein Kern schließlich in quantitativer und mechanistischer Weise erklären lässt. Im Lauf der letzten Jahrzehnte hat das Konzept des bewussten Erlebens diesen Klärungsprozess durchlaufen, ein Konzept, das oft mit anderen Funktionen verschmolzen wird, die der Geist routinemäßig durchführt, wie Sprechen, Anteilnehmen, Erinnern oder Planen.

Ich werde alte und neue Beobachtungen diskutieren, die dafür sprechen, dass sich Erleben, auch wenn es oft mit Denken, Intelligenz und Aufmerksamkeit assoziiert wird, von diesen Prozessen unterscheidet. Das heißt, obwohl Bewusstsein oft mit allen drei kognitiven Operationen verknüpft ist, lässt es sich von ihnen trennen. Diese Befunde machen den Weg frei für ein konzertiertes Angehen des Kernproblems: die neuronalen Ursachen des Bewusstseins zu identifizieren und zu erklären, warum nur aus dem Gehirn, aber keinem der anderen Organe, bewusstes Erleben erwächst.

Bewusstsein und die Pyramide der Informationsverarbeitung

Historisch wurde Bewusstsein mit den anspruchsvollsten Aspekten des Geistes in Beziehung gesetzt. Die informationsverarbeitende Hierarchie des Gehirns wird oft mit einer Pyramide verglichen. Am Boden der Pyramide finden sich die massiven, parallelen peripheren Prozesse, die die einlaufenden Photonenströme in der Retina, Luftdruckänderungen in der Cochlea, Bindung von Molekülen an den chemischen Rezeptoren in der Riechschleimhaut und derlei mehr registrieren und sie in niedrigstufige visuelle, auditorische, olfaktorische und andere sensorische Ereignisse umwandeln. Diese werden in Zwischenstationen des Gehirns weiter verarbeitet, bis sie in den oberen Sphären des Geistes in abstrakte Symbole verwandelt werden – Sie sehen eine Freundin und hören sie eine Frage stellen.

© Springer-Verlag GmbH Deutschland, ein Teil von Springer Nature 2020
C. Koch, *Bewusstsein*, https://doi.org/10.1007/978-3-662-61732-8_4

An der Spitze der informationsverarbeitenden Hierarchie stehen mächtige kognitive Fertigkeiten – Sprechen, symbolisches Denken, Argumentieren, Planung, Introspektion –, die höhere „psychische Fähigkeit", über die nur Menschen und in geringerem Maße vielleicht auch Menschenaffen verfügen. Diese Leistungen haben eine begrenzte Bandbreite, in dem Sinn, dass auf diesem Topniveau nur eine kleine Datenmenge simultan verarbeitet werden kann[1]. Nach dieser Vorstellung erreichen nur einige wenig Elitearten die Ebene des Bewusstseins und das auch nur bei den alleranspruchsvollsten Aufgaben.[2]

Im Lauf des letzten Jahrhunderts hat die wissenschaftliche Sicht des Bewusstseins jedoch eine eigenartige Kehrtwende vollzogen: Das Bewusstsein ist von der Spitze dieser Verarbeitungspyramide vertrieben worden und weiter nach unten gewandert. Da ist nichts Raffiniertes, Reflektiertes oder Abstraktes an einer juckenden Nase, pochenden Kopfschmerzen, dem Geruch von Knoblauch oder den Anblick eines blauen Himmels. Eine enorme Vielzahl von Erlebnissen weist diesen elementaren Charakter auf – oberhalb des Niveaus von Rohdatenströmen exterozeptiver (visueller, auditorischer, olfaktorischer) und interozeptiver (Schmerz-, Temperatur-, Darm- und anderer körperlicher) Sensoren an der Basis der informationsverarbeitenden Pyramide, aber unterhalb der besonders ausgefeilten, symbolischen und dünn gesäten Stadien an ihrer Spitze. Wenn das der wahre Stand der Dinge ist, dann ist es höchstwahrscheinlich, dass nicht nur Menschen, sondern viele und vielleicht sogar alle Tiere, große und kleine, die Welt erleben.

Tatsächlich hat sich herausgestellt, dass unsere anspruchvollsten kognitiven Fähigkeiten, wie Denken oder Kreativität, für bewusstes Erleben nicht einmal direkt zugänglich sind. Nehmen Sie einen alltäglichen Gedanken. Ich bereite mich auf eine Reise vor, und ganz ungebeten schießt mir der Gedanke durch den Kopf: „Ich muss einen Platz auf der 3-Uhr-Fähre nach Lopez Island reservieren." Ich bin mir einer geisterhaften Überlagerung von Bildern – ein Ziffernblatt mit dem Stundenzeiger auf 3 Uhr, die Fähre, das Meer und die Inseln – und einer lautlosen inneren Stimme bewusst, die mich auffordert, Zeit zu finden, die Online-Reservierung vorzunehmen. Und dieser innere Monolog hat eine syntaktische und phonologische Struktur.

Der Leben ist voller solcher erstaunlicher linguistischer Bilder – eine innere Stimme, die spekuliert, plant, ermahnt und Ereignisse kommentiert. Nur intensive körperliche Anstrengung, akute Gefahr, Meditation oder tiefer Schlaf bringen diesen ständigen Begleiter zum Schweigen (ein Grund, warum Klettern, Fahrradfahren im dichten Verkehr, Erkunden von feindlichem Terrain und andere körperlich wie geistig fordernde Leistungen, wo ein Versagen sofortige und drastische Konsequenzen hat, ein tiefes Gefühl des Friedens auslösen können – eine hörbare Stille im Kopf). Der kognitive Linguist Ray Jackendoff[3] legt ausführlich dar, dass Gedanken auf einer semantischen Bedeutungsebene repräsentiert und manipuliert werden, die der Erfahrung nicht zugänglich ist (eine Meinung, die auch Sigmund Freud vertrat).[4] Denke Sie an das „Es-liegt-mir-auf-der-Zunge"-Phänomen – Sie stehen kurz davor, einen Namen auszusprechen oder ein Konzept zu benennen, können aber das richtige Wort nicht finden, selbst wenn Sie manchmal sogar das Bild vor Augen haben. Die Bedeutung ist implizit da, aber nicht die entsprechenden Laute, die phonologische Struktur.

Aus dieser Einsicht kristallisiert sich ein recht bemerkenswertes Bild heraus – wir sind uns lediglich der Spiegelungen der Außenwelt in Bezug auf visuelle, auditorische und andere Räume bewusst. Ebenso sind wir uns auch nur der Reflexionen unserer inneren mentalen Welt in Bezug auf ähnlich gesehene oder gehörte Räume bewusst. Diese Sichtweise zeichnet sich durch eine hübsche Symmetrie aus – das Erleben der äußeren wie der inneren Welt ist ihrem Wesen nach primär sensorisch-räumlich (visuell, auditorisch, körperlich und so weiter) statt abstrakt oder symbolisch (Abb. 4.1).

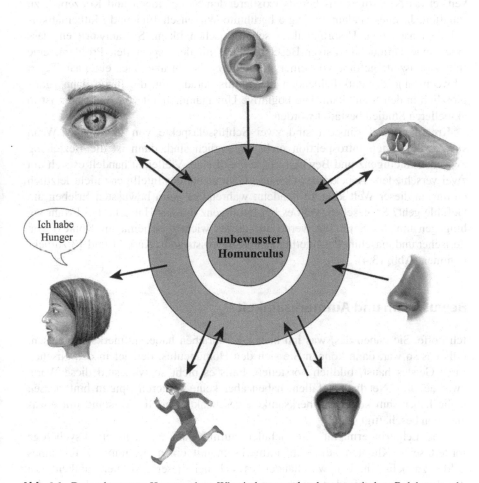

Abb. 4.1 Der unbewusste Homunculus:. Wir sind uns weder der sensorischen Rohdaten – ob sie außerhalb oder innerhalb unseres Körpers generiert – bewusst, noch der höchsten Verarbeitungsstadien unseres Geistes – dessen, was Francis Crick und ich als „unbewussten Homunculus" bezeichnen, den inneren Quell von Kreativität, Denken und Intelligenz. Die große Mehrheit unserer Erfahrungen ist ihrem Charakter nach sensorisch-räumlicher Natur (weißer Ring). Die Pfeile zeigen sensorische und motorische Bahnen an, die das Gehirn mit der Welt verbinden

Diese Hypothese kann die zwingende Illusion, das anhaltende Gefühl erklären, dass es in unserem Kopf eine kleine Person, einen Homunculus, gibt, der in die Welt hinausschaut, denkt, plant und die Handlungen des souveränen „Ichs" einleitet. Die Vorstellung vom Homunculus wird zwar häufig verspottet, ist aber dennoch höchst ansprechend, weil sich in ihr unser tägliches Erleben dessen widerspiegelt, wer wir sind.[5] Dieser *unbewusste Homunculus* (Abb. 4.1) ist verantwortlich für Kreativität, Intelligenz und Planung, wovon ein beträchtlicher Teil unbewusst geschieht.

Nehmen wir wissenschaftliche und künstlerische Kreativität, die Fähigkeit, etwas Neuartiges aus bereits existierenden Stilen, Ideen und Konzepten zu schaffen. Jacques Hadamard fragte berühmte Wissenschaftler und Mathematikerkollegen nach dem Ursprung ihrer schöpferischen Ideen. Sie antworteten, dass eine lange Periode intensiver Beschäftigung mit dem speziellen Problem, eine Inkubationszeit, gefolgt von einer ausgiebigen Nachtruhe oder ein paar Tagen Abwechslung, der entscheidenden Erkenntnis vorausging, die Ihnen dann „ganz plötzlich in den Sinn" kam. Die kognitive Unzugänglichkeit von Einsichten ist in aktuelleren Studien bestätigt worden.[6]

Kreativität und Einsicht sind zwei Schlüsselaspekte von Intelligenz. Wenn sie der bewussten Introspektion nicht zugänglich sind, dann ist die Beziehung zwischen Intelligenz und Bewusstsein keine direkte. Vielleicht handelt es sich um zwei verschiedene Aspekte des Geistes? Geht es bei der Intelligenz nicht letztlich darum, in dieser Welt klug zu handeln, während es beim bewussten Erleben um Gefühle geht? So gesehen, geht es bei Intelligenz um das Handeln, bei Erfahrung hingegen um das Sein. Ich werde auf dieses wichtige Thema im Kontext von tierischer und maschineller Intelligenz und Bewusstsein in Kap. 11 und 13 zurückkommen (Abb. 13.4).

Bewusstsein und Aufmerksamkeit

Ich hoffe, Sie haben das, was ich bisher geschrieben habe, aufmerksam gelesen; falls das so war, dann können Sie sich den Homunculus, der tief in den Nischen Ihres Geistes haust, bildlich vorstellen. Falls es nicht so war, sind diese Worte zwar auf Ihre Netzhaut gefallen, haben aber keine weiteren Spuren hinterlassen – Sie haben ihm keine Aufmerksamkeit geschenkt, weil Ihr Verstand mit etwas anderem beschäftigt war.

Eine Lehrerin ermahnt ihre Schüler, aufmerksam zu sein, ein Psychologe fordert seine Klienten auf, sich aufmerksam mit einen bestimmten Teil eines Bildes zu befassen. Um was handelt es sich bei dieser „Aufmerksamkeit", zu der der Geist aufgefordert werden muss, um gewisse Ereignisse, Objekte oder Konzepte zu begreifen? Ist Aufmerksamkeit der Vorraum zum Sanktum des Bewusstseins? Kann man ein Objekt oder Ereignis erleben, ohne ihm seine Aufmerksamkeit zu schenken?

Es gibt viele Formen der Aufmerksamkeit, zum Beispiel die auf Auffälligkeit (Salienz) basierende automatische Aufmerksamkeit, räumliche und zeitliche

Aufmerksamkeit sowie merkmals- und objektbasierte Aufmerksamkeit. Allen gemeinsam ist, dass sie uns Zugang zu knapp bemessenen Verarbeitungsressourcen gewähren. Aufgrund der begrenzten Kapazität eines jeden Nervensystems gleich welcher Größe kann es nicht alle einlaufende Information in Echtzeit verarbeiten. Vielmehr konzentriert der Geist seine Verarbeitungskapazitäten auf eine bestimmte Aufgabe, beispielsweise einen Teil des Szenarios, das sich vor unseren Augen entfaltet, und schaltet dann auf eine andere Aufgabe um, auf die er sich konzentriert, wie eine gleichzeitig stattfindende Unterhaltung. Die Antwort der Evolution auf Informationsüberlastung ist selektive Aufmerksamkeit. Ihre Funktionen und Eigenschaften werden seit mehr als einem Jahrhundert im visuellen System von Säugern eingehend untersucht.

Wie viele bemerkenswerte Experimente demonstrieren, kann man ein Ereignis leicht übersehen, wenn man sich nicht darauf konzentriert, selbst wenn man direkt darauf schaut. Denken wir nur an die Täuschung vom „Gorilla in unserer Mitte", bei der arglose Probanden einen Ball bei einem laufenden Basketballspiel im Auge behalten, während eine Person im Gorillakostüm seelenruhig über das Spielfeld schlendert – viele Leute übersehen den Gorilla völlig. Dieses Phänomen ist als *Unaufmerksamkeitsblindheit* bekannt; die Wahrscheinlichkeit für ein derart bemerkenswertes Versagen des Sehsinns steigt beim Telefonieren oder Tippen auf dem Handy beträchtlich, weshalb die Benutzung eines Handys beim Autofahren so viel Unglück anrichten kann und vielerorts verboten ist.[7]

Visuelles Erleben kann somit entscheidend von selektiver Aufmerksamkeit abhängen. Wenn wir uns auf ein Objekt konzentrieren, werden wir uns seiner verschiedenen Attribute in der Regel bewusst; wenn wir unsere Aufmerksamkeit abwenden, verschwindet das Objekt aus unserem Bewusstsein. Das hat viele dazu veranlasst zu postulieren, dass beide Prozesse unauflösbar miteinander verknüpft, wenn nicht gar identisch seien. Schon im 19. Jahrhundert haben andere jedoch argumentiert, Aufmerksamkeit und Bewusstsein seien eigenständige Phänomene mit separaten Funktionen und separaten neuronalen Mechanismen.

Experimentalpsychologen untersuchen Aufmerksamkeit ohne Bewusstsein, indem sie perzeptorisch unsichtbare Stimuli benutzen. Beispielsweise führen Bilder von nackten Männern und Frauen zu einer räumlich selektiven visuellen Verarbeitung (also Aufmerksamkeit), auch wenn sie durch eine kinematografische Technik, die Psychologen als „Maskierung" bezeichnen, vollständig unsichtbar gemacht werden. Dennoch werden sie in Abhängigkeit vom Geschlecht und sexueller Orientierung des Probanden verarbeitet. Solche Experimente sind in vielen verschiedenen Kontexten wiederholt worden und zeigen, dass man seine Aufmerksamkeit auf Objekte oder Ereignisse richten kann, ohne sich ihrer bewusst zu sein.[8] *Mind Blanking* (etwa: Leeren des Geistes) beim Arbeiten, Essen oder Autofahren ist ein weiteres, wenn auch weniger intensiv erforschtes Beispiel für Aufmerksamkeit ohne bewusstes Erleben.

Während breiter Konsens darüber herrscht, dass Beachtung für etwas nicht unbedingt garantiert, dass es auch bewusst erlebt wird, ist die umgekehrte Trennung, also Bewusstsein ohne Aufmerksamkeit, stärker umstritten. Wenn ich meine Aufmerksamkeit jedoch auf eine bestimmte Örtlichkeit oder ein bestimmtes

Ereignis richte, reduziert sich der Rest der Welt nicht auf einen Tunnel, wobei alles außerhalb des Fokus der Aufmerksamkeit verschwindet. Ich bin mir einiger Aspekte der Welt um mich herum immer bewusst. Ich bin mir bewusst, dass ich auf einem Text vor mir schaue oder auf der Autobahn fahre, während ich mich einer Überführung nähere.

Der englische Begriff *gist* (Quintessenz) beschreibt eine kompakte, qualifizierte Zusammenfassung einer Szene – wie einem Stau auf der Autobahn, Menschenmengen in einer Sportarena, einer Person mit einer Schusswaffe und so weiter. Eine solche Quintessenz bedarf keiner aufmerksamkeitsgestützen Verarbeitung: Wenn eine große Fotografie kurz und unerwartet auf eine Leinwand geblitzt wird, während wir uns auf irgendein winziges Detail konzentrieren, bekommen wir dennoch die Quintessenz des Fotos mit. Ein kurzer Blick von nur einer Zwanzigstelsekunde reicht dazu schon aus. Und in dieser kurzen Zeitspanne spielt aufmerksamtkeitsbedingte Selektion keine große Rolle.[9]

Einige komplexe sensomotorische Aufgaben können simultan durchgeführt werde, beispielsweise weite Autobahnstrecken zu fahren, während man einen fesselnden Podcast oder eine spannende Radioshow hört. Angesichts der aufmerksamkeitsbedingten Grenzen sowie der Zeit und der kognitiven Anstrengung, der es bedarf, zwischen dem Beobachten der Straße und dem Verfolgen des Narrativs zu wechseln, konzentriert sich die Aufmerksamkeit auf nur eine dieser beiden Aufgaben. Doch selbst wenn ich die Handlung der Story verfolge, verblasst die visuelle Szenerie vor meinen Augen nicht. Ich sehe sie auch weiterhin[10]. Daher favorisiere ich die Annahme, dass selektive Aufmerksamkeit weder notwendig noch hinreichend ist, um etwas bewusst zu erleben. Dies zu demonstrieren, könnte subtile Manipulationen der neuronalen Schaltkreise erfordern, die Top-down-Formen der Aufmerksamkeit bei Versuchstieren und letztendlich beim Menschen vermitteln. Behalten Sie also die relevante Literatur im Auge!

Alles in allem impliziert eine Trennung von Bewusstsein und Sprache (diskutiert im vorigen Kapitel), Denken, Intelligenz, sowie Aufmerksamkeit nicht notwendigerweise, dass Bewusstsein nicht eng mit all diesen Prozessen verknüpft ist. Während ich diesen Satz tippe, wandert mein bewusster Blick von dem Hund zu meinen Füßen über ein Buch auf meinem Küchentisch zum nebligen Lake Washington vor dem Fenster. Und während ich mich jedem dieser Objekte einem nach dem anderen widme, werde ich mir ihrer bewusst, ich kann sie berücksichtigen, wenn ich den Rest meines Tages plane, und so weiter. Diese Operationen – Sprache, Aufmerksamkeit, Gedächtnis, Planung – lassen sich jedoch von unbearbeiteter Erfahrung unterscheiden. Daher verfügen sie über eigenständige, aber wahrscheinlich überlappende physische Mechanismen, die sie unterstützen. Natürlich können Computer in vielen Fällen bereits sprechen, jemandem oder etwas Beachtung schenken, sich erinnern und planen. Doch das Erleben bleibt unerklärlich.

Aber genug vom erlebenden Geist, ob unbeschreiblich oder nicht. Ich möchte mich nun dem entscheidenden Organ zuwenden, dem Träger des Geistes: dem Gehirn.

Bewusstsein und Gehirn 5

Heute wissen wir, dass das flüchtige Etwas, das wir im Tod abgeben, eng mit dem drei Pfund schweren, an Tofu erinnernden Organ verknüpft ist, das wohlgeschützt in seiner Knochenkapsel liegt. Aber das war nicht immer so.

In diesem Kapitel zeichne ich den Anbruch des neurozentrischen Zeitalters nach, die kritische Unterscheidung zwischen Bewusstseinszuständen und bewussten Zuständen, und ich erkläre die Logik, die der Suche nach den neuronalen Fußstapfen des Bewusstseins zugrunde liegt.[1]

Vom Herz zum Gehirn

Lange Zeit galt das Herz als Sitz von Vernunft, Gefühl, Mut und Geist. So bestand denn auch der erste Schritt bei der Mumifizierung im Alten Ägypten darin, das Gehirn durch die Nasenöffnungen zu entfernen und zu entsorgen, während Herz, Leber und andere innere Organe sorgfältig entnommen und konserviert wurden, sodass der Pharao Zugriff auf alles hatte, was er im jenseitigen Leben benötigte – bis auf sein Gehirn!

Mehrere Jahrtausende später hielten es die Griechen nicht viel anders.[2] Platon war wie immer entschieden gegen empirische Untersuchungen solcher Fragen und zog den Sokratischen Dialog vor. Aber da ein so großer Teil unseres Geistes außerhalb des Scheinwerferlichts unseres Bewusstseins operiert, erwies es sich als relativ unfruchtbar, seine Eigenschaften durch Grübeln und Nachdenken zu ergründen.

Aristoteles, einer der größten Biologen, Taxonomen, Embryologen und der erste Evolutionswissenschaftler schrieb dazu:

> Und selbstverständlich ist das Gehirn keineswegs verantwortlich für irgendeine Empfindung. Die richtige Ansicht ist diejenige, dass der Sitz und die Quelle der Empfindungen in der Region des Herzens liegt.

© Springer-Verlag GmbH Deutschland, ein Teil von Springer Nature 2020
C. Koch, *Bewusstsein*, https://doi.org/10.1007/978-3-662-61732-8_5

Konsequenterweise vertrat er die Ansicht, die Hauptfunktion des feuchten und kalten Gehirns bestünde darin, das warme, vom Herzen kommende Blut zu kühlen.[3]

Die auffälligste Ausnahme von dieser weit verbreiteten Vernachlässigung des Gehirns findet sich in der medizinischen Abhandlung *Über die heilige Krankheit,* die ca. 400 v. Chr. verfasst wurde. Dieses kurze Traktat beschreibt epileptische Anfälle bei Kindern, Erwachsenen und Alten und erklärt deren Ursachen in völlig natürlichen Begriffen, statt sie auf göttliche oder magische Einflüsse zurückzuführen. Der Verfasser, möglicherweise Hippokrates, kommt zu dem Schluss, Epilepsie erbringe den Nachweis, dass das Gehirn Geist und Verhalten kontrolliere:

> Die Menschen sollten wissen, dass aus nichts anderem als dem Gehirn Freuden, Wonnen, Gelächter, Spott sowie Kummer, Leid, Verzweiflung und Wehklagen hervorkommen. Und dadurch erwerben wir auf besondere Weise Weisheit und Erkenntnis, und wir sehen und hören.

Über die heilige Krankheit ist ein isoliertes Aufflackern der Erkenntnis in einer antiken Welt, die daran scheitert, das Gehirn als Sitz der Seele zu erkennen. Die Gründungstexte der Christenheit, das Alte und das Neue Testament, sind in dieser Hinsicht nicht besser; das Gehirn wird nicht ein einziges Mal erwähnt, das Herz hingegen an unzähligen Stellen.

Diese Vorstellungswelt und die Sprache, die sich um das Herz rankt, haben bis heute in unseren Sitten und Sprachgebräuchen tiefe Spuren hinterlassen – wir lieben jemanden aus ganzem Herzen, und wir verschenken zum Valentinstag ein Schokoladenherz statt einer Süßigkeit, die wie ein Hypothalamus geformt ist. Es gibt Hunderte von Kirchen und Akademien, die das „Heiligste Herz Jesu" im Namen führen, doch keine einzige, die dem „Heiligen Gehirn" gewidmet ist. Erst in den letzten Jahrzehnten des 17. Jahrhunderts wurde durch grausige Tierexperimente nachgewiesen, dass das Herz nichts weiter als ein Muskel ist, eine biologische Pumpe, die das Blut durch den Körper zirkulieren lässt.

Einige der frühen Anatomen waren sich durchaus im Klaren, dass das Gehirn eng mit sensorischem Empfinden und Bewegung verknüpft ist. Der einflussreichste war der griechisch-römische Arzt Galen, der im 2. Jahrhundert n. Chr. lebte und sein medizinisches Wissen durch seine Arbeit als Wundarzt in einer Gladiatorenschule erworben hatte. Galen argumentierte, dass die Lebenskraft *(spiritus vitalis),* die Menschen animiert, von der Leber zum Herzen fließt und dann in den Kopf. Dort, im Inneren der Hirnventrikel, den miteinander verbundenen, flüssigkeitsgefüllten Hohlräumen des Gehirns, wird die Lebenskraft gereinigt und so zu Gedanken, sensorischen Empfindungen und Bewegung.

Galens Vorstellungen prägten die nächsten tausend Jahre und fanden ihre Apotheose im Glauben der Kirchenväter und der scholatischen Philosophen, die Hirnventrikel seien das *sensorium commune,* wo alle Sinne zusammenlaufen, um sensorisches Empfinden und Bewegung entstehen zu lassen; die graue Substanz des Gehirns – zu matschig, grob und kalt, um die sublime Seele zu beherbergen – pumpte dieser Vorstellung zufolge lediglich die Lebenskraft aus den Ventrikeln in die Nerven. In einer Welt ohne mechanistische Vorstellungen jenseits der Hydraulik, ohne eine Idee von chemischem Metabolismus und Elektrizität, klangen solche Erklärungen zumindest einigermaßen plausibel.

Während die Jahrhunderte vergingen, bestanden die intellektuellen Hauptaktivitäten in dialektischen Streitgesprächen und sterilen Reinterpretationen klassischer Autoren sowie in biblischer Exegese (es gibt einen Grund dafür, dass diese Periode als finsteres Mittelalter bekannt ist). Mittelalterliche Scholaren beschäftigten sich mit inneren, spirituellen Angelegenheiten, während systematische Manipulation und experimentelle Philosophie noch in ferner Zukunft lagen.

Mit Aufkommen der Renaissance änderte sich diese Haltung allmählich, und während der Aufklärung und den religiösen Konflikten in der Reformationszeit beschleunigte sich der Wandel zu einer stärker nach außen gerichteten, empirischen Sicht der Welt. *Scientia* und *religio* drifteten auseinander und begannen, für unterschiedliche Inhalte an Wissen und Forschungsmethodik zu stehen. Naturtheologie und Naturphilosophie kristallisierten sich als Vorläufer der modernen Naturwissenschaften heraus. Im Jahr 1664 wurde das Werk *Cerebri anatome* des englischen Arztes Thomas Wills veröffentlicht; mit seinen präzisen Zeichnungen der Hirnwindungen, die nicht wie in früheren Texten wie Darmverschlingungen aussahen, läutete es den Beginn des gehirnzentrierten Zeitalters ein.[4]

Die Vernunft braucht jedoch lange, um zu erwachen; bis ins frühe 19. Jahrhundert mussten Kranke bizarre medizinische Behandlungen über sich ergehen lassen – ständiger Aderlass als Therapie und Prophylaxe für die meisten Leiden oder Verzehr einer erstaunlich breiten Palette von Zubereitungen aus Tierorganen und seltsamen Pflanzen, Trinken von Eigenurin und so weiter. Je nobler der Patient, desto schlimmer die Behandlung – König Charles II. von England wurde purgiert, mit Schröpfköpfen traktiert und derart (mittels Blutegeln und Messern) zur Ader gelassen, dass er ein Viertel seine Blutes verlor, bevor er seiner Nierenerkrankung erlag.

Zu Anfang des 19. Jahrhunderts kamen die ersten auf dem Gehirn basierenden Erklärungen auf.[5] Zwei Wegbereiter waren der deutsche Arzt Franz Joseph Gall und sein Assistent Johann Spurzheim. Gestützt auf systematische Sektionen von menschlichen Leichen und Tierkadavern, formulierte Gall eine völlig materialistische, empirisch gestützte These, die die graue Substanz des Gehirns als einziges Organ des Geistes ansah. Dieses Organ war nicht homogen, sondern eine Ansammlung eigenständiger Teile, jedes mit einer eigenen Funktion; die Funktionen selbst sind heute kaum noch nachvollziehbar – darunter Beständigkeit, Ehrgeiz, Mitgefühl, Selbstvertrauen, Willenskraft, Fleiß, Edelsinn und geschlechtliche Sinnlichkeit.

Anhand von Kopfform und Schädelhöckern zogen Gall und Spurzheim Rückschlüsse auf Größe und Bedeutung des Organs unter der Schädeldecke und diagnostizierten den mentalen Charakter des Individuums, dem der Schädel gehörte. Ihre phrenologische Methode erwies sich als ungeheuer populär, denn sie erschien der wachsenden Mittelklasse als eben so raffiniert wie modern. Die

Phrenologie wurde eingesetzt, um Kriminelle und Geisteskranke, die Bedeutenden und die Niederträchtigen zu klassifizieren. Da es jedoch keine erkennbare Beziehung zwischen der äußeren Schädelform und der Größe und Funktion des darunter liegenden Nervengewebes gibt, geriet die Phrenologie schließlich aus der Mode und verlor ihren Ruf als seriöse Wissenschaft.

Die Bausteine des Gehirns sind, wie bei allen anderen Körperorganen auch, die Zellen. Diese Erkenntnis basierte auf der Entwicklung spezieller Farbstoffe in der zweiten Hälfte des 19. Jahrhunderts, mit denen sich die langen Ausläufer individueller Zellen anfärben ließen. Es war der spanische Anatom Santiago Ramón y Cajal, der Patron der Neurowissenschaften, dem es gelang, Neurone in all ihrer atemberaubenden Schönheit darzustellen. Genauso, wie sich Nierenzellen deutlich von Blut- oder Herzzellen unterscheiden, gibt es unterschiedliche Typen von neuronalen und nicht-neuronalen Hirnzellen – möglicherweise reicht deren Zahl an die Tausend heran.[6] Heute zieren Cajals Tinte-und-Feder-Zeichnungen neuronaler Hirnschaltkreise Ausstellungen in Museen, Coffee-Table-Bücher und (als Tattoo) meinen linken Bizeps.

Denken Sie an jene *National-Geographic*-Dokumentarfilme, in denen ein kleines Flugzeug die ungeheure Größe des Amazonasgebiets einfängt, indem es Stunde um Stunde über den Urwald fliegt. Im Regenwald gibt es so viele Bäume wie es Nervenzellen in einem einzelnen menschlichen Gehirn gibt. Die riesige morphologische Vielfalt dieser Bäume, ihre Wurzeln, Äste und Blätter, überzogen von Ranken und Kletterpflanzen, ist derjenigen der Nervenzellen vergleichbar.

Ramón y Cajal formulierte die Neuronenlehre, das zentrale Dogma der Neurowissenschaften: Das Gehirn ist ein riesiges und engmaschiges Gewebe aus eigenständigen Zellen, die einander an speziellen Kontaktstellen, den so genannten Synapsen, berühren. Information fließt nur in eine Richtung, von Tausenden Synapsen, die auf den dendritischen Verzweigungen der Neurone (sozusagen ihren Wurzeln) sitzen, hin zum Zellkörper. Von dort wird die Information mittels des einzigen neuronalen Output-Kabels, des Axons, an Tausende anderer Neurone auf der nächsten Verarbeitungsebene weitergegeben. Und so schließt sich der Kreis – Neurone, die unablässig miteinander im Gespräch sind (einige spezialisierte Neurone senden ihr Ausgangssignal an Muskelzellen). Diese lautlose Konversation ist die externe Manifestation des subjektiven Geistes.

Die physikalische Basis dieses neuronalen Geplänkels ist elektrische Aktivität. Jede Synapse[7] erhöht oder verringert kurz die elektrische Leitfähigkeit der Membran. Die resultierende elektrische Ladung wird mithilfe einer raffinierten membrangebundenen Maschinerie in den Dendriten und im Zellkörper in einen oder mehrere Alles-oder-Nichts-Impulse umgewandelt, die berühmten Aktionspotenziale oder Spikes. Ihre Amplitude beträgt rund ein Zehntelvolt, ihre Dauer weniger als eine Tausendstelsekunde. Die Spikes wandern das Axon entlang zu den Synapsen und Dendriten der nächsten Neuronengruppe, und der Zyklus beginnt von neuem.

Die letzte und entscheidende Verlagerung hin zu einer gehirnzentrierten Sicht von Leben und Tod folgte auf die Erfindung mechanischer Beatmungsgeräte und Herzschrittmacher in der zweiten Hälfte des letzten Jahrhunderts. Bis zu diesem

Zeitpunkt wusste jeder, wie der Tod aussah – die Lunge hörte auf zu atmen und das Herz zu schlagen. Heutzutage ist es komplizierter, denn der Tod ist aus dem Brustkorb in den Schädel gewandert – wir sind tot, wenn unser Gehirn seine Funktion unwiederbringlich verloren hat, selbst wenn der Rest des Körpers noch am Leben sein mag. Ich werde auf dieses morbide Thema in Kap. 9 zurückkommen.

Bewusste Zustände und Zustände des Bewusstseins

Bevor es weitergeht, möchte ich eine kritische Unterscheidung zwischen bewussten Zuständen und Zuständen des Bewusstseins diskutieren, die dem Unterschied zwischen der *intransitiven* (wie in „sich Schmerzen bewusst sein") und der *transitiven* (wie in „das Bewusstsein verlieren") Verwendung von Bewusstsein entspricht.

Zu beobachten, wie die Strahlen der untergehenden Sonne von fernen Bergen zurückgeworfen werden, jemanden zu begehren, Schadenfreude beim Missgeschick eines Rivalen zu verspüren oder wachsende Panik bei einem Routinebesuch beim Arzt zu fühlen – all das sind subjektive Erfahrungen mit ihrer ganz eigenen Koloratur. Unsere wachen Stunden sind angefüllt mit einem niemals endenden Strom solcher bewussten Zustände oder Erlebnisse, deren Inhalt ständig wechselt. Denselben Inhalt länger als ein paar Sekunden festzuhalten, stellt eine Herausforderung dar. Ein solches Festhalten erfordert entweder einen starken Reiz – ein lautes Alarmsignal oder eine anhaltende Migräne – oder intensive Konzentration – wach in einem Schlafsack liegen, während man die Geräusche von etwas Menschengroßem verfolgt, das sich leise durch einen finsteren Wald bewegt, sich in eine schwierige Kopfrechenaufgabe vertiefen oder immer wiederkehrende Gedanken wälzen. Aber selbst dann verändern sich die Details ständig, wabern, sind niemals statisch. Höchstwahrscheinlich spiegelt dies das prekäre Gleichgewicht der zugrunde liegenden neuronalen Verbände wider.

Der Inhalt des Bewusstseins ist flatterhaft, wandelt sich ständig innerhalb von Sekundenbruchteilen. Wie Kräuselungen und Wellen auf einem Teich, die von starken Strömungen unter der Oberfläche hervorgerufen werden – Strömungen, die das (übrigens selten beachtete) Auf und Ab unbewusster Emotionen, Erinnerungen, Wünsche und Ängste widerspiegeln. Wie die einzelnen Instrumente eines Orchesters, die einsetzen und dann wieder verstummen.

All dies geschieht, wenn wir wach und im physiologischen und psychologischen Sinne wachsam sind, bereit, auf ein Geräusch, einen Anblick oder eine Berührung zu reagieren. Dies ist *ein* Zustand des Bewusstseins.

Wenn wir schlafen, schwindet das Bewusstsein. Wir verbringen ein Viertel bis ein Drittel unseres Lebens schlafend, mehr, wenn wir jünger sind, weniger, wenn wir älter werden. Schlaf ist definiert durch verhaltensphysiologische Immobilität (die nicht absolut ist, denn wir atmen weiterhin, bewegen unsere Augen und zucken gelegentlich mit einem Arm oder Bein) und einer verringerten Reaktionsbereitschaft auf äußere Reize. Dieses Schlafbedürfnis teilen wir mit allen Tieren.

Wenn wir aus dem Schlaf erwachen, vor allem früh in der Nacht, scheint es uns, als kämen wir aus einem Schwebezustand ans Licht. Wir waren ganz woanders, und plötzlich hören wir, wie jemand unseren Namen ruft, und wir werden uns unserer selbst bewusst. Aus dem Nichts ins Sein. Dies ist ein weiterer Zustand, der durch Sich-nicht-bewusst-Sein charakterisiert ist. Andererseits können wir uns, wenn wir morgens spontan aufwachen, an lebhafte sensomotorische Erfahrungen erinnern, die oft mit einer banalen oder melodramatischen Geschichte einhergehen. Wir werden auf magische Weise in ein anderes Reich transportiert, in dem wir laufen und fliegen, auf verflossene Liebschaften, Kinder und ehemalige treue tierische Gefährten treffen, während unser Körper unbeweglich daliegt, unansprechbar und weitgehend abgekoppelt von seiner Umgebung ist. Das Träumen, ein weiterer Bewusstseinszustand, ist ein aufschlussreicher Bestandteil des Lebens, den wir jedoch einfach als gegeben ansehen.[8]

Diese eigenständigen Zustände des Bewusstseins spiegeln sich in eigenständigen elektrischen Hirnaktivitäten wider, deren schwache Echos von auf der Kopfhaut platzierten Elektroden aufgenommen werden können. Genau wie die Oberfläche des Meeres ist auch die Oberfläche des Gehirns in ständiger Bewegung und reflektiert dabei die winzigen elektrischen Ströme, die von den corticalen Neuronen hervorgerufen werden.

Der deutsche Psychiater Hans Berger war ein Wegbereiter der Elektroenzephalographie; dabei ging es ihm sein ganzes Leben lang darum, die Realität von Telepathie nachzuweisen. Bereits 1924 zeichnete er die Hirnwellen eines Patienten per Elektroenzephalogramm (EEG) auf, aber von Zweifeln geplagt, veröffentlichte er seine Ergebnisse erst 1929. Das EEG wurde zum grundlegenden Werkzeug einer ganzen medizinischen Disziplin, der klinischen Neurophysiologie, auch wenn Berger im nationalsozialistischen Deutschland keine nennenswerte Anerkennung fand und sich 1941 erhängte, obgleich er mehrfach für den Nobelpreis nominiert worden war.

Das EEG misst die winzigen Spannungsschwankungen (10 bis 100 Mikrovolt, Abb. 5.1), die von der elektrischen Aktivität im gesamten Neocortex hervorgerufen werden, der äußeren Oberfläche des Gehirns, die für Wahrnehmung, Handeln, Gedächtnis und Denken verantwortlich ist. Unterschiedliche Formen halb-regelmäßig auftretender Wellen sind nach ihrem dominierenden Frequenzband benannt. Dazu gehören die Alpha-Wellen mit 8–13 Zyklen pro Sekunde, also im Bereich von 8–13 Hz (Hz), die Gamma-Wellen im 200–400-Hz-Bereich und die Delta-Wellen im Frequenzbereich von 0,5–4 Hz. Ihre unregelmäßige Natur spiegelt die Aktivität in großen Neuronenverbänden mit fluktuierender Mitgliedschaft wider. Die Gesamtarchitektur und -morphologie dieser Wellen und ihr Wandel im Lauf des Tages wie auch im Lauf des Lebens entwickeln sich jedoch geordnet und nach bestimmten Gesetzmäßigkeiten.

Klinische Elektroenzephalographen können zwischen 4 und 256 Elektroden aufweisen, die auf der Kopfhaut verteilt angebracht werden. Wissenschaftler, die die Geräte als Forschungsinstrument einsetzten, entdeckten 1953 zu ihrem Erstaunen, dass das schlafende Gehirn jede Nacht mehrmals zwischen zwei unterschiedlichen Zuständen wechselt – Schlaf mit raschen Augenbewegungen (*rapid eye movement*, REM) und Tiefschlaf oder Schlaf ohne rasche Augenbewegungen

wach – niedrige Spannung, desynchronisiert, schnell

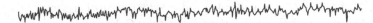

schläfrig – Alpha-Wellen

REM-Schlaf – niedrige Spannung, desynchronisiert, schnell mit Sägezahnwellen

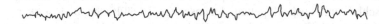

Stadium-2-Schlaf – Schlafspindeln und K-Komplex

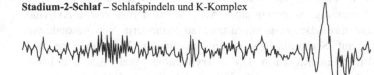

Tiefschlaf – hohe Spannung, Delta-Wellen

50 µm

1 s

Abb. 5.1 Hirnwellen. Unterschiedliche Hirnzustände – wachsam, aufgeregt, schläfrig, schlafend, träumend – spiegeln sich in unterschiedlichen Mustern der EEG-Aktivität wider, die von Elektroden auf der Kopfhaut abgeleitet wird. Mit ihrer Hilfe kann man unterschiedliche Bewusstseinszustände diagnostizieren. (Nach Dement und Vaughan 1999)

(*non-rapid eye movement,* Non-REM).[9] Der REM-Schlaf ist gekennzeichnet durch abgehackte, sich rasch verändernde Hirnwellen mit niedriger Spannung, schnelle Augenbewegungen und eine vollständige Muskellähmung. Der REM-Schlaf wird auch als paradoxer Schlaf bezeichnet, denn das Gehirn ist so aktiv wie im

Wachzustand. Im Gegensatz dazu ist der Tiefschlaf oder Non-REM-Schlaf durch langsam steigende und fallende elektrische Wellen mit großer Amplitude gekennzeichnet. Tatsächlich gilt: Je tiefer und ruhiger der Schlaf, desto langsamer und höher sind die Wellen, die erholsame Leerlaufaktivität des Gehirns widerspiegeln. Heutzutage registrieren Verbrauchergeräte unser EEG mittels eines schmalen Bandes, das man nachts trägt, und setzen Töne ein, die synchron mit den Tiefschlafwellen an- und abschwellen, um die Schlafqualität zu verbessern.[10]

Viele Jahrzehnte lang nahm man an, REM-Schlaf sei mit Träumen gleichzusetzen (auch wenn wir uns an die meisten unserer Träume nicht erinnern), während es im Tief- oder Non-REM-Schlaf keinerlei Erleben gebe. Diese einflussreiche Vorstellung ließ sich nur schwer ausräumen, doch eine Vielzahl von Studien belegt inzwischen, dass diese Sicht zu stark vereinfacht ist. Wenn Probanden zufällig geweckt und gefragt werden, ob sie direkt vor dem Aufwachen irgendetwas erlebt haben, während ihr Gehirn von einer leistungsfähigen EEG-Apparatur überwacht wird, schildern bis zu 70 % der aus dem Tiefschlaf Gerissenen einfache perzeptorische Traumerfahrungen. Menschen, die aus dem REM-Schlaf geweckt werden, berichten von längeren und komplexeren Träumen als nach Erwachen aus dem Tiefschlaf, mit ausgeklügelten, lebensnahen Erzählfäden und starken emotionalen Untertönen. Eine signifikante Minderheit kann sich, wenn sie aus dem REM-Schlaf geweckt wird, an keinerlei Traumerlebnisse erinnern.[11]

Neben diesen drei physiologischen Zuständen des Bewusstseins (wach, REM-Schlaf und Tiefschlaf), die mit dem Tageszyklus kommen und gehen, haben Gesellschaften rund um die Welt Alkohol und Drogen verwendet bzw. missbraucht, um Stimmung, Wahrnehmung, Ausdauer und motorische Aktivität zu modifizieren und ihren Bewusstseinszustand zu verändern. Von besonderem Interesse sind die auf Serotonin-Rezeptoren basierenden Halluzinogene und Psychedelika – Psilocybin, Meskalin, DMT, Tryptamine, Ayahuasca und LSD. Diese Substanzen, die aus religiösen Gründen oder als Freizeitdrogen genommen werden, verändern Qualität und Charakter des Erlebens – sie induzieren psychedelische Farben, verlangsamen die Zeitwahrnehmung und lassen den Betreffenden das Selbstempfinden verlieren. Die Nutzer sprechen davon, während der Trips einen „höheren" Zustand des Bewusstseins zu erleben.[12] In *Die Pforten der Wahrnehmung,* dem Buch, das das Zeitalter des Wassermanns einläutete, beschreibt Aldous Huxley eine solche Episode:

> Einen Augenblick später explodierte ein Beet vollerblühter Hyazinthenaloen innerhalb meines Gesichtsfeldes. Die Blumen waren bis zu einem solchen Grad lebendig, dass sie ganz nahe daran zu sein schienen, sich zu äußern, während sie in das Blau des Himmels emporstrebten.[...] Ich blickte auf die Blätter und entdeckte ein wellenförmiges kompliziertes Muster aus den zartesten grünen Lichtern und Schatten, das pulsierte, als enthülle es ein Geheimnis, das nicht enträtselt werden konnte.

Aus klinischen Gründen lässt sich das Bewusstsein mit einer Reihe von Wirkstoffen sicher, rasch und reversibel minuten- bis stundenlang aus- und wieder anschalten. Eine Narkose eliminiert Schmerz, Angst und die belastenden Erinnerungen an einen chirurgischen Eingriff, ein unnatürlicher Verlust des

Bewusstseins, dessen Vorteile wir als gegeben hinnehmen. Sie ist einer der großen Triumphe der modernen Zivilisation.

Zu den pathologischen Zuständen des Bewusstseins zählen Koma und der vegetative Zustand, der auf starke Traumata, einen Schlaganfall, eine Überdosis Drogen und/oder Alkohol und so weiter folgen kann. Hier hat sich das Bewusstsein davongemacht, doch Teile des Gehirns des Betroffenen arbeiten noch, um einige lebenswichtige Funktionen aufrecht zu erhalten.

Jede Theorie des Bewusstseins muss all diese zahlreichen Daten über bewusste Zustände und Zustände des Bewusstseins in Rechnung ziehen.

Das neuronale Korrelat des Bewusstseins

Gegen Ende der 1980er-Jahre traf ich mich, damals ein junger Assistant Professor am California Institute of Technology in Südkalifornien, regelmäßig einmal im Monat mit Francis Crick. Ich war begeistert, eine verwandte Seele gefunden zu haben, die bereit war, endlos darüber zu diskutieren, wie das Gehirn Bewusstsein hervorbringen könnte. Crick war der Physikalische Chemiker, der zusammen mit James Watson und Rosalind Franklin die Doppelhelixstruktur der DNA, jenes Moleküls der Vererbung, entdeckt hatte. Im Jahr 1976, im Alter von 60 Jahren, verlagerte sich Cricks Interesse von der Molekularbiologie zur Neurobiologie, und so verließ er die Alte Welt und ließ sich in der Neuen Welt, in La Jolla, Kalifornien, nieder.

Trotz unseres Altersunterschieds von 40 Jahren bauten Crick und ich eine intensive Lehrer-Schüler-Beziehung auf. Wir arbeiteten 16 Jahre eng zusammen und verfassten gemeinsam zwei Dutzend wissenschaftlicher Veröffentlichungen und Aufsätze. Unsere Zusammenarbeit dauerte buchstäblich bis zum Tag seines Todes.[13]

Als wir diese Arbeit, in der viel Liebe steckte, begannen, galt es als Zeichen geistigen Verfalls, sich ernsthaft Gedanken über das Bewusstsein zu machen; es war für einen jungen Wissenschaftler nicht ratsam. Aber diese Haltung veränderte sich im Lauf der Zeit. Zusammen mit einer Handvoll Philosophen und Neurowissenschaftlern entwickelten wir eine Wissenschaft des Bewusstseins. Das Thema ist heute kein Tabu mehr, kein Studiengebiet, das man nicht beim Namen nennen sollte.

Was passiert im Gehirn, wenn man einen Sonnenuntergang erlebt oder eine schmerzhafte Blase am Fuß? Vibrieren dann ein paar Nervenzellen mit einer magischen Frequenz? Regen sich spezielle Bewusstseinsneurone? Und liegen diese Zellen an einer bestimmten Stelle (eine Andeutung von Descartes' Zirbeldrüse)? Was in der Biophysik eines Klumpens höchst erregbarer Hirnsubstanz verbindet graue Schmiere mit dem fantastischen Raumklang und der strahlenden Farbenvielfalt, die den Stoff unserer Alltagserfahrung bilden? Um diese Fragen zu beantworten, konzentrierten Crick und ich uns auf ein operatives Maß, die *neuralen* oder *neuronalen Korrelate des Bewusstseins,* in der Literatur abgekürzt mit NCC. Mithilfe von David Chalmers' strengeren Formulierung ist das NCC definiert als der *Minimalsatz neuronaler Mechanismen, die gemeinsam für jedes spezifische bewusste Perzept hinreichend sind* (Abb. 5.2).[14]

Francis Crick und ich beabsichtigten, die NCC-Sprache *ontologisch neutral* zu halten (aus diesem Grund sprachen wir von „Korrelaten"), um der uralten Debatte der -ismen (Dualismus versus Physikalismus und deren vielen Varianten, siehe Kap. 14) aus dem Weg zu gehen, denn wir waren der Ansicht, die Wissenschaft könne zu diesem Zeitpunkt keinen festen Standpunkt einnehmen, was das Körper-Geist-Problem angehe. Ganz gleich, was Sie über den Geist annehmen, es gibt keinen Zweifel, dass er eng mit dem Gehirn verknüpft ist.[15] Beim NCC geht es darum, wo und wie diese enge Verknüpfung stattfindet.

Für die Definition des NCC ist das Wörtchen „minimal" wichtig. Denn man könnte das gesamte Gehirn als NCC ansehen, schließlich generiert es tagein, tagaus Erleben. Crick und mir ging es jedoch um die spezifischen Synapsen, Neurone und Schaltkreise, die das Erleben hervorbringen.

Die Aktivität des Gehirns ist entscheidend von der Durchblutung abhängig. Drückt man die rechte und die linke Halsschlagader zusammen, verlieren wir in Sekundenschnelle das Bewusstsein. Es gibt keine Energiereserven, die den Geist mit Strom versorgen. Der Geist ist fragil.

Ein raffiniertes Gefäßsystem verteilt den lebenserhaltenden Blutstrom überall im Gehirn. Billionen scheibchenförmiger roter Blutzellen strömen und trudeln aus den Arterien in das Kapillarnetz, das das gesamte neuronale Gewebe durchzieht; dort laden die Hämoglobinmoleküle innerhalb dieser Blutzellen ihre kostbare

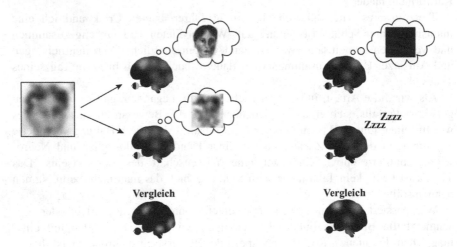

Abb. 5.2 Die neuronalen Korrelate des Bewusstseins: In der Zeichnung kann man links ein kurz aufgeblitztes mehrdeutiges Bild sehen, das entweder ein Gesicht oder ein nebulöses schwarzweißes Etwas zeigt. Ein Vergleich der Gehirnaktivität für diese beiden Perzepte, während der Proband im Magnetscanner liegt, führt zur Identifikation des *inhaltsspezifischen NCC* für die Erfahrung, Gesichter zu sehen. Ein anderes Experiment (rechts) vergleicht die Gehirnaktivität, wenn ein Proband mit geschlossenen Augen (aber wach) in einem Scanner liegen, mit derjenigen im Tiefschlaf. Dieses Verfahren lokalisiert Regionen, die an dem Zustand, bei Bewusstsein zu sein, beteiligt sind (dem *vollständigen NCC*)

Sauerstofffracht ab, um die Zellaktivität in Gang zu halten.[16] Dabei wechseln die Blutzellen ihre Farbe von Scharlachrot zu Dunkelrot, bevor sie das Nervengewebe über die Venen wieder verlassen, um frischen Sauerstoff in der Lunge aufzunehmen. Zum Glück für Hirnforscher verändert sich die Reaktion von Hämoglobin auf ein Magnetfeld bei Sauerstoffabgabe ebenfalls, und zwar von leicht abstoßend zu schwach anziehend. Diesen Effekt macht sich die funktionelle Magnetresonanztomographie (fMRT) zunutze, mit deren Hilfe sich Veränderungen in Oxygenierung, Blutfluss und Blutvolumen registrieren lassen, die gemeinsam als *hämodynamische Reaktion* bezeichnet werden. Diese Reaktion wird als Stellvertreter für neuronale Aktivität herangezogen. Das heißt, sowohl Blutfluss als auch Blutvolumen steigen homöostatisch in Antwort auf energieaufwendige Prozesse, wie aktive Synapsen und elektrisches Spiken.

Bei einem typischen Brain-Imaging-Experiment liegt der Proband im Inneren einer langen, engen Röhre, umgeben von schwerem Gerät (ja, es kann klaustrophobisch sein), während er teilweise unkenntliche Bilder von Gesichtern sieht, die eine Dreißigstelsekunde auf einen Monitor geblitzt werden. Wie in Kap. 2 erklärt, soll der Proband, wann immer er ein Gesicht sieht, die „Ja"-Taste drücken; sieht er hingegen lediglich ein Hell-Dunkel-Muster, die „Nein"-Taste. Wenn Bilder nur kurz sichtbar sind, hat das Gehirn oft nicht genug Zeit, sich eine kohärente Meinung zu bilden; manchmal sieht man ein Gesicht, manchmal aber auch nur etwas Vages und nicht Interpretierbares, vielleicht hervorgerufen durch das zufällige Zucken eines Neurons. Die Antworten des Probanden werden nun in zwei Kategorien sortiert, „Gesichter" und „Nicht-Gesichter", und die damit einhergehenden Gehirnaktivitäten werden verglichen (Abb. 5.2). Durch diesen Vergleich lassen sich diejenigen Regionen isolieren, die deutlich aktiver sind, wenn man ein Gesicht sieht, als wenn man kein Gesicht sieht – eine Gruppe von Regionen im visuellen Cortex, einschließlich des *fusiformen Gesichtsareals* (*fusiform face area*, FFA) das sich auf beiden Seiten jeweils am Bauch des Cortex befindet.[17] Allgemeiner gesagt, lässt sich mit diesem Verfahren eine Kandidatenregion für ein inhaltsspezifisches NCC identifizieren, wobei der Inhalt in diesem Beispiel „die Erfahrung, ein Gesicht zu sehen" ist.

Weitere Experimente sind notwendig, um zu belegen, dass diese Aktivität mit der Erfahrung verknüpft ist und nicht mit dem Drücken der „Ja"-Taste. Ein anderes Problem ist die Aufgabe selbst, die erfordert, dass der Proband die Anweisungen im Gedächtnis behält und die entsprechenden Knöpfe drückt. Um auszuschließen, dass das FFA an der Speicherung und Befolgung von Anweisung beteiligt ist (statt am Sehen von Gesichtern), kann man das „No task"-Paradigma (*no task* = keine Aufgabe) anwenden. Andere Einflüsse, die untersucht werden müssen, sind die Auswirkungen von selektiver visueller Aufmerksamkeit, Augenbewegungen und so fort. Solche Komplikationen füllen die Tage von Experimentatoren und ihre graduierten Studenten, und auch die Literatur ist voll davon.

Gegen Ende des 18. Jahrhunderts entdeckte der italienische Physiker Luigi Galvani, dass via Nervenfasern übermittelte Elektrizität Froschmuskeln zum Zucken brachte. Das Studium tierischer Elektrizität hob die Wissenschaft der

Elektrophysiologie aus der Taufe. Wie Galvanis Nachfolger herausfanden, führte die elektrische Reizung des exponierten Gehirns dazu, dass Individuen mit einem Arm oder Bein zuckten, Lichter sahen und Töne hörten. Ab Mitte des 20. Jahrhunderts war elektrische Stimulation in der klinischen Praxis zur Routine geworden.

Eine solche Aktivierung des NCC sollte das damit einhergehende Perzept auslösen, während eine Intervention mit dem NCC diese Erfahrung unterbinden sollte. Beide Vorhersagen sind für Gesichter und das fusiforme Gesichtsareal bestätigt worden. Bei einer von dem Neurologen Josef Parvizi durchgeführten Studie mit Epilepsiepatienten an der Stanford University wurden die elektrischen Signale von implantierten Elektroden abgeleitet, und man konnte zeigen, dass der rechte wie der linke Gyrus fusiformis tatsächlich selektiv auf Gesichter reagieren. Anschließend leitete Parvizi mit denselben Elektroden elektrischen Strom in das zugrunde liegende fusiforme Gesichtsareal (Abb. 6.6). Eine Reizung des rechten Gyrus fusiformis ließ einen der Patienten ausrufen: „Sie haben sich gerade in jemand anderen verwandelt. Ihr Gesicht hat sich verändert. Ihre Nase wurde ganz schlaff und drehte sich nach links."[18] Andere berichteten von ähnlichen Verzerrungen, die an die Porträts des Malers Francis Bacon erinnern. Das geschah jedoch nicht, wenn nahe gelegene Regionen stimuliert wurden oder bei Scheinversuchen, bei denen Parvizi nur vorgab, Strom zu injizieren. Bei diesen Patienten ist das fusiforme Gesichtsareal offenbar ein NCC für das Sehen von Gesichtern,[19] denn die Aktivität dort ist eng und systematisch mit dem Sehen von Gesichtern korreliert, und eine Stimulation verändert deren Wahrnehmung.

Zudem kann eine Schädigung dieser Region zu *Prosopagnosie* oder Gesichtsblindheit führen. Betroffene verlieren die Fähigkeit, vertraute Gesichter zu erkennen, einschließlich ihres eigenen.[20] Die Gesichter von Ehepartnern, Freunden, Berühmtheiten und Präsidenten sehen für sie alle gleich aus, ununterscheidbar wie Kiesel in einem Flussbett. Sie nehmen die einzelnen Elemente wahr, die ein Gesicht ausmachen – Augen, Nase, Ohren und Mund –, sind aber nicht fähig, daraus ein einheitliches Perzept eines Gesichts zu formen. Interessanterweise können diese Patienten unbewusst noch immer auf vertraute Gesichter reagieren, denn ihr vegetatives System antwortet mit einer verstärkten galvanischen Hautreaktion. Das Nichtbewusste hat eben seine eigenen Wege, vertraute Gesichter zu erkennen.

Jede Veränderung im NCC beeinflusst zwangsläufig den Charakter der Erfahrung (einschließlich der, keine Erfahrung zu machen). Wenn sich die Hintergrundbedingungen verändern, das NCC aber nicht, bleibt die Erfahrung hingegen dieselbe.

Verwandte Paradigmen suchen das vollständige NCC zu identifizieren, also: die Einheit inhaltspezifischer NCC für alle möglichen Erfahrungen. Das ist das neuronale Substrat, das entscheidet, ob wir uns überhaupt irgendetwas bewusst sind, ganz unabhängig von seinem spezifischen Inhalt. Ein derartiges Experiment vergleicht die Gehirnaktivität wach und ruhig, aber mit geschlossenen Augen, mit derjenigen im Tiefschlaf (wie in Abb. 5.2), was in einer lauten und engen Röhre eines Magnetscanners gar nicht so einfach ist. Wiederum lauern unzählige Komplikationen; der Teufel steckt im Detail.

Von der Antike bis weit ins 17. Jahrhundert galt das Herz als Sitz der Seele. Heutzutage wissen wir, dass das Gehirn das Substrat für alles Geistige ist. Das ist also ein Fortschritt. Aber es geht weiter. Im Zuge des unablässigen Strebens der Wissenschaft, Mechanismen auf ihrem jeweils relevanten Kausalitätsniveau festzunageln, müssen wir weiter forschen und fragen, welcher Teil dieses drei Pfund schweren Organs für unser Bewusstsein am wichtigsten ist. Darum geht es im nächsten Kapitel.

Dem Bewusstsein auf der Spur 6

Krempeln wir nun die Ärmel hoch und machen wir uns daran, die Teile des Gehirns zu identifizieren, die am engsten mit dem Bewusstsein verbunden sind. Wie sich zeigt, können etliche Regionen des Zentralnervensystems durchaus ohne Erleben auskommen. Die bioelektrische Aktivität von Millionen von Neuronen in wenig zuträglicher Neuro-Nachbarschaft trägt rein gar nichts zum bewussten Empfinden bei, während andere Regionen privilegierter sind. Worin besteht der Unterschied?

Nehmen wir das Rückenmark, einen langen Nervengewebsstrang im Inneren der Wirbelsäule. Es ist ungefähr einen halben Meter lang und enthält 200 Mio. Nervenzellen.[1] Wird das Rückenmark durch ein Trauma in der Halsregion komplett durchtrennt, sind die Betroffenen von dort abwärts vollständig gelähmt; sie verlieren die Kontrolle über Darm, Harnblase und andere autonome Funktionen, und ihnen fehlt das Körperempfinden. Ihre Lage ist bedrückend, denn sie sind an den Rollstuhl oder das Bett gefesselt. Doch auch solche Tetraplegiker erleben das Leben in all seinen Formen – sie sehen, hören, riechen, empfinden Emotionen und erinnern vieles aus der Zeit vor jenem Ereignis, das ihr Leben auf immer veränderte. Das widerlegt den Mythos, dass Bewusstsein ein automatisches Nebenprodukt von Nervenaktivität ist – dafür braucht es mehr.

Der Hirnstamm ermöglicht Bewusstsein

Das Rückenmark entspringt aus dem etwa fünf Zentimeter langen Hirnstamm an der Unterseite des Gehirns (Abb. 6.1). Der Hirnstamm vereint in etwa die Funktionen eines Kraftwerks und eines Hauptbahnhofs; seine neuronalen Schaltkreise regulieren Schlafen und Wachen, aber auch Herz- und Atemfrequenz. Durch diesen schmalen Bereich ziehen die meisten Nervenfasern, die Gesicht und Hals innervieren und einlaufende sensorische Signale (Tast-, Vibrations-, Temperatur- und Schmerzimpulse) sowie austretende motorische Impulse weiterleiten.

© Springer-Verlag GmbH Deutschland, ein Teil von Springer Nature 2020
C. Koch, *Bewusstsein,* https://doi.org/10.1007/978-3-662-61732-8_6

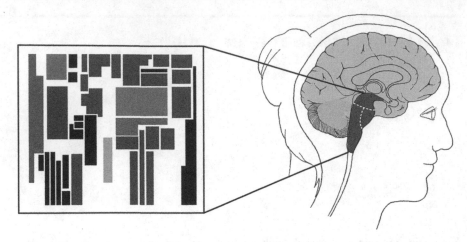

Abb. 6.1 Der Hirnstamm als Voraussetzung für Bewusstsein: Die Formatio reticularis des Hirnstamms (bestehend aus verlängertem Rückenmark, Brücke und Mittelhirn) enthält mehr als 40 Kerne (Nuclei, links). Gemeinsam regulieren diese Schlafen und Wachen, Erregung, Atem- und Herzfrequenz, Augenbewegungen und andere lebenswichtige Funktionen. Seine Neurone ermöglichen erst das Erleben, liefern aber dafür keinen Inhalt. Die Größe der Rechtecke entspricht jeweils der Größe jedes Nucleus im Hirnstamm. (Nach Parvizi und Damasio, 2001)

Wird der Hirnstamm beschädigt oder komprimiert, kommt es oft zum Tod. Schon eine recht begrenzte Schädigung kann zu einem tiefgreifenden, anhaltenden Bewusstseinsverlust einhergehen, besonders wenn der Schaden auf beiden Seiten zugleich auftritt. Das zeigte sich während der Pandemie der Europäischen Schlafkrankheit (Encephalitis lethargica), die von den Schlachtfeldern des Ersten Weltkriegs ausging.[2] Die Krankheit bewirkte bei den meisten Betroffenen einen tiefen, starren Schlaf, bei anderen eine Hypererregung. Die Europäische Schlafkrankheit kostete weltweit etwa eine Million Menschen das Leben. Bis heute ist unbekannt, wodurch sie ausgelöst wurde. Der Neurologe Constantin von Economo untersuchte die Gehirne verstorbener Patienten aufs Genaueste und entdeckte zwei separate Infektionsherde in ihrem Hirnstamm; einen im Hypothalamus, der den Schlaf fördert, und einen im oberen Hirnstamm, wo das Wachsein gefördert wird. Von Economos Entdeckung belegte, dass Schlaf nicht einfach ein passiver Zustand ist, der infolge des nächtlichen Ausbleibens von sensorischer Stimulation und körperlicher Müdigkeit eintritt, sondern ein spezifischer Hirnzustand, der durch unzählige Schaltkreise reguliert wird.

Der Hirnstamm enthält mindestens 40 distinkte Gruppen von Neuronen in zellulären Ansammlungen, die man als Formatio reticularis (Retikulärformation) bezeichnet. Jede Population benutzt ihren eigenen Neurotransmitter (etwa Glutamat, Acetylcholin, Serotonin, Noradrenalin, GABA, Histamin, Adenosin und Orexin), der direkt oder indirekt die Erregbarkeit von Strukturen des Cortex und des sonstigen Vorderhirns moduliert. Gemeinsam greifen sie auf Signale zu, die mit dem inneren Milieu zu tun haben (Atmung, Regulierung der Körpertemperatur, REM-

und Non-REM-Schlaf, Schlaf-Wach-Übergang, Augenmuskeln und Bewegungsapparat) und kontrollieren diese.[3]

Die Hirnstammneurone ermöglichen das Bewusstsein, indem sie den Cortex mit einem Cocktail neuromodulatorischer Substanzen fluten und sozusagen die Bühne bereiten, auf der sich das mentale Leben abspielt. Doch sie nehmen selbst keine Rolle in diesem Schauspiel ein. Der Hirnstamm liefert keinerlei Inhalt für das Erleben. Patienten mit bestehender Funktion des Hirnstamms, aber ansonsten umfangreicher corticaler Dysfunktion zeigen meist keinerlei Verhaltensreaktionen und keine Anzeichen dafür, dass sie sich ihrer selbst oder ihrer Umgebung bewusst sind.

Viele Prozesse sind für das Entstehen von Bewusstsein erforderlich. Unsere Lunge muss wie ein Blasebalg Sauerstoff aus der Luft ziehen und ihn an Billionen roter Blutkörperchen abzugeben, die das Herz wiederum durch den Körper bis ins Gehirn pumpt. Werden die Carotisarterien verschlossen, die beidseits sauerstoffreiches Blut ins Gehirn leiten, verliert man binnen Sekunden das Bewusstsein. Natürlich entsteht der Geist nicht allein aus dem Blutfluss – ein Komapatient, dessen Herz schlägt, bezeugt dies auf traurige Weise. Oft wird vergessen, dass der Geist auch auf fein abgestimmte Schaltkreise im Hirnstamm angewiesen ist, so wie die Stromversorgung notwendig ist, damit ein Laptop funktioniert. Zu unterscheiden, was eine notwendige Voraussetzung für jegliches spezifisches Erleben ist (das inhaltsspezifische NCC) und was die Grundlage für den bewussten Zustand bildet (die *Hintergrundbedingung*), ist in der klinischen Praxis oft nicht leicht, wenn etwa ein bewusstloses Opfer eines Verkehrsunfalls in die Notaufnahme gebracht wird. Konzeptuell jedoch ist die Unterscheidung eindeutig – der Hirnstamm ermöglicht das bewusste Erleben, kann es aber nicht mitbestimmen.

Der Verlust des Kleinhirns beeinträchtigt das Bewusstsein nicht

Wo wir nichts finden, kann genauso aufschlussreich sein wie die Erkenntnis, wo wir etwas finden. Das gilt ganz besonders für das Cerebellum, das Kleinhirn, das im hinteren Bereich unter dem Cortex sitzt. Das Kleinhirn verkörpert die automatischen Feedbackprozesse, die nötig sind, um die täglich beim Stehen, Gehen, Laufen, Benutzen von Utensilien, Sprechen, Spielen, Balldribbeln und derlei mehr benötigten Sinne und Muskeln des Körpers zu koordinieren. Das Erwerben und Bewahren dieser Fertigkeiten erfordert ein nie endendes Wechselspiel zwischen dem, was Augen, Haut, Gleichgewichtsorgan (im Innenohr), Dehnungs- und Stellungsrezeptoren (in unseren Muskeln bzw. Gelenken) und sonstige Sinnesorgane registrieren, und dem, was das Gehirn daraufhin zu tun vorhat und was schließlich vom Bewegungsapparat des Körpers ausgeführt wird.

Die wohl auffälligsten Neurone des Gehirns sind die Purkinjezellen des Kleinhirns (Abb. 6.2), deren fächerförmig angeordnete, zahlreiche Dendriten Impulse von sage und schreibe 200.000 Synapsen empfangen. Purkinjezellen zeigen komplexe intrinsische elektrische Reaktionen, und ihre Axone übermitteln den

Abb. 6.2 Purkinjezelle des
menschlichen Kleinhirns: Der
auffällige, korallenförmige
Dendritenbaum bezieht Input
aus mehreren Hunderttausend
Synapsen. Etwa zehn
Millionen Purkinjezellen
liefern den gesamten Output
des Kleinhirns, doch keine
davon erzeugt bewusstes
Erleben. (Nach Piersol, 1913)

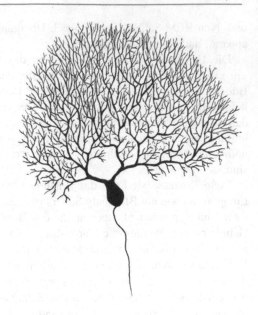

Output des Kleinhirns an das übrige Gehirn. Sie liegen wie Bücher auf einem Regalbrett übereinandergestapelt in den Windungen der Kleinhirnoberfläche. Purkinjezellen empfangen exzitatorischen synaptischen Input von rund 69 Mrd. Körnerzellen – das sind viermal mehr als alle Neurone im restlichen Gehirn zusammen.[4]

Was passiert mit dem Bewusstsein, wenn Teile des Kleinhirns infolge eines Schlaganfalls oder einer Operation ausfallen bzw. fehlen? Kürzlich unterhielt ich mich mit einem beredten jungen Arzt. Ein gutes Jahr zuvor war ihm ein eigroßes Stück seines Kleinhirns entfernt worden, da darin ein Glioblastom saß, ein aggressiver Hirntumor. Bemerkenswerterweise verlor er dadurch zwar die Fähigkeit, flüssig Klavier zu spielen und in hohem Tempo Nachrichten auf dem Smartphone einzutippen, doch er bewahrte sein bewusstes Erleben der Welt, seine Fähigkeit, sich an frühere Ereignisse zu erinnern oder sich selbst in der Zukunft zu sehen. Das ist typisch. Manche Patienten sind nach einem solchen Verlust unbeholfen und zum Teil in ihrem Denkvermögen beeinträchtigt,[5] doch ihr subjektives Erleben der Welt bleibt davon unberührt.

Noch außergewöhnlicher ist der Fall einer 24-jährigen Chinesin, die eine leichte geistige Beeinträchtigung, verwaschene Sprache und mittlere motorische Defizite zeigte. Bei einem Hirnscan entdeckten die Ärzte einen mit Liquor cerebrospinalis gefüllten Hohlraum an der Stelle, an der sich eigentlich ihr Kleinhirn hätte befinden sollen (Abb. 6.3). Die Frau ist einer der wenigen Menschen, die ohne Kleinhirn geboren wurden. Dennoch führt sie ein normales Leben; sie hat eine kleine Tochter und erlebt ihre Umwelt ohne Einschränkungen. Sie ist kein Zombie.[6]

Abb. 6.3 Leben ohne Kleinhirn: Zeichnung nach einem CT-Bild einer Frau, bei der sich dort, wo eigentlich ihr Kleinhirn sitzen sollte, nur ein mit Liquor gefüllter Hohlraum befindet. Trotz einiger motorischer Einschränkungen ist sie bei vollem Bewusstsein. (Nach Yu et al., 2014)

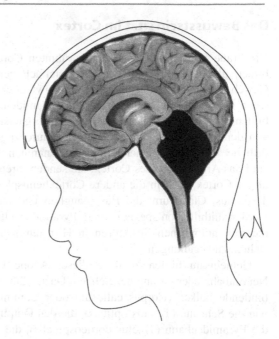

Purkinjezellen zeigen einen der ausgefeiltesten Baupläne unter den Neuronen; das Kleinhirn kartiert den Körper und die Außenwelt in seinen zig Milliarden Neuronen. Dennoch scheint nicht einer davon Erleben zu generieren. Warum ist das so?

Wichtige Hinweise kann hier seine sehr stereotype, fast kristalline Schaltkreisanordnung geben. Erstens ist das Kleinhirn fast ausschließlich ein Feedforward-Schaltkreis. Eine Gruppe Neurone leitet also an die nächste weiter, die wiederum eine dritte beeinflusst. Es gibt nur wenige rekurrente Synapsen, die schwache Antworten verstärken oder tonisches Feuern auslösen, das länger anhält als der ursprüngliche Auslöser. Zwar fehlen exzitatorische Schleifen im Kleinhirn, doch gibt es reichlich negatives Feedback, das anhaltende neuronale Antworten wieder beendet. Das Kleinhirn zeigt somit keine reverberierende, sich selbst aufrechterhaltende Aktivität, wie man sie im Cortex beobachtet. Zweitens gliedert sich das Kleinhirn funktional in Hunderte oder mehr unabhängige Module. Jedes arbeitet parallel zu den anderen, mit separatem, nicht überlappendem Input und Output.

Für das Bewusstsein kommt es weniger auf einzelne Neurone an als vielmehr darauf, wie sie miteinander verdrahtet sind. Eine Parallel- und Feedforward-Architektur ist für das Bewusstsein nicht ausreichend, eine wichtige Erkenntnis, auf die wir noch zurückkommen werden.

Das Bewusstsein sitzt im Cortex

Die graue Substanz, die den vielgerühmten Cortex cerebri beider Hemisphären
bildet, also die Hirnrinde, ist eine vielfach gefaltete Schicht aus neuronalem
Gewebe etwa von der Größe und dem Gewicht einer extragroßen Pizza mit Belag
(Abb. 6.4). Mehr als zehn Milliarden Pyramidenzellen verschiedenster Subtypen
bilden das Grundgerüst; sie sind vertikal organisiert, wie Bäume in einem Wald,
von der Cortexoberfläche hängend und durchzogen von Neuronen, die lediglich
örtliche Verbindungen herstellen, so genannten Interneuronen. Pyramidenzellen
sind das Arbeitslager des Cortex; sie senden ihren Output an andere Stellen überall im Cortex, auch in die andere Cortexhemisphäre. Zudem leiten sie Signale an
Thalamus, Claustrum, die Basalganglien und nach anderswo weiter. Absichten
werden mithilfe von spezialisierten Pyramidenzellen am Boden der Cortexschicht,
die mit motorischen Strukturen in Hirnstamm und Rückenmark in Verbindung
stehen, zu Handlungen.[7]

Gemeinsam bilden zahllose dieser Axone Faserbündel, die Anatomen als
Nervenbahn oder -strang bezeichnen. Dazu zählt auch der beide Hemisphären ver-
bindende Balken (Corpus callosum oder Commissura magna) sowie Strukturen
wie die Sehbahn (Tractus opticus), die den Output der Netzhaut weiterleitet, oder
die Pyramidenbahn (Tractus corticospinalis), die motorische Signale vom Cortex
ins Rückenmark leitet. Solche Bahnen bilden die weiße Substanz des Gehirns, die
so hell erscheint, weil die Axone von fetthaltigen Myelinscheiden umgeben sind;
diese sorgen für eine schnelle Weiterleitung der Aktionspotenziale.

Noch einmal zurück zur großen Pizza, der grauen Substanz, mit ihren
Milliarden Fasern, die wie ultradünne Spaghetti von der Unterseite des Cortexteigs

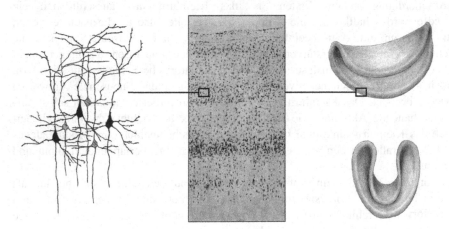

Abb. 6.4 Der Neocortex: Der Neocortex ist ein gewaltiges Geflecht aus Pyramidenzellen und
Interneuronen. Das Schwarzweißmuster aus Zellkörpern in der mittleren Grafik ergibt von oben
nach unten sechs Schichten des Neocortex. Dieser hat die Form eines stark gefalteten Pizza-
fladens oder Pfannkuchens und bildet die graue Substanz des Cortex (rechts). Die elektrische
Aktivität seiner Neurone ist das physikalische Substrat des Erlebens

baumeln. Zwei dieser stark gefalteten „Teigplatten" stecken mitsamt ihrer Verdrahtung in unserem Schädel.

Der Cortex umfasst den Neocortex, ein Alleinstellungsmerkmal der Säugetiere, und den evolutionär älteren Archicortex, der unter anderem den Hippocampus einschließt. Bestimmte Zonen innerhalb des hochorganisierten Neocortexgewebes sind aufs Engste mit dem subjektiven Erleben assoziiert.

Ausfälle im hinteren Cortex bewirken Seelenblindheit

Lokalisierte Schädigungen im Hirnstamm können Sie in Stumpfsinn oder Koma versinken lassen oder Schlimmeres, doch wenn bestimmte kleine Regionen in Ihrem posterioren (hinteren) Cortex ihre Funktion einbüßen, mögen Sie vielleicht weiter umherlaufen, sich an kürzlich stattgehabte Ereignisse erinnern und sich angemessen verhalten, doch ganze Kategorien von Erlebnissen können Ihnen schlichtweg fehlen.

Dieser Verlust tritt nicht infolge eines sensorischen Defekts in Augen, Ohren oder anderen Sinnesorganen ein, auch nicht durch eine Unfähigkeit zu sprechen oder einen generellen geistigen Verfall wie bei der Demenz. Eine typische Patientin erkennt möglicherweise nicht, dass vor ihr an einer Kette ein Schlüsselbund baumelt. Sie sieht zwar die glänzende Beschaffenheit, die scharfen Kanten und das silbrige Metall, doch ihr Gehirn ist nicht imstande, diese visuellen Perzepte zusammenzufügen und daraus Schlüssel zu erkennen. Fasst sie diese aber an oder werden sie geschüttelt, sodass sie klirren, sagt sie sofort: „Schlüssel." Eine solche Agnosie (griechisch für „fehlendes Wissen") kann durch einen begrenzten Schlaganfall in posterioren Regionen des Neocortex hervorgerufen werden; dabei werden manchmal ganze Klassen von Perzepten oder Gefühlen hinweggefegt. Die im letzten Kapitel beschriebene Gesichtsblindheit ist eine spezifische Agnosie für Gesichter. An dieser Stelle möchte ich dagegen drei weitere Defizite vorstellen, die den Verlust des Farbensehens *(Achromatopsie)*, der Bewegungswahrnehmung *(Akinetopsie)* und des Wissens über diese Verluste *(Anosognosie)* beinhalten.[8]

Der Patient A. R. erlitt einen Infarkt an einer Hirnarterie, der ihn vorübergehend erblinden ließ. Er erlangte zwar sein Augenlicht wieder, büßte aber dauerhaft sein Farbensehen ein – allerdings nicht überall, sondern nur im oberen linken Quadranten seines Sehfelds. Ursache war eine erbsengroße Läsion im rechten visuellen Cortex (Sehrinde). Die einzige weitere Einschränkung war, dass ihm das Unterscheiden von Formen Schwierigkeiten bereitete – er konnte keinen Text lesen –, doch auch dies beschränkte sich auf den oberen linken Quadranten.

Dabei wusste A. R. gar nicht, dass ein Teil seiner Welt farblos war; derlei ist bei cortical bedingten Einschränkungen durchaus nicht ungewöhnlich. Wie ist das möglich? Wenn ein Teil eines Computerbildschirms nur schwarze Pixel zeigt, während der Rest des Schirms normal funktioniert, bemerken wir dies sofort. Warum also fiel es A. R. nicht auf? Weil seine Situation eine andere war. Da unsere Farbzentren im Gehirn funktionieren, wissen wir beim Anblick einer schwarzen Region sofort, dass diese nicht rot, grün oder blau ist.

Doch angenommen, A. R.s Apparat zur Farberkennung ist beschädigt – dann weiß er nicht (oder nur im abstrakten Sinne), was Farben sind. Das Abstreiten eines objektiven sensorischen oder motorischen Defizits infolge neurologischer Schädigungen ist eine Form der Agnosie, die man als *Anosognosie* bezeichnet. Sie entspricht tatsächlich einem Defizit in der Selbstwahrnehmung: Man weiß nicht mehr, was man nicht mehr weiß.

Ein anderer Patient hatte einen beidseitigen Schlaganfall der posterioren zerebralen Arterien erlitten. Er konnte weder Sätze noch einzelne Wörter lesen, doch die Achromatopsie in seinem oberen Sehfeld fiel ihm nicht auf. Er hatte allerdings nach wie vor das semantische Wissen über die Farben von Objekten. Als man ihn mit eindeutigen Beweisen dafür konfrontierte, dass er keine Farben mehr unterscheiden konnte, gestand er zögernd ein, alles in Grauschattierungen zu sehen, ohne sich dessen bewusst gewesen zu sein. Erstaunlicherweise hatte es ihn nicht beunruhigt, farblose Speisen zu essen; er erklärte: „Nein, überhaupt nicht! Du weißt einfach, welche Farbe dein Essen hat. Spinat beispielsweise ist einfach grün."

Im Verlauf der nächsten Monate schnitt er bei Farbtests besser ab, doch er bemerkte, dass die von ihm gesehenen Farben zunehmend grau und verwaschen waren. Als also seine Farbwahrnehmung teilweise wiederkehrte, kehrte auch seine Fähigkeit zurück zu wissen, welche Farben er nicht wahrnahm. Das legt die Vermutung nahe, dass ein und dieselbe Region sowohl das bewusste Farbperzept als auch das Wissen, um welche Farbe es sich handelt, generiert. Diese Unterscheidung ist wichtig: Einen Schwarzweißfilm mit intaktem Cortex zu sehen, der signalisiert, dass Farbe fehlt, ist etwas ganz anderes als durch corticale Achromatopsie bedingte Unfähigkeit, die Farben eines Filmes zu sehen.[9]

Viel seltener und weitaus verheerender ist die Bewegungsblindheit. Weltweit kennt man nur eine Handvoll Betroffener; eine davon ist L. M. Sie verlor infolge einer Gefäßkrankheit auf beiden Seiten Anteile ihres occipital-parietalen Cortex und konnte daraufhin keine Bewegungen mehr sehen. So musste sie aus dem Vergleich der relativen Position eines Autos in der Zeit schlussfolgern, dass es sich bewegt hatte. Dabei war ihre Farb-, Raum- und Formwahrnehmung normal. Ihre Welt war vielleicht einer Diskothek vergleichbar, in der die Tänzer in den Lichtblitzen des Stroboskops wie erstarrt wirken, oder sie erschien ihr wie ein Film, der sehr langsam ablief, sodass der Eindruck von Bewegung verschwand.

Untersuchungen an solchen Patienten haben mich gelehrt, dass eine breite Zone im hinteren Cortex, im Bereich des Schläfen-, Scheitel- und Hinterhauptlappens, gegenwärtig der aussichtsreichste Kandidat für das NCC des sensorischen Erlebens ist. Das eigentliche Substrat bilden höchstwahrscheinlich Untergruppen von Pyramidenzellen innerhalb dieser *heißen Zone*, die spezifische phänomenologische Differenzierungen mitträgt, etwa für Sehen, Hören oder Fühlen. Das erklärt, warum der Verlust eng umschriebener Neocortexbereiche im hinteren Teil des Gehirns die Welt ihrer Farben beraubt, Gesichter bedeutungslos macht oder die Wahrnehmung von Bewegung auslöscht. Manche Forscher sind allerdings anderer Meinung und vermuten das Epizentrum des Erlebens im präfrontalen Cortex. Nun, diese Frage lässt sich nur experimentell klären.[10]

Braucht Erleben den präfrontalen Cortex?

Neurochirurgen müssen manchmal Hirngewebe durchtrennen, koagulieren oder entfernen, um Patienten von lebensbedrohlichen Tumoren zu befreien oder die Auswirkungen von Hirngewittern – epileptischen Anfällen – abzumildern.[11] Werden Anteile der primären Seh- oder Hörrinde oder des Motorcortex entfernt, hat das die zu erwartende Wirkung: Die Patienten erblinden teilweise oder vollständig, werden taub oder zeigen Lähmungen. Entfernt man Gewebe aus dem linken Gyrus temporalis oder dem linken Gyrus frontalis inferior, kann es sein, dass die Patienten nicht mehr lesen (Alexie), keine Sprache mehr verstehen und/oder sich nicht mehr artikulieren (Aphasie) können. Kliniker bezeichnen diese Regionen als „eloquente" Cortexareale (Abb. 6.5). Im scharfen Gegensatz dazu steht die umfangreiche Masse an Cortexgewebe vor den prämotorischen Arealen, der präfrontale Cortex; hier berichten Patienten deutlich weniger über Ausfälle nach Eingriffen. Die Funktion dieses Gewebes ist nicht ganz klar, denn große Teile davon bleiben bei Stimulation einfach stumm.[12]

Die Grenze zwischen eloquenten und nicht eloquenten Cortexarealen verläuft bei jedem Patienten anders; daher muss sie im Vorfeld eines chirurgischen Eingriffs sorgfältig ermittelt werden. Nachdem der Chirurg den Schädel mit

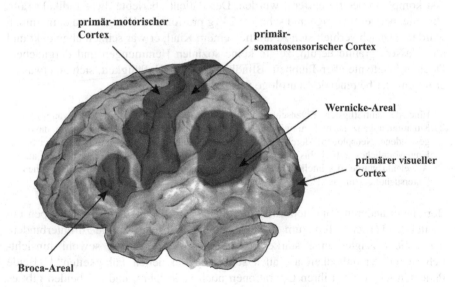

Abb. 6.5 Eloquenter Cortex: Das Entfernen primärer sensorischer oder motorischer Cortexareale auf beiden Seiten, des Broca-Areals im linken Gyrus frontalis inferior oder des Wernicke-Areals im linken Gyrus temporalis superior führt zu bleibenden sensorischen, motorischen oder linguistischen Störungen. Diese Regionen fasst man als *eloquente Cortexareale* zusammen. Weniger Beachtung findet meist die gegenteilige Tatsache – nämlich dass man große Teile des präfrontalen Cortex chirurgisch entfernen kann, ohne dass dies das bewusste Erleben erkennbar beeinträchtigt

einem Bohrer oder einer anderen Methode eröffnet hat, unterbricht man die Narkose (unterhalb seiner Häute hat das Gehirn keine Schmerzrezeptoren), sodass der Patient wach ist und beschreiben kann, welche Effekte eine elektrische Stimulation ggf. hat. So ermittelt der Neurochirurg die Ausdehnung der eloquenten Areale in den Windungen des Cortex.

Das Entfernen von Teilen des „stummen" präfrontalen Cortex zieht keine erkennbaren sensorischen oder motorischen Beeinträchtigungen nach sich. Die Patienten berichten oft nichts dergleichen, und auch ihre Familien bemerken oft keine drastischen Störungen oder Probleme. Die Beeinträchtigungen sind hier offenbar eher subtil und betreffen die höheren mentalen Fähigkeiten, sie können sich als reduzierte Fähigkeit zur Introspektion, zur Emotionsregulation oder zum spontanen Initiieren von Verhaltensweisen zeigen, aber auch als Apathie, als fehlendes Interesse an der Welt. Auffällig ist, wie unauffällig diese Patienten wirken. Die unmittelbare Wirkung von Läsionen des hinteren Cortex auf das mentale Leben eines Patienten und ihr Kontrast zu den indirekten Auswirkungen von Läsionen im präfrontalen Cortex ist Klinikern durchaus geläufig, wird aber von kognitiven Neurowissenschaftlern oft vernachlässigt. Das illustriert sehr schön, was Oliver Sacks als „Skotome" in der Wissenschaftsgeschichte bezeichnet hat – das Vergessen und Ausblenden unbequemer Wahrheiten.[13]

Betrachten wir einmal den Fall des berühmten Patienten Joe A., einem Börsenmakler. Dieser hatte ein riesiges Meningeom, weshalb ihm seine Frontallappen fast komplett operativ entfernt wurden. Der Patient überlebte diese radikale Lobektomie, bei der ihm sage und schreibe 230 g präfrontales Hirngewebe entnommen wurden. Danach verhielt sich A. ähnlich einem Kind; er war schnell abgelenkt und ausgelassen, prahlte herum, zeigte keine sozialen Hemmungen und dergleichen. Doch er klagte nie über Taubheit, Blindheit oder die Unfähigkeit, sich an etwas zu erinnern. Der betreuende Neurologe vermerkte vielmehr:

> Eine der auffälligsten Eigenschaften von A. war seine Fähigkeit, in zwanglosen Situationen ganz normal zu wirken, etwa als er in einer Fünfergruppe (zwei davon gestandene Neurologen) durch das Institut für Neurologie ging und keinem etwas Ungewöhnliches auffiel, bis ihre Aufmerksamkeit nach über einer Stunde gezielt auf A. gelenkt wurde. A.s intellektuelle Beeinträchtigung fiel als solche bei oberflächlichen Untersuchungen nie auf.[14]

Bei einem anderen Patienten entfernte der Chirurg bei beiden Frontallappen ein Drittel des vorderen Teils, um so belastende epileptische Anfälle zu unterbinden; der Patient zeigte „eine starke postoperative Verbesserung sowohl hinsichtlich seiner Persönlichkeit als auch seiner intellektuellen Fähigkeiten".[15] Beide Patienten lebten nach ihren Operationen noch viele Jahre, und bei beiden gibt es keinerlei Belege dafür, dass die Entfernung großer Anteile des Frontallappens ihr bewusstes Sinneserleben signifikant beeinträchtigte.

Hirnscanverfahren haben inzwischen die Diagnostik revolutioniert, sodass derart massive operative Eingriffe nur noch selten erfolgen.[16] Unfälle und Viruserkrankungen gibt es aber weiterhin. In einem tragischen Fall der jüngeren Zeit stürzte ein junger Mann auf eine Eisenstange, die seine Stirnlappen beiderseits komplett durchstieß. Dennoch konnte er später ein stabiles Familienleben führen; er heiratete und wurde zweifacher Vater. Zwar zeigte er viele Merkmale (wie Enthemmtheit), die typisch für am Frontallappen operierte Patienten sind, doch seine bewussten Erfahrungen blieben ihm erhalten.[17]

Der präfrontale Cortex wird also nicht benötigt, um zu sehen, zu hören oder zu fühlen; zum Bewusstsein trägt er aber durchaus bei. Insbesondere das Beurteilen der eigenen Gewissheit, etwas gesehen oder gehört zu haben – die Metakognition, das „Wissen über das Wissen" (wir erinnern uns an die Vier-Punkte-Skala in Kap. 2) – ist mit den anterioren Regionen des präfrontalen Cortex verknüpft.[18] Die meisten unserer täglichen Erlebnisse sind jedoch sensorisch-motorischer Natur – Fahrrad fahren im dichten Stadtverkehr, Musik hören, einen Film anschauen, Sexfantasien nachhängen, träumen. Sie werden von der heißen Zone im hinteren Cortex generiert.

Die Folgerung, dass der präfrontale Cortex für viele Formen des Bewusstseins nicht entscheidend ist, basiert auf Daten von Läsionen und Stimulationen; sie verdeutlicht, wie gefährlich es ist, sich bei der Identifikation des NCC zu stark auf korrelative Belege aus Hirnscans zu verlassen: Aufgrund der komplizierten Konnektivität des Gehirns kann die Aktivität im präfrontalen Cortex, in den Basalganglien und selbst im Kleinhirn systematisch mit dem Erleben schwanken, ohne dass sie auch dafür verantwortlich sein muss.[19]

Die Bedeutung des hinteren Cortex für das Erleben ist mit Francis Cricks und meinen Spekulationen über den *unbewussten Homunculus*, die ich in Kap. 4 umrissen habe, kompatibel. Der präfrontale Cortex und die eng mit ihm verknüpften Regionen in den Basalganglien tragen Intelligenz, Einsicht, Kreativität; diese Regionen werden für Planung, das Überwachen und Ausführen von Aufgaben und die Regulierung von Emotionen benötigt. Die damit einhergehenden Hirnaktivitäten sind im Großen und Ganzen unbewusst. Präfrontale Regionen agieren wie ein Homunculus, der massiven Input aus dem posterioren Cortex empfängt, Entscheidungen trifft und die relevanten motorischen Stadien informiert.

Viele Belege sprechen für die Hypothese, dass die primären sensorischen Cortices (definiert als Regionen, die sensorischen Input direkt über den Thalamus empfangen) keine inhaltsspezifischen NCCs sind. Besonders ausgiebig wurde dies für den primären visuellen Cortex, die Sehrinde, im hinteren Bereich des Gehirns untersucht, wo der Output aus dem Auge, verschaltet über den visuellen Thalamus, sein Endziel erreicht. Die Aktivität der Sehrinde spiegelt den Informationsstrom von der Retina wider, doch sie unterscheidet sich noch maßgeblich von dem, was wir tatsächlich sehen. Unsere Sicht auf die Welt wird von Regionen geliefert, die in der corticalen Hierarchie weiter oben angesiedelt sind. Ähnliche Schlüsse hat man inzwischen auch für den primären auditorischen Cortex (die Hörrinde) und den primär-somatosensorischen Cortex gezogen.[20]

Wenn es also stimmt, dass weder die primären sensorischen Cortices noch der präfrontale Cortex zum Bewusstsein beitragen, wohl aber die heiße Zone im hinteren Teil des Gehirns, worin besteht dann der entscheidende Unterschied? Warum sind bestimmte corticale Bezirke im Hinblick auf das Erleben privilegiert? Meine Vermutung: Es liegt an der Art, wie sie miteinander in Verbindung stehen.

Man nimmt an, dass der hintere Cortex topografisch organisiert ist und eine gitterähnliche Konnektivität aufweist, die die Geometrie des sensorischen Raums widerspiegelt. Der vordere Cortex dagegen erscheint mehr wie ein Netzwerk mit zufälliger Konnektivität, die beliebige Assoziationen ermöglicht. Die jeweilige Konnektivität unter Neuronen im hinteren bzw. vorderen Cortex könnte im Hinblick auf das Bewusstsein der entscheidende Unterschied sein (wie ich in den Kapiteln 8 und 13 darlegen werde). Hier braucht es die Bestätigung durch eine sorgfältige anatomische Analyse auf der Mikro-Verschaltungsebene.[21]

Eine elektrische Stimulation im hinteren Cortex löst bewusstes Erleben aus

Die elektrische Stimulation des Occipital-, Parietal- und Temporallappens kann eine Vielzahl von Sinnesempfindungen und Gefühlen auslösen – die schon beschriebenen Gesichtsverzerrungen, Lichtblitze (auch *Phosphene* genannt), geometrische Formen, Farben und Bewegung, auditorische Halluzinationen, Gefühle der Vertrautheit (Déjà-vu) oder der Irrealität, den Drang, ein Körperglied zu bewegen, ohne dies tatsächlich zu tun, und derlei mehr (Abb. 6.6). Die so hervorgerufenen visuellen Perzepte lassen sich zu den zugrunde liegenden neuronalen Reaktionsmustern in Bezug setzen, und zwar so weit, dass man Gehirn-Maschinen-Schnittstellen in der Sehrinde als Prothesen für Blinde in Betracht zieht. Die elektrische Stimulation legt deutlich Zeugnis ab von der engen Verbindung zwischen posteriorem Cortex und Sinneserlebnissen.[22]

Der Neurochirurg Wilder Penfield vom Montreal Neurological Institute stellte im Zuge zahlreicher Operationen am offenen Schädel, die er zur Behandlung von Patienten mit schwerer Epilepsie durchführte, einen umfangreichen Katalog mit Informationen zur Topografie der Hirnfunktionen zusammen. Bei einer berühmten Studie sammelte er massenhaft Daten zu *Erlebnishalluzinationen (experiential responses),* lebhaften Erlebnissen oder Halluzinationen (von etwas zuvor Gesehenem oder Gehörtem, oft vertrauten Stimmen, Musikstücken oder Ausblicken) infolge elektrischer Stimulation bei mehr als Tausend Patienten. Solche Reaktionen ließen sich nur im hinteren Cortex hervorrufen, meist im Schläfenlappen, teils auch im Bereich von Scheitel- und Hinterhauptlappen (Abb. 6.7).[23]

Bei der Stimulation des vorderen Cortex verhält es sich ganz anders. Zunächst einmal lösen hier weitaus weniger klinische Versuche zuverlässig Erlebnisse aus, ob perzeptuelle Erlebnisse oder komplexere Halluzinationen. Abseits der primären motorischen und prämotorischen Regionen, deren Stimulation Aktivität in den entsprechenden Muskelgruppen auslöst, und des Broca-Areals im linken Gyrus frontalis inferior, das Einfluss auf die Sprache hat, bewirkt die Reizung der anterioren grauen Substanz kaum Empfindungen.[24]

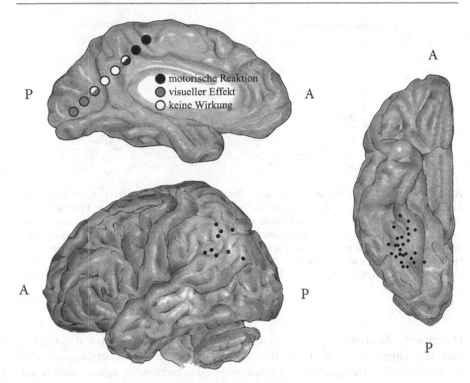

Abb. 6.6 Geografie der heißen Zone im hinteren Gehirn: Die elektrische Stimulation des hinteren Cortex löst zuverlässig bewusste Sinneserlebnisse aus, wie hier in drei exemplarischen Studien veranschaulicht. Dargestellt ist jeweils die linke Hemisphäre aus unterschiedlichen Blickwinkeln; P (posterior) bezeichnet den hinteren, A (anterior) den vorderen Pol des Gehirns. Die Medialansicht (links oben) zeigt Stimulationen, die in occipitalen Regionen visuelle Perzepte und kurz hinter dem Sulcus cinguli motorische Reaktionen auslösten. Die Lateralansicht (links unten) zeigt Lokalisationen im hinteren parietalen Cortex, wo ein bewusstes Bedürfnis, zu handeln oder bestimmte Körperglieder zu bewegen, ausgelöst wurde. Die Stimulation von bestimmten Stellen im Gyrus fusiformis im unteren Cortex (rechts) verursacht die verzerrte Wahrnehmung von Gesichtern. (Zeichnung links oben nach Foster und Parvizi, 2017; Zeichnung links unten aus Desmurget et al., 2009; Zeichnung rechts aus Rangarajan et al. 2014)

In den *Geschichten aus Tausendundeiner Nacht* wird eine magische Öllampe beschrieben, aus der, wenn man sie reibt, ein machtvoller Geist hervorkommt, ein Dschinn. Ganz Ähnliches passiert in der hinteren heißen Zone. Ein bisschen Strom, und schon zeigt sich der Genius des Bewusstseins. Der präfrontale Cortex dagegen wirkt dagegen wie eine Öllampe ohne magische Funktion. Um dort ein Erleben auszulösen, muss man schon die wenigen richtigen Punkte erwischen.

Zwar gilt dem Cortex die größte Aufmerksamkeit, doch auch andere Strukturen können für das Zustandekommen von Bewusstsein eine wichtige Rolle spielen. Francis Crick war (buchstäblich bis zum Tag seines Todes) fasziniert von einer rätselhaften dünnen Neuronenschicht unterhalb des Cortex, dem Claustrum

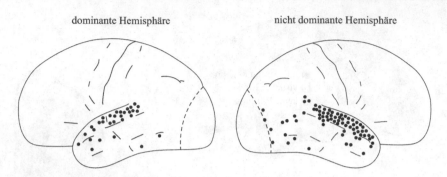

dominante Hemisphäre   nicht dominante Hemisphäre

Abb. 6.7 Erlebnishalluzinationen aus dem Schläfenlappen: Die Punkte bezeichnen die Lokalisationen auf der Cortexoberfläche, an denen der Neurochirurg Wilder Penfield durch elektrische Stimulation Erlebnishalluzinationen hervorrief. Die meisten dieser komplexen visuellen und auditorischen Halluzinationen werden im Gyrus temporalis superior ausgelöst, einige lassen sich in anderen Regionen des Schläfenlappens oder in Regionen des Scheitel- oder Hinterhauptlappens auslösen. Die Stimulation der übrigen corticalen Windungen rief bei mehr als 500 Patienten keine Erlebnishalluzinationen hervor. (Zeichnung nach Penfield und Perot, 1963)

(Vormauer). Neurone des Claustrums projizieren in alle Regionen des Cortex und empfangen auch Input aus diesen. Crick und ich spekulierten, dass das Claustrum als „Dirigent" des Cortex-Symphonieorchesters agiert, indem es Reaktionen im gesamten Cortex auf eine Weise koordiniert, die für jegliches bewusstes Erleben unerlässlich ist. Die mühselige, aber wirklich faszinierende Rekonstruktion der axonalen Verdrahtung einzelner Nervenzellen (die ich als „Dornenkronen-Neurone" bezeichne) aus dem Claustrum der Maus bestätigte, dass diese Zellen massiv in den größten Teil des corticalen Mantels projizieren.[25]

Neurowissenschaftler geben sich natürlich nicht damit zufrieden, auf einen Streifen graue Substanz zu zeigen, die angeblich Bewusstsein produziert; sie wollen in die Tiefe gehen. Jedes Stück Nervengewebe ist ein Wirrwarr aus eng verknüpften Neuronen unterschiedlicher Typen, feiner gewebt als jeder Perserteppich aus Isfahan. Ein quinoakorngroßes Stückchen Cortex enthält 50.000–100.000 Neurone von 100 unterschiedlichen Typen, einige Kilometer axonale Verdrahtung und eine Milliarde Synapsen.[26] Wo in diesem verworrenen Netzwerk stecken die spezifischen Akteure, die für jedes bewusste Erlebnis verantwortlich sind? Welche neuronalen Zelltypen spielen die Hauptrolle, und welche sind nur Nebendarsteller?

In die Tiefe zu gehen, ist beim Menschen fast immer unmöglich; es erfordert Versuche mit Mäusen und Tieraffen, die darauf trainiert sind, auf dieses oder jenes Perzept zu reagieren, während die Aktivität individueller Neurone abgeleitet und manipuliert wird. Das erfordert entweder mechanische Siliziumsonden, die dünner sind als ein einzelnes Haar, oder spezielle Mikroskope, die die optischen Signaturen von Neuronen einfangen, die so verändert wurden, dass sie ihre elektrischen Impulse als grüne Lichtblitze abgeben.

Wie viele Neurone es mindestens braucht, um Erleben zu erzeugen, wissen wir nicht. Da so viele Regionen des Gehirns als NCC-Kandidaten ausgeschieden sind (Rückenmark, Kleinhirn, primäre sensorische Cortexregionen und große Teile des präfrontalen Cortex), vermute ich, dass es nur einige Prozent oder sogar noch weniger der 86 Mrd. Neurone unseres Gehirns sind.

Vielleicht müssen wir sogar auf subzellularer Ebene nach dem NCC forschen, auf der Suche nach Mechanismen, die innerhalb von Zellen ablaufen und nicht in umfangreichen Neuronenverbänden, wie vielfach angenommen wird. Einige Forscher vertreten sogar die Hypothese, dass elektrische Alles-oder-nichts-Ereignisse im Dendritenbaum corticaler Neurone als NCC infrage kommen, eine Art Handschlag, der bestätigt, dass ein Bottom-up-Signal innerhalb eines bestimmten Zeitfensters auf ein Top-down-Signal gestoßen ist.[27]

Quantenmechanik und Bewusstsein

Immer wieder wird wortreich dargelegt, dass die Quantenmechanik (QM) der Schlüssel zum Bewusstsein sei. Diese Spekulationen entstehen aus dem berühmten Messproblem. Lassen Sie es mich erklären.

Die Quantenmechanik ist die etablierte Lehrbuchtheorie der Moleküle, Atome, Elektronen und Photonen bei geringen Energien. Vieles aus der technischen Infrastruktur des modernen Lebens macht sich ihre Eigenschaften zunutze, von Transistoren und Lasern bis hin zu Magnetresonanztomographen und Computern. Die QM ist eine der großen intellektuellen Leistungen der Menschheit; sie erklärt vielerlei Phänomene, die im Kontext der klassischen Physik nicht verständlich sind: Leichte oder kleine Objekte können sich wie eine Welle oder wie ein Teilchen verhalten, je nach Versuchsaufbau *(Welle-Teilchen-Dualismus),* Position und Impuls eines Objekts lassen sich nicht gleichzeitig vollkommen exakt bestimmen *(Heisenbergsche Unschärferelation),* und die Quantenzustände von zwei oder mehr Objekten können miteinander stark korreliert sein, auch wenn beide weit voneinander entfernt sind, was unserer intuitiven Vorstellung von Lokalität widerspricht *(Quantenverschränkung).*

Das berühmteste Beispiel für eine Vorhersage der QM, die dem gesunden Menschenverstand widerspricht, ist Schrödingers Katze. In diesem Gedankenexperiment ist eine unglückliche Katze in einem Kasten eingeschlossen, zusammen mit einem teuflischen Apparat, der bei Zerfall eines radioaktiven Atoms, einem Quantenereignis, ein tödliches Gas freisetzt. Es gibt zwei mögliche Ergebnisse. Entweder das Atom zerfällt, sodass die Katze vergiftet wird, oder es zerfällt nicht, sodass die Katze am Leben bleibt. Der QM zufolge existiert der Kasten in einem Zustand der Überlagerung (Superposition) bei gleichzeitig toter und lebendiger Katze, wobei die assoziierte Wellenfunktion die Wahrscheinlichkeiten dieser Zustände beschreibt. Nur wenn eine Messung vorgenommen wird, also nur wenn jemand in den Kasten hineinschaut, verändert sich das System abrupt; aus der Überlagerung zweier Zustände wird ein einzelner Zustand. Die

Wellenfunktion „kollabiert", und der Beobachter sieht entweder eine tote oder eine lebende Katze.

Dass es einen bewussten Beobachter geben muss, um die Überlagerung von Zuständen eines Quantensystems in ein einzelnes, beobachtbares Ergebnis zu überführen, hat Physiker immer irritiert.[28] Wenn die QM wirklich eine fundamentale Theorie der Wirklichkeit ist, dann sollte sie nicht bewusste Gehirne und Messapparate ins Feld führen. Diese makroskopischen Objekte sollten vielmehr natürlicherweise aus der Theorie hervorgehen. Dazu wurden schon viele Lösungen vorgeschlagen, doch keine hat sich durchsetzen können. Dieses Dilemma an der Wurzel einer so erfolgreichen Theorie der Wirklichkeit hat Roger Penrose, einen brillanten Kosmologen, dazu bewogen, eine Quantengravitationstheorie des Bewusstseins zu formulieren, die sich noch immer großer Beliebtheit erfreut.[29]

Kostbare kleine Hinweise stützen die Idee, dass das Gehirn makroskopische quantenmechanische Effekte nutzt. Natürlich muss das Gehirn der QM gehorchen, etwa wenn Photonen als Licht auf Moleküle in den Photorezeptoren der Retina treffen. Doch das warmfeuchte Arbeitsmilieu des Körpers steht der Quantenkohärenz und Überlagerung zwischen Neuronen entgegen. Heutige Quantencomputer-Prototypen brauchen ein extremes Vakuum und Temperaturen nahe dem absoluten Nullpunkt, um eine Dekohärenz zu vermeiden, wenn so genannte Qubits sich „entschränken" und zu regulären Bits der klassischen Informationstheorie werden. Darum sind Quantencomputer so schwer zu bauen.

Darüber hinaus wurde nie eine angemessene Erklärung dafür geliefert, warum phänomenologische Aspekte des Bewusstseins oder seiner neurobiologischen Substrate Quanteneigenschaften brauchen.

Ich kann keine Notwendigkeit erkennen, sich exotischer Physik zu bedienen, um das Bewusstsein zu verstehen. Wahrscheinlich genügen Kenntnisse der Biochemie und klassischen Elektrodynamik, um zu verstehen, wie elektrische Aktivität in großen Verbänden von Neocortexneuronen Erleben hervorbringt. Als Naturwissenschaftler bleibe ich natürlich für alles offen. Schließlich kann jeder Mechanismus, der nicht physikalischen Gesetzen widerspricht, via natürliche Selektion genutzt werden.[30]

Die bisherigen Kapitel haben sich mit beiden Seiten des Körper-Geist-Problems befasst: dem Wesen des Erlebens und dem Organ, das in erster Linie mit ihm verbunden ist. Die folgenden beiden Kapitel beschreiben die integrierte Informationstheorie und wie sie diese beiden scheinbar getrennten Domänen des Lebens, das Mentale und das Physische, konsequent verbindet. Zunächst möchte ich darlegen, warum wir eine Theorie brauchen, da dies nicht für jeden offensichtlich ist, und was genau diese erklären muss.

Warum wir eine Theorie des Bewusstseins brauchen

7

Das vorige Kapitel hätte mit Leichtigkeit ein ganzes Lehrbuch füllen können, denn wir wissen heute viel über die neuronalen Fußabdrücke des Bewusstseins. Einige Teile des Nervensystems, wie Rückenmark, Kleinhirn und der größte Teil, ja vielleicht der gesamte präfrontale Cortex scheiden aus, während andere, wie die hintere heiße Zone, vielversprechende Anwärter sind. In der Biologie dreht sich alles um faszinierende molekulare Maschinerien und Instrumente, und das ist beim Bewusstsein nicht anders. Zu gegebener Zeit wird die Wissenschaft die Vorgänge auf der relevanten Detailebene ermitteln, welche jedes Erleben hervorbringen.

Die Wissenschaft wird also einst dem neuronalen Korrelat des Bewusstseins Auge in Auge gegenüberstehen. Doch wie wird es dann weitergehen? Es wird ein bedeutsamer Anlass zu Feierlichkeiten sein, es werden Nobelpreise verliehen werden, Leitartikel in Zeitungen und massenhaft Lehrbücher verfasst werden. Zahllose Arzneimittel und medizinische Behandlungen werden auf die Entdeckung dieses wahren NCC folgen und die unzähligen neurologischen und psychiatrischen Leiden mildern, die unser Gehirn plagen.

Konzeptuell würden wir allerdings auch dann noch nicht verstehen, warum *dieser* Mechanismus und nicht *jener* ein bestimmtes Erlebnis hervorbringt. Wie lässt sich das Mentale aus dem Physischen herauspressen? Oder, um es in Anlehnung an das Neue Testament und den Philosophen Colin McGinn zu formulieren: Wie wird das Wasser des Gehirns in den Wein des Erlebens verwandelt?

Eines der bekanntesten Argumente gegen eine materialistische Vorstellung vom Bewusstsein wurde vor 300 Jahren von dem deutschen Rationalisten, Konstrukteur und Universalgelehrten Gottfried Wilhelm Leibniz formuliert, der die Infinitesimalrechnung und den binären Zahlencode entwickelte und die erste Rechenmaschine für die vier Grundrechenarten konstruierte. Von ihm stammt das Gedankenexperiment des so genannten Mühlenbeispiels:

© Springer-Verlag GmbH Deutschland, ein Teil von Springer Nature 2020
C. Koch, *Bewusstsein,* https://doi.org/10.1007/978-3-662-61732-8_7

Und wenn wir noch so scharfe Augen hätten, die es uns erlaubten, die kleinsten Teile der Struktur des Körpers auszumachen, sehe ich nicht, dass uns das weiterbrächte. Wir würden den Ursprung der Perzeption dort ebenso wenig finden wie jetzt in einer Uhr, wo die Bestandteile des Mechanismus alle sichtbar sind, oder in einer Mühle, wo wir sogar im Räderwerk umhergehen können. Denn der Unterschied zwischen der Mühle und einem feineren Mechanismus liegt lediglich im Mehr oder Weniger. Denkbar ist, dass der Mechanismus die schönsten Dinge der Welt hervorbringt, niemals aber, dass er sie wahrnimmt.[1]

Das ist eine Absage an den Materialismus und seine moderne Variante, den Physikalismus. Blickt man mit einem Elektronenmikroskop in die posteriore heiße Zone, sieht man nichts als Membranen, Synapsen, Mitochondrien und andere Organellen (Abb. 7.1). Würden wir mit einem Rasterkraftmikroskop noch tiefer vordringen, kämen einzelne Moleküle und Atome ins Blickfeld, nie aber irgendwelches Erleben. Wo verbirgt es sich? Die Lösung dieses Rätsels erfordert eine grundlegende Theorie des Bewusstseins, der wir uns im Folgenden zuwenden werden.

Die integrierte Informationstheorie

Mein Erleben ist der Ausgangspunkt, der Nabel meiner Welt, von dem ich alles andere ableiten muss, auch die Existenz einer äußeren Welt. Wenn ich verstehen möchte, in welcher Beziehung das Bewusstsein zur Welt an sich steht – zu Hunden

Abb. 7.1 Leibniz' Mühlenbeispiel im 21. Jahrhundert: Vor mehr als 300 Jahren wies Leibniz darauf hin, dass wir noch so weit in den Körper vordringen könnten (als Vergleich zog er die modernste Technik seiner Zeit heran, Windmühlen), wir würden doch niemals Erleben finden, sondern nur Hebel, Zahnräder, Achsen und weitere Mechanismen. Mit heutigen Apparaten können wir tatsächlich die kleinsten Organellen im Gehirn betrachten, die Synapsen (Pfeile; hier in einer elektronenmikroskopischen Abbildung des Cortex). Doch wo verbirgt sich das Erleben? Der Maßstabsbalken entspricht 1/1000 mm

und Bäumen, Menschen und Sternen, Atomen und Leere –, muss ich bei meinem eigenen Erleben beginnen. Das ist die zentrale Erkenntnis von Augustinus („Wenn ich mich nämlich täusche, dann bin ich.") und Descartes („Ich denke, also bin ich.").

Die Sicherheit dieses Nabels, die einzige Welt, die ich unmittelbar kenne, erlaubt mir, die wahre Natur jedes Erlebnisses im Hinblick auf fünf Eigenschaften wahrzunehmen, die unmittelbar und unstrittig sind. Diese bilden das axiomatische Grundgestein, von dem aus ich voranschreite und die Erfordernisse für jedes Substrat abduziere, ein Bewusstsein zu instanziieren. Dieser Schritt schafft das physische Substrat des Bewusstseins, und dieses Substrat ist bei Wesen wie uns Menschen identisch mit den neuronalen Korrelaten des Bewusstseins (NCC) auf der relevanten Ebene der raumzeitlichen Auflösung (Detailgenauigkeit).

Leibniz' Mühlenbeispiel und seinen modernen Varianten kann man nur begegnen, indem man beim nackten Erleben ansetzt. Der australisch-amerikanische Philosoph David Chalmers prägte den Begriff „das schwierige Problem" *(the hard problem)*, auf den er mit einem langen und stringenten Überlegungsweg hinführte, der auch Zombies – imaginäre Kreaturen, die wie wir aussehen, aber keinerlei Empfinden haben – mit einschloss. Anders als ihre Namensvettern aus einschlägigen Horrorfilmen agieren philosophische Zombies wie normale Menschen; sie haben weder übermenschliche Kräfte noch Appetit auf Menschenfleisch. Sie sprechen sogar über ihre Gefühle, um uns einzulullen. Doch es ist alles, wirklich alles nur vorgetäuscht. Leider gibt es keine Möglichkeit, einen Zombie von Menschen wie Ihnen und mir zu unterscheiden.

Chalmers stellt die Frage, ob die Existenz von Zombies irgendwelchen Naturgesetzen widerspricht, will sagen: Ist eine Welt ohne Erleben vorstellbar, die dennoch denselben physikalischen Gesetzen gehorcht wie unsere Welt? Die Antwort lautet: ja. Keine der Gleichungen, die der Quantenmechanik oder der Relativitätstheorie zugrunde liegen, erwähnt das Erleben, ebenso wenig wie die Chemie oder die Molekularbiologie. Auf Buchlänge (und unmöglich in wenigen Zeilen zusammenzufassen) legt Chalmers seine Argumentation dar, der zufolge kein Naturgesetz die Existenz solcher Zombies ausschließt. Das bewusste Erleben ist somit ein zusätzliches Faktum, das den Rahmen der heutigen Naturwissenschaft übersteigt. Wir brauchen eine andere Möglichkeit, um Erleben zu erklären. Chalmers erkennt die Existenz bestimmter Brückenprinzipien an – empirischer Beobachtungen, die die materielle mit der phänomenalen Welt verbinden (so etwa die Beobachtung, dass das Gehirn eng mit dem Bewusstsein verbunden ist). Warum aber bestimmte Teile von Materie diese enge Verbindung zum Erleben haben, ist ein Rätsel, das schwer, ja womöglich gar nicht zu lösen ist.[2]

Die integrierte Informationstheorie (ITT) geht keineswegs mit dem Kopf durch die Wand, sie versucht nicht, das Bewusstsein aus dem Gehirn zu pressen wie Saft aus einer Zitrone.[3] Stattdessen setzt sie beim Erleben an und fragt, wie Materie organisiert sein muss, damit daraus ein Geist erwachsen kann. Ist jede Art von Materie geeignet? Bergen komplexe Systeme von Materie eher ein Erleben als weniger komplexe? Was genau ist mit „komplex" eigentlich gemeint? Ist die

Tendenz in der organischen Chemie stärker als bei dotierten Halbleitern? Oder bei evolvierten Lebewesen stärker als bei konstruierten Artefakten?

Die IIT ist eine Grundlagentheorie, die die Ontologie (die Erforschung des Wesens des Lebendigen) und die Phänomenologie (die Erforschung dessen, wie die Dinge erscheinen) mit der Physik und Biologie verbindet. Die Theorie definiert präzise sowohl die Qualität als auch die Quantität jedes bewussten Erlebens und in welcher Beziehung es zu dem ihm zugrundeliegenden Mechanismus steht.

Dieses Theoriegebäude ist das einzigartige intellektuelle Werk von Giulio Tononi, einem brillanten, manchmal etwas geheimnisumwitterten polyglotten Universalgelehrten wie aus der Zeit der Renaissance, einem erstklassigen Wissenschaftler und Arzt. Tononi ist quasi die Verkörperung des *Magister Ludi* aus Hermann Hesses *Glasperlenspiel,* Oberer eines asketischen Ordens von Mönchen-Intellektuellen, die sich der Lehre und dem Spielen des titelgebenden Glasperlenspiels verschrieben haben; dieses kann nahezu unendlich viele Muster hervorbringen und ist eine Synthese aller Künste und Wissenschaften.

Die IIT ist insofern eine tiefgründige Theorie, als sie viele Tatsachen erklärt, neue Phänomene vorhersagt und auf erstaunliche Arten (die in den folgenden Teilen dieses Buches dargestellt werden) weitergeführt werden kann. Immer mehr Philosophen, Mathematiker, Physiker, Biologen, Psychologen, Neurologen und Computerwissenschaftler zeigen Interesse an der IIT; dabei erfahren wir mehr und mehr über ihre mathematischen Grundlagen und ihre Implikationen für das Verständnis von Existenz und Kausalität, für das Messen von physiologischen Signaturen des Bewusstseins und für die Möglichkeit empfindungsfähiger Maschinen.

Von der Phänomenologie zum Mechanismus

Im ersten Kapitel arbeiteten wir fünf essenzielle phänomenologische Eigenschaften des empfundenen Lebens heraus. Diese sind allen, auch den exklusivsten, Erlebnissen gemein: Jedes Erlebnis existiert für sich, ist strukturiert, hat seine spezifische Art zu sein, ist eine Einheit und definit.

Diese Eigenschaften stehen außer Zweifel; um das zu beweisen, können wir versuchen, sie zu verneinen. Was wäre ein *extrinstisches* Erlebnis? Vielleicht eines von jemand anderem? Aber dann wäre es nicht unser Erlebnis. Wie könnte ein Erlebnis unstrukturiert sein? Selbst ein inhaltsloses reines Erleben ist noch strukturiert, denn das Ganze ist eine Teilmenge des Ganzen, wenn auch keine ganz ordnungsgemäße. Was würde es für ein Erlebnis bedeuten, wenn es uninformativ oder einfach nur allgemein wäre? Es ist so, wie es ist, eben weil es etwas ist – gelb, eiskalt oder übelriechend. Kann ein Erlebnis mehr als eines sein? Das ergibt keinen Sinn, denn unser Geist kann nicht unabhängig voneinander zwei diskrete Erlebnisse nebeneinander haben. Und schließlich, wie könnte ein Erlebnis indefinit sein? Wenn wir die Welt ansehen, sehen wir sie ganz; wir sehen nicht die

Hälfte der Welt als Überlagerung des Ganzen und vielleicht noch, als drittes Erlebnis, wie unser Hund in unser Blickfeld schleicht.

Die IIT setzt bei diesen fünf phänomenologischen Eigenschaften an und übernimmt sie als Axiome. In der Geometrie oder mathematischen Logik sind Axiome grundlegende Aussagen, die als Ausgangspunkt für die Ableitung weiterer valider geometrischer oder logischer Eigenschaften und Ausdrücke dienen. So wie mathematische Axiome widersprechen auch diese fünf phänomenologischen Axiome – jedes Erlebnis existiert für sich, ist strukturiert, informativ, integriert und definit – sich nicht gegenseitig *(Widerspruchsfreiheit oder Konsistenz)*, keines kann aus einer oder mehreren der anderen abgeleitet werden *(Unabhängigkeit)*, und alle zeigen *Vollständigkeit*. Aus diesen Voraussetzungen leitet die IIT ab, welche Art von physikalischen Mechanismen für diese fünf Eigenschaften nötig ist.

Mit jedem Axiom geht ein Postulat einher, ein Brückenprinzip, dem das fragliche System folgen muss. Fünf Postulate – intrinsische Existenz, Zusammensetzung, Information, Integration und Exklusion (Ausschluss) – stehen neben den fünf phänomenologischen Axiomen. Diese Postulate kann man sich als Abduktionen vorstellen, Schlussfolgerungen aus den Axiomen, die zur besten Erklärung führen, in dem Sinne, wie ich es in Kap. 2 erläutert habe.[4]

Nehmen wir als Beispiel ein physikalisches System aus miteinander verbundenen Nervenzellen oder einen elektronischen Schaltkreis. Beide entsprechen kompliziert ineinandergreifenden Mechanismen in einem bestimmten Zustand. Mit Mechanismus meine ich hier alles, das einen kausalen Effekt auf andere Mechanismen ausübt. Alles, was bewirkt, dass etwas anderes geschieht – und sei es auch nur manchmal oder nur gemeinsam mit anderen Entitäten –, ist ein Mechanismus. Altmodische Maschinen, wie Windmühlen mit ihren Mühlsteinen, Hebeln und Zahnradgetrieben zum Mahlen des Mehls (Abb. 7.1), sind Beispiele für Mechanismen; der Begriff leitet sich immerhin von dem griechischen Wort *mechane* für „Vorrichtung, Werkzeug, Maschine" ab. Neurone, die Aktionspotenziale feuern und damit alle nachgeschalteten Zellen beeinflussen, sind ein anderer Typ von Mechanismus, ebenso wie elektrische Schaltkreise, die Transistoren, Kapazitäten, Widerstände und Drähte umfassen.

Auch das Bewusstsein braucht eine Art von Mechanismus. Bei einem meiner Treffen mit dem Dalai Lama und tibetischen Mönchen ging es irgendwann um den buddhistischen Glauben an die Wiedergeburt und insbesondere um die Frage, wo sich der Geist – mit all seinen Erinnerungen – zwischen zwei Inkarnationen befinde. Ich antwortete, indem ich vier Finger hob und herunterzählte, für jeden Finger ein Wort: *kein Gehirn, kein Geist*. Damit wollte ich sagen, dass ich mir kein Bewusstsein vorstellen kann, das im physikalischen Schwebezustand existieren kann – es braucht ein Substrat. Vielleicht ein so esoterisches wie die elektromagnetischen Felder der empfindungsfähigen Wolke in Fred Hoyles utopischem Roman *Die schwarze Wolke*. Etwas muss da sein. Wenn nichts da ist, kann es auch kein Erleben geben.

Für ein gegebenes Substrat in einem bestimmten Zustand berechnet dann die IIT die assoziierte *integrierte Information,* um zu ermitteln, ob sich das System nach etwas anfühlt; nur ein System mit einem Maximum größer Null an integrierter Information ist bewusst. Nehmen wir ein Gehirn mit einigen Neuronen, die zu dem gewählten Zeitpunkt AN (feuernd) sind, während andere Neurone AUS (nicht feuernd) sind, oder einen Mikroprozessor mit einigen Transistoren, die AN sind, was bedeutet, dass ihr Gate eine elektrische Ladung speichert, die den Strom im zugehörigen Kanal modifiziert, während andere AUS sind, ihre Kanäle also keinen Strom weiterleiten. Während der Schaltkreis evolviert und dabei verschiedene Zustände durchläuft, verändert sich seine integrierte Information, und das manchmal dramatisch. Solche Variationen beim Bewusstsein finden jeden Tag und jede Nacht bei jedem von uns statt.

Warum sollte integrierte Information tatsächlich erlebt werden?

Bevor ich zu den mathematischen Einzelheiten der Theorie komme, möchte ich auf einen verbreiteten Einwand gegen die ITT zu sprechen kommen, den ich oft höre. Er folgt diesem Muster: Selbst wenn alles an der ITT stimmt, warum sollte es sich nach etwas anfühlen, ein Maximum an integrierter Information zu haben? Weshalb sollte ein System, das die fünf essenziellen Eigenschaften des Bewusstseins – intrinsische Existenz, Zusammensetzung, Information, Integration und Exklusion (Ausschluss) – instanziiert, ein bewusstes Erleben hervorbringen? Die IIT beschreibt vielleicht Aspekte von Systemen korrekt, die Bewusstsein hervorbringen. Doch zumindest prinzipiell könnten sich Skeptiker ein System vorstellen, das all diese Eigenschaften aufweist, sich aber dennoch nach nichts anfühlt.

Ich beantworte dies wie folgt. Von der Konstruktion her erfassen diese fünf Eigenschaften jedes Erleben vollständig. Nichts bleibt unberücksichtigt. Was mit „subjektiven Gefühlen" gemeint ist, wird durch diese fünf Axiome genau beschrieben. Jedes weitere „Gefühls-Axiom" wäre überflüssig. Gibt es einen mathematisch unanfechtbaren Beweis dafür, dass das Erfüllen jener fünf Axiome äquivalent zu einem „Es-fühlt-sich-nach-etwas-an"-Zustand ist? Nicht, dass ich wüsste. Aber ich bin ein Naturwissenschaftler, der sich mit dem Universum beschäftigt, in dem er sich befindet, und kein Logiker. Und in diesem Universum, so lege ich es in diesem Buch dar, ist jedes System, das diesen fünf Axiomen folgt, bewusst.

Die Situation der IIT ist der Position der modernen Physik nicht unähnlich. Die Quantenmechanik ist die bei weitem beste Beschreibung dessen, was existiert, auf der Mikroebene. Kann bewiesen werden, dass die Quantenmechanik im ganzen Universum gelten muss? Nein. Man kann sich zweifellos Universen mit anderen mikrophysikalischen Gesetzen vorstellen als denjenigen, die in unserem Universum gelten (etwa jene der klassischen Physik). Oder nehmen wir das *Feinabstimmungsproblem:* Einige der Zahlen, die in der Kosmologie und der Teilchenphysik auftauchen, sind entweder sehr, sehr klein oder sehr, sehr groß. Die

Gleichungen mit ihren Parametern erklären die Daten sehr gut, aber nicht, warum diese numerischen Werte gelten. Wer oder was nahm die Feinabstimmung auf diese genauen Werte vor? Hier vertreten die Physiker verschiedene Antworten, die sich grob mehreren Klassen zuordnen lassen.

Die am wenigsten beliebte lautet, dass es keine tiefere Erklärung dafür gibt, zumindest keine, die sich dem menschlichen Geist erschließt. Diese Gleichungen erklären, was wir in der Welt beobachten, und damit basta. Das ist alles! Eine zweite Klasse von Erklärungen vertritt die Auffassung, dass dieses Universum mitsamt seiner eigenen Gesetze erschaffen wurde, entweder von einem höheren Wesen, wie es die traditionellen Religionen darlegen, oder von einer Alien-Zivilisation mit gottähnlicher Macht. Die dritte Art von Erklärung ist das bereits an früherer Stelle erwähnte *Multiversum*, also die zahllosen Universen im Kosmos, die jeweils eigenen physikalischen Gesetzen gehorchen.[5] Wir leben zufälligerweise in jenem, in dem die Quantenmechanik gilt, Leben existieren kann und integrierte Information Erleben hervorbringt.

Spekulationen auf ultimate Fragen nach dem „Warum" sind auf intellektueller Ebene erfreulich.[6] Sie enthalten aber auch einen kräftigen Schuss Absurdität, denn sie versuchen, hinter die Vorhänge zu schauen, die den Ursprung der Schöpfung verdecken, nur um eine endlose Reihe weiterer Vorhänge zu erblicken. Ich jedenfalls werde dereinst die glückliche Gewissheit mit ins Grab nehmen, dass in unserem Universum die IIT die Beziehung zwischen Erlebnissen und ihrem physischen Substrat beschreibt.

Im Folgenden komme ich zur eigentlichen Theorie, zu der ich einen umfassenden Überblick geben werde – ausreichend, so hoffe ich, um Ihnen einen ersten Eindruck von ihren Prinzipien und ihrer Funktionsweise zu geben. Die folgenden Seiten sollten jedoch nicht als erschöpfende Darstellung der Theorie angesehen werden.[7]

Das Ganze

8

Sie sind am Mittelpunkt dieses Buches angekommen. Springen Sie mit mir ins kalte Wasser.

Nach der integrierten Informationstheorie (IIT) wird das Bewusstsein durch die kausalen Eigenschaften jedes physikalischen Systems, das auf sich selbst zurückwirkt, bestimmt. Bewusstsein ist demnach eine fundamentale Eigenschaft von allem, was sich selbst ursächlich wirksam beeinflussen kann. Die einem System innewohnende kausale Kraft entspricht also dem Ausmaß, in dem der gegenwärtige Zustand beispielsweise eines elektronischen Schaltkreises oder eines neuronalen Netzwerks dessen frühere oder zukünftigen Zustände kausal begrenzt. Je stärker die Elemente des Systems einander einschränken, desto größer ist die kausale Kraft. Diese kausale Analyse lässt sich bei jedem System mit einem entsprechenden Kausalmodell durchführen, also einer Beschreibung wie „dieses Gerät hier beeinflusst den Zustand jenes Gerätes dort in spezifischer Weise", beispielsweise in Form eines Schaltplans.[1] Für jedes der fünf phänomenologischen Axiome des Erlebens, die ich im ersten Kapitel vorgestellt habe – jedes bewusste Erlebnis existiert für sich, ist strukturiert, hat seine spezifische Art, ist eins und ist definit – formuliert die Theorie ein zugehöriges kausales Postulat der Kausalität, eine Anforderung, die jedes bewusste System erfüllen muss. Die Theorie enthüllt oder legt dar, welche intrinsischen kausalen Kräfte jedes System hat, das allen fünf Postulaten gehorcht. Diese kausalen Kräfte lassen sich als Anordnung von Punkten (Distinktionen oder Unterscheidungen) darstellen, die mit Linien (Relationen) verbunden sind. Der IIT zufolge sind diese kausalen Kräfte identisch mit dem bewussten Erleben, wobei jeder Aspekt jedes möglichen bewussten Erlebens eins zu eins in Aspekten dieser kausalen Struktur abgebildet ist. Auf beiden Seiten wird alles berücksichtigt.

All diese kausalen Kräfte (auch der Grad ihrer intrinsischen Existenz) lassen sich systematisch – mithilfe von Algorithmen – auswerten. Abb. 8.1 zeigt diese Struktur an einer visuellen Metapher, nämlich einem kunstvoll geknüpften Spinnennetz.

© Springer-Verlag GmbH Deutschland, ein Teil von Springer Nature 2020
C. Koch, *Bewusstsein,* https://doi.org/10.1007/978-3-662-61732-8_8

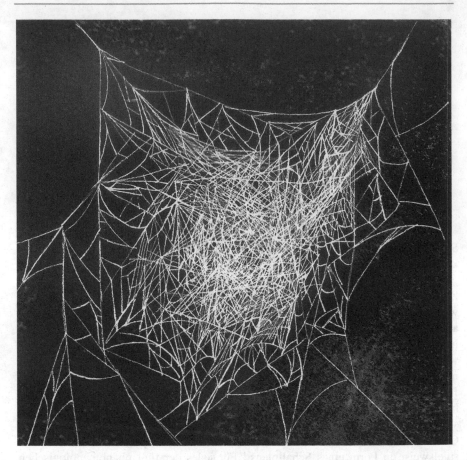

Abb. 8.1 Ein Netz kausaler Beziehungen: Für jedes physikalische System, das allen fünf phänomenologischen Axiomen gehorcht, beschreibt die integrierte Informationstheorie eine entsprechende, dem System innewohnende Struktur von Ursachen und Wirkungen, die hier am Beispiel eines labyrinthartigen Spinnennetzes veranschaulicht wird. Der zentralen Identität der IIT zufolge ist das, wie es sich anfühlt, dieses System zu sein, identisch mit der Gesamtheit der Kausalbeziehungen, die diese Struktur bilden

Betrachten wir nun, was die IIT jeweils zu den fünf Postulaten zu sagen hat.

Intrinsische Existenz

Den Ausgangspunkt der IIT bildet die an Augustinus und Descartes angelehnte Annahme, dass Bewusstsein intrinsisch ist, für sich selbst existiert, auch ohne Beobachter.[2] Das damit einhergehende Postulat der *intrinsischen Existenz* behauptet, dass jede Anordnung, jeder Satz physikalischer Elemente, um intrinsisch zu existieren, eine Reihe von „Unterschieden, die einen Unterschied für die Anordnung selbst machen" darlegen muss.

Es klingt einfach, von einer externalistischen zu einer internalistischen Perspektive zu wechseln, doch es hat tief greifende Konsequenzen, die sich auf den gesamten Ansatz auswirken. Vor allem geht dabei der Blickwinkel des Außenstehenden verloren, wie ihn etwa ein Neurophysiologe hat, der unsere Hirnaktivität in einem Scanner verfolgt und feststellt, dass unser fusiformes Gesichtsareal aktiviert wird. Einen solchen Beobachter gibt es beim Bewusstsein nicht. Alles muss hier mit Unterschieden dargelegt werden, die für das System selbst einen Unterschied machen.

Damit Sie ein Gesicht sehen können, muss der visuelle Stimulus eine Veränderung auslösen, die einen Unterschied für das neuronale Substrat macht, welches Ihr Erleben hervorbringt. Andernfalls würde er genauso registriert werden wie Magensaft, der in den Verdauungstrakt tröpfelt – nämlich gar nicht.

Zur Verdeutlichung, wie die IIT einen „Unterschied, der einen Unterschied macht" definiert, möchte ich ein grundlegendes Werk der Philosophie anführen, Platons *Der Sophist*. Das Werk ist ein langer Dialog zwischen einem jungen Mathematiker und einem Fremden aus der griechischen Siedlung Elea in Süditalien, dem Heimatort des Parmenides. Irgendwann stellt der Fremde aus Elea fest:

> Ich sage also was nur irgend ein Vermögen besitzt, es sei nun ein anderes zu irgend etwas zu machen oder wenn auch nur das mindeste von dem allergeringsten zu leiden, und wäre es auch nur einmal, das Alles sei wirklich. Ich setze nämlich als Erklärung fest um das Seiende zu bestimmen, daß es nichts anderes ist als Vermögen, Kraft.[3]

Damit etwas aus Sichtweise der Welt, also extrinsisch, existieren kann, muss es Dinge beeinflussen können und Dinge müssen wiederum es beeinflussen können. Das bedeutet es, kausale Kraft zu haben. Wenn etwas keinen Unterschied für irgendetwas auf der Welt machen oder nicht von irgendetwas auf der Welt beeinflusst werden kann, hat es keine kausale Kraft. Ob es existiert oder nicht, macht für nichts auf der Welt einen Unterschied.

Dies ist ein weit verbreitetes, aber kaum anerkanntes Prinzip. Nehmen wir das Beispiel vom Äther, jenem hypothetischen, den Raum füllenden Stoff oder Feld, der bzw. das das ganze Weltall durchdringt. Der Äther als Trägersubstanz für das Licht wurde im 19. Jahrhundert in die klassische Physik eingeführt, um zu erklären, wie sich Lichtwellen durch den leeren Raum, also ohne Substrat, fortbewegen. Das erforderte eine unsichtbare Substanz, die mit normalen physikalischen Objekten nicht in Wechselwirkung trat. Als mehr und mehr Experimente ergaben, dass der Äther, was immer dieser auch sein mochte, keinerlei Wirkungen zeigte, fiel er schließlich Ockhams Rasiermesser zum Opfer und wurde in aller Stille begraben. Da der Äther keine kausale Kraft besitzt, spielt er in der modernen Physik keine Rolle, und aus demselben Grund existiert er auch nicht.

Für andere zu existieren, bedeutet, auf sie eine kausale Kraft auszuüben, so der Fremde aus Elea. Die IIT besagt, dass ein System, um für sich selbst zu existieren, eine kausale Kraft auf sich selbst ausüben muss. Sein gegenwärtiger Zustand muss demnach durch seine Vergangenheit beeinflusst sein und seine Zukunft beeinflussen können. Und, so vermutete der Fremde aus Elea, je mehr intrinsische kausale Kraft etwas hat, desto mehr existiert es für sich selbst. Leibniz schrieb, dass die Monade „mit der Zukunft schwanger und mit der Vergangenheit erfüllt ist". Das ist nichts anderes als intrinsische kausale Kraft.

Die kausale Kraft ist keine aus der Luft gegriffene ätherische Vorstellung, sondern lässt sich für jedes physikalische System präzise auswerten, so wie binäre Gatter, die die Boolesche Logik umsetzen, oder Alles-oder-Nichts-Impulse in einem neuronalen Schaltkreis. Alles außerhalb des Systems, etwa andere Schaltkreise, die mit ihm in Verbindung stehen, gelten als im Hintergrund stehend (beispielsweise der Hirnstamm, wie in Kap. 6 beschrieben) und fix. Wenn sich nämlich die Hintergrundbedingungen verändern, kann sich auch die kausale Kraft des Systems verändern. Nun stellt sich die Frage: Wie stark ist der gegenwärtige Zustand des Systems durch dessen vergangene Zustände bestimmt, und wie stark bestimmt er dessen Zukunft?

Gehen wir einmal ein geradezu absurd einfaches Beispiel durch, indem wir die mit dem Schaltkreis aus Abb. 8.2 assoziierte integrierte Information berechnen – drei Logikgatter, wie abgebildet miteinander verdrahtet (die Pfeile weisen in die Richtung des kausalen Einflusses). Das ODER-Gatter P ist AN, was einem logischen Zustand 1 entspricht, während das COPY-Gatter (Kopier- und Speichereinheit) Q und das Exklusiv-Oder- (XOR-) Gatter R beide AUS sind, was einem logischen Zustand 0 entspricht. Der Schaltplan gibt, zusammen mit dem gegenwärtigen Zustand des Systems (PQR) = (100), die Vergangenheit und Zukunft des Schaltkreises exakt wieder.

Angesichts der von diesen Gattern ausgeführten logischen Funktionen wird der Schaltkreis von seinem gegenwärtigen Zustand (100) auf (001) umschalten. Genauso (angepasst an einen regulären Taktzyklus) funktionieren alle grundlegenden Computerschaltkreise.[4]

Zusammensetzung

Dem Postulat der Zusammensetzung zufolge ist jedes Erleben strukturiert. Diese Struktur muss sich in den Mechanismen widerspiegeln, die zusammen das das Erlebnis festlegende (spezifizierende) System bilden.

Bei der Berechnung der integrierten Information Φ (bezeichnet mit dem griechischen Großbuchstaben Phi) des triadischen Schaltkreises aus Abb. 8.2 muss man alle möglichen Mechanismen berücksichtigen; für jeden ist zu fragen, ob er *innerhalb* des fraglichen Systems für einen Unterschied steht, der einen Unterschied macht. Das gilt also für die drei elementaren Gatter (P), (Q) und (R) selbst, ebenso wie für die möglichen Paarungen (PQ), (PR) und (QR) sowie für den Schaltkreis aus den drei Elementen (PQR). Sieben Mechanismen müssen somit hinsichtlich ihrer integrierten Information bewertet werden; dabei bedient

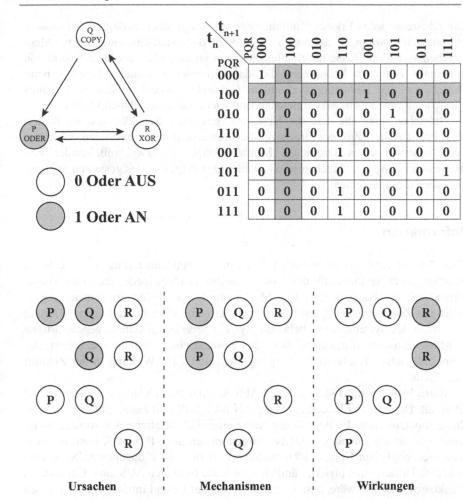

t_n \ t_{n+1}	PQR 000	100	010	110	001	101	011	111
PQR 000	1	0	0	0	0	0	0	0
100	0	0	0	0	1	0	0	0
010	0	0	0	0	0	1	0	0
110	0	1	0	0	0	0	0	0
001	0	0	0	1	0	0	0	0
101	0	0	0	0	0	0	0	1
011	0	0	0	1	0	0	0	0
111	0	0	0	1	0	0	0	0

0 Oder AUS

1 Oder AN

Ursachen   Mechanismen   Wirkungen

Abb. 8.2 Kausale Mechanismen: Ein Schaltkreis aus drei Logikgattern (P, Q, R) im Zustand (100). Die Tabelle gibt die Matrix der Übergangswahrscheinlichkeiten dieses Schaltkreises wieder (zur vereinfachten Darstellung rein deterministisch). Vier Mechanismen verbinden vier maximal irreduzible Ursachen mit vier maximal irreduziblen Wirkungen, die den gegenwärtigen Zustand des Schaltkreises maximal bestimmen. Diese korrespondieren mit vier irreduziblen Distinktionen (Unterscheidungen). Die Irreduzibilität des gesamten Schaltkreises wird quantifiziert durch seine integrierte Information Φ

man sich einer einzigartigen Metrik, die wiedergibt, welchen Unterschied diese Mechanismen aus der Perspektive des Systems machen.

In einem System, das alle Postulate erfüllt, bildet jeder dieser Mechanismen (vorausgesetzt, sie haben eine kausale Kraft innerhalb des Systems, also eine integrierte Information ungleich Null) eine bestimmte phänomenologische *Distinktion* (Unterscheidung) innerhalb eines Erlebnisses aus. Distinktionen sind die Bausteine jedes Erlebens, miteinander verbunden über unzählige *Relationen*, die auftreten, wenn Distinktionen überlappen oder sich Einheiten teilen. Mein Erleben von Mona Lisas rätselhaftem Lächeln ist eine übergeordnete Distinktion innerhalb zahlloser Relationen, die das umfassende visuelle Erleben beim Anschauen von Leonardos berühmtem Gemälde ausmachen; das Sehen ihres Gesichts, ihrer Lippen und dergleichen sind wiederum andere Distinktionen.

Betrachtet man die kausale Kraft des gesamten Schaltkreises, so fordert das Postulat der *Zusammensetzung* die Bewertung aller einzelnen Elemente (Mechanismen erster Ordnung), Kombinationen von zwei miteinander verbundenen Elementen (Mechanismen zweiter Ordnung) und des gesamten Systems aus allen drei Elementen.

Information

Das Postulat der *Information* besagt, dass ein Mechanismus nur dann zum Erleben beiträgt, wenn er innerhalb des Systems selbst „Unterschiede, die einen Unterschied machen" spezifiziert. Ein Mechanismus spezifiziert in seinem gegenwärtigen Zustand insoweit Information, als er seine Ursache und deren Wirkung innerhalb des Systems hervorhebt. Ein System generiert in seinem gegenwärtigen Zustand insoweit Information, als es den Zustand eines Systems spezifiziert, das seine mögliche Ursache in der Vergangenheit und seine Wirkung in der Zukunft sein kann.

Betrachten wir das Oder-Gatter in Abb. 8.2, das Input von den Gattern Q und R erhält. Da jedes der beiden entweder AN oder AUS sein kann, gibt es vier mögliche Inputzustände. Es liegt in der Natur eines Oder-Gatters, AN zu sein, wenn einer von seinen Eingängen AN ist. Angenommen also, P ist AN, dann ist einer von drei möglichen Ursachen-Zuständen spezifiziert. Ist P dagegen AUS, ist eine einzelne Ursache spezifiziert, nämlich dass beide Eingänge AUS sind. Ein anderes denkbares Szenario wäre, dass Gatter P beschädigt ist und intrinsisches Rauschen dazu führt, dass sein Ausgang mit gleicher Wahrscheinlichkeit AUS oder AN ist; dann kann nichts zuverlässig über seine möglichen Ursachen gefolgert werden. Ps Ursachen-Informationsgehalt ist daher maximal, wenn es AUS ist, weniger, wenn es AN ist, und gleich null, wenn das Gatter nach dem Zufallsprinzip arbeitet.

Ähnliches gilt für die Wirkungs-Information in der Zukunft. Wenn der gegenwärtige Zustand mit hoher Wahrscheinlichkeit einen oder einige wenige Zustände nach sich zieht, ist die Selektivität und damit sein Wirkungs-Informationsgehalt hoch. Beeinflusst das Gegenwärtige die Zukunft nur geringfügig, etwa wegen ausgeprägtem Rauschen oder einer Abhängigkeit von anderen Elementen innerhalb des Systems, ist der Wirkungs-Informationsgehalt geringer.

Die Ursache-Wirkung-Information ist definiert als die kleinere (das Minimum) von Ursachen-Information *und* Wirkungs-Information. Sind beide gleich null, ist die Ursache-Wirkung-Information ebenfalls gleich null. Die Vergangenheit des Mechanismus muss also dessen Gegenwart bestimmen können, und diese wiederum muss seine Zukunft bestimmen können. Je mehr die Vergangenheit und die Zukunft durch den gegenwärtigen Zustand spezifiziert werden, desto größer ist die Ursache-Wirkung-Kraft des Mechanismus.

Man beachte, dass der Begriff „Information" hier mit einer ganz anderen Bedeutung gebraucht wird als der in Technik und Wissenschaft gebräuchlichen, die von Claude Shannon eingeführt wurde. Information nach Shannon, die stets aus der äußeren Perspektive eines Beobachters eingeschätzt wird, bemisst, wie akkurat Signale, die über einen Kommunikationskanal mit Hintergrundrauschen (etwa eine Radioverbindung oder ein optisches Kabel) übermittelt werden, dekodiert werden können. Daten, die zwischen zwei Möglichkeiten – AUS und AN – unterscheiden, enthalten 1 Bit Information. Welcher Art diese Information jedoch ist – etwa das Ergebnis einer entscheidenden Blutuntersuchung, oder das unbedeutendste Bit in einem Pixel in der Ecke eines Urlaubsfotos – ist komplett kontextabhängig. Die Bedeutung der Information im Sinne Shannons liegt also im Auge des Betrachters, nicht im Signal selbst. Die Information nach Shannon ist empirisch und extrinsisch.

Die Information im Sinne der integrierten Informationstheorie dagegen spiegelt einen viel älteren, aristotelischen Gebrauch des Begriffs wider; das Wort leitet sich vom lateinischen *informare* für „formen, gestalten, bilden" ab. Die integrierte Information bringt die Ursache-Wirkung-Struktur hervor, also eine Form. Die integrierte Information ist kausal, intrinsisch und qualitativ: Sie wird aus der inneren Perspektive des Systems beurteilt, basierend darauf, wie dessen Mechanismen und dessen gegenwärtiger Zustand seine Vergangenheit und seine Zukunft gestalten. Wie das System seine eigenen vergangenen und zukünftigen Zustände bestimmt, entscheidet darüber, ob sich das Erleben wie Azurblau anfühlt oder wie der Geruch nach nassem Hund.

Integration

Jedes bewusste Erleben ist eins, ist holistisch. Das entsprechende Postulat der Integration fordert, dass die durch das betreffende System spezifizierte Ursache-Wirkung-Struktur eins oder irreduzibel ist. Die integrierte Information Φ bemisst, inwieweit sich die Form, die aus dem Ganzen entsteht, von der Form unterscheidet, die aus seinen Teilen entsteht. Das ist die Bedeutung von irreduzibel: Das System kann nicht auf unabhängige, nicht interagierende Komponenten reduziert werden, ohne etwas Essenzielles einzubüßen. Die Irreduzibilität wird bewertet, indem man alle möglichen Partitionen des Schaltkreises in Betracht zieht, alle Möglichkeiten, den Schaltkreis in nicht überlappende Mechanismen (die sehr unterschiedlicher Größe sein können) zu zerlegen.[5] Die tatsächliche Zahl Φ gibt an, in welchem Ausmaß sich die Ursache-Wirkung-Struktur verändert, wenn sie entlang ihrer Partition der minimalen Information zerlegt oder reduziert wird (der Teilung, die den geringsten Unterschied macht). Φ ist eine reine Zahl, die entweder gleich null oder positiv ist.[6]

Werden beispielsweise die beiden Verbindungen zwischen P und R und zwischen P und Q durchtrennt, ist die Ursache-Wirkung-Struktur der beiden

separaten Mechanismen ganz anders als diejenige, die mit dem gesamten Schaltkreis assoziiert ist, da die gegenseitigen Abhängigkeiten zwischen den beiden
Mechanismen dann nicht weiter erfasst werden.

Wenn die Partitionierung einer Entität deren Ursache-Wirkung-Struktur nicht
verändert, ist die Entität vollkommen auf diese Teile reduzierbar, ohne irgendetwas einzubüßen. Sie existiert im wahrsten Sinne nicht als System, sondern als
Ansammlung nicht miteinander verbundener Teile. Ihre integrierte Information
Φ ist gleich null. Angenommen, einige Bürger wollen eine Initiative gründen, um
den Bau einer Autobahn durch ihr Wohngebiet zu verhindern. Wenn sie sich nie
treffen, nie miteinander austauschen und ihre Aktionen nicht koordinieren, dann
existiert ihre Gruppe hinsichtlich ihrer externen kausalen Wirkung in der Lokal-
politik nicht. Ein Beispiel für intrinsische kausale Kraft bietet Ihr und mein
Bewusstsein. Sie haben vielleicht ein schmerzhaftes Erlebnis, und das habe ich
vielleicht auch, womöglich sogar gleichzeitig. Doch in keinem Sinne ist ein Erlebnis mit uns beiden gemeinsam assoziiert. Unser Erleben lässt sich vollständig auf
das Erleben von Ihnen und das von mir reduzieren.

Exklusion

Diese Art der kausalen Analyse zeigt, dass das System (PQR) irreduzibel ist, will
sagen: Es kann nicht auf zwei oder mehr Komponenten reduziert werden, ohne
dabei etwas einzubüßen.

Wir wiederholen diese Berechnung für alle möglichen Kombinationen von
Gattern als Schaltkreiskandidaten – nicht nur den triadischen Schaltkreis (PQR),
sondern auch die Paarungen (PQ), (PR) und (QR) sowie die einzelnen Gatter
selbst. Jeder dieser sieben „Schaltkreise" hat seine eigene Ursache-Wirkung-
Struktur mit einem eigenen Wert Φ. Das phänomenologische Axiom, dem zufolge
jedes Erlebnis definit ist, geht mit dem *Ausschlusspostulat* einher, nach dem nur
der maximal irreduzible Schaltkreis für sich selbst existiert, nicht aber die ihm
über- oder untergeordneten Anordnungen. Alle überlappenden Schaltkreisen mit
kleineren Φ-Werten werden ausgeschlossen (Exklusion).

Der Umstand, dass aus intrinsischer Sicht nur das Maximum existiert, mag
manchem merkwürdig erscheinen.[7] Es gibt allerdings jede Menge Extremal-
prinzipien in der Physik, etwa das Hamiltonsche Prinzip, ein Schlüsselthema
der Relativitätstheorie, Thermodynamik, Mechanik und Strömungsmechanik.
Es besagt, dass von allen möglichen Entwicklungswegen eines physikalischen
Systems nur einer tatsächlich eintritt, und zwar das Extrem. So nimmt beispielsweise eine durchhängende Fahrradkette oder eine an beiden Enden aufgehängte
Gliederkette die Form ein, die ihre potenzielle Energie minimiert.[8]

Das Maximum von Φ ist ein globales Maximum für das betrachtete Substrat,
das heißt, es gibt keine über- oder untergeordneten Anordnung innerhalb dieses
Schaltkreises, die mehr integrierte Information enthält. Natürlich aber gibt es zahlreiche nicht überlappende Systeme, wie etwa andere Gehirne, die höhere Φ-Werte
aufweisen.

Das Ausschlusspostulat liefert einen hinreichenden Grund dafür, dass der Gehalt eines Erlebnisses ist, was er ist – nicht mehr und nicht weniger. Bezüglich der Ursachenfrage hat dies zur Folge, dass die „siegreiche" Ursache-Wirkung-Struktur alle alternativen Ursache-Wirkung-Strukturen ausschließt, die über überlappende Elemente spezifiziert werden; andernfalls bestünde eine kausale Überdeterminierung. Dieser Ausschluss (Exklusion) von Ursachen und Wirkungen ist eine andere Version von Ockhams Rasiermesser: „Ursachen dürfen nicht über das Notwendige hinaus vermehrt werden."

Nur der triadische Schaltkreis (PQR) übersteht diese eingehende Prüfung, denn er hat unter den herrschenden Hintergrundbedingungen den größten Φ-Wert (Φ^{max}). Verändern sich die Hintergrundbedingungen, verändert sich wahrscheinlich auch Φ^{max}. Aus der intrinsischen Perspektive ist (PQR) irreduzibel, seine Grenzen sind durch die Anordnung von Elementen festgelegt, die den größten Φ-Wert ergeben.

Die Theorie nennt diese Anordnung, diesen Satz von Elementen den *Hauptkomplex* oder das *physikalische Substrat des Bewusstseins*. Ich bezeichne es poetischer als *ein Ganzes*. Ein Ganzes ist der am meisten irreduzible Teil jedes Systems, der Teil, der für sich selbst den größten Unterschied macht.[9]

Der IIT zufolge kann nur ein Ganzes ein Erleben haben. Alle anderen, etwa der kleinere Schaltkreis (PQ), existieren nicht für sich, da sie keinen Maximalwert für Φ aufweisen; sie haben eine geringere intrinsische kausale Kraft.

Die zentrale Identität in der integrierten Informationstheorie

Die Elemente eines Ganzen ergeben in einem bestimmten Zustand, allein und in Kombination, Mechanismen erster und höherer Ordnung, die Distinktionen (Unterscheidungen) spezifizieren. All diese durch Beziehungen miteinander verbundenen Mechanismen bilden eine Struktur, definiert als die maximal irreduzible Ursache-Wirkung-Struktur. Angesichts all der irreduziblen Mechanismen erster und höherer Ordnung und ihrer Überlappungen wird die Komplexität dieser Struktur für jeden realistischen Schaltkreis wirklich schwindelerregend sein – das Spinnennetz aus Abb. 8.1 vermittelt davon einen schwachen Eindruck.

Die Theorie hat mit der zentralen Identität eine verblüffend präzise Antwort auf die Frage, was das Bewusstsein ist:

> Jedes Erleben ist identisch mit der maximal irreduziblen Ursache-Wirkung-Struktur, die in diesem Zustand mit dem System assoziiert ist.

Das Erleben ist identisch mit dieser Struktur – nicht mit seinem physikalischen Substrat, seinem Ganzen, so wie mein Erleben von Niedergeschlagenheit nicht identisch ist mit dem grauen Glibber in meinem Kopf, der das physikalische Substrat dieses Erlebens ist.

Die komplett entfaltete, maximal irreduzible Ursache-Wirkung-Struktur ist eine Entität mit besonderen kausalen Eigenschaften. Sie korrespondiert mit einer „Konstellation" von miteinander verbundenen Punkten, oder einer Form.[10] Sie ist kein abstraktes mathematisches Objekt und auch keine Zahlenfolge. Sie ist etwas Physisches. Sie ist sogar das Realste, was es gibt. In meinem letzten Buch habe ich sie als Kristall bezeichnet:

> Der Kristall ist das System, von innen gesehen. Er ist die Stimme im Kopf, das Licht im Inneren des Schädels. Er ist alles, was wir jemals über die Welt erfahren werden. Er ist unsere einzige Realität. Er ist die Quintessenz der Erfahrung. Der Traum des Lotusessers, die Gewahrsamkeit des meditierenden Mönches und die Agonie des Krebspatienten fühlen sich so an, wie sie es tun, weil die jeweiligen Kristalle in einem milliarden-dimensionalen Raum so geformt sind – eine wahrhaft überirdische Vision.[11]

Für Gehirne ist ein Ganzes das neuronale Korrelat des Bewusstseins auf der relevanten Detailebene, dessen Zustand beobachtet und manipuliert (mehr dazu in den folgenden beiden Kapiteln) werden kann. Ein Ganzes hat ganz bestimmte Mitglieder; manche Neurone gehören dazu, andere, womöglich sogar aufs Engste mit ersteren verbunden, nicht. In dem einfachen Netz aus Abb. 8.2 ist der triadische Schaltkreis (PQR) ein Ganzes. Externe Schnittstellen, die in den Schaltkreis leiten oder seinen Status auslesen, sind nicht Teil seines physikalischen Substrats des Bewusstseins. Sein Erleben ist durch die Konstellation von vier Distinktionen gegeben, die durch ihre kausalen Beziehungen innerhalb der maximal irreduziblen Ursache-Wirkung-Struktur verbunden sind (Abb. 8.2). Je größer die Irreduzibilität Φ^{max} eines Systems ist, desto mehr existiert es für sich selbst, desto bewusster ist es. Φ^{max} hat keine erkennbare Obergrenze.[12]

Die zentrale Identität der IIT, eine metaphysische Aussage, stellt eine starke ontologische Behauptung auf. Nicht etwa, dass Φ^{max} nur mit dem Erleben *korreliert*. Auch nicht die stärkere Behauptung, dass eine maximal irreduzible Ursache-Wirkung-Struktur eine notwendige und hinreichende Bedingung für jegliches Erleben ist. Nein, die IIT behauptet, dass jedes Erleben identisch mit der irreduziblen, kausalen Interaktion des interdependenten physikalischen Mechanismus ist, der ein Ganzes ausmacht. Es ist eine Beziehung der Identität – jede Facette jedes Erlebnisses ist vollständig in der assoziierten maximal irreduziblen Ursache-Wirkung-Struktur abgebildet; weder hier noch dort bleibt etwas übrig.

Die Behauptung, dass es sich nach etwas anfühlt, (PQE) zu sein, ist eine weite Extrapolation der Theorie und klingt für uns ebenso verwunderlich wie die Behauptung, dass Menschen, Würmer und Riesenmammutbäume allesamt evolutionär verwandt sind, für die Menschen des 19. Jahrhunderts geklungen hat. Diese Behauptung muss erst einmal eingelöst werden. Es wird vor allem nötig sein, mithilfe der Werkzeuge und Konzepte der Theorie zu demonstrieren, wie die Art, wie sich ein Erlebnis anfühlt, durch die verschiedenen Aspekte der assoziierten Ursache-Wirkung-Struktur erklärt wird. Betrachten wir in diesem Zusammenhang das scheinbar „einfache" Erlebnis, den Text „wach auf, Neo" auf einem Computerbildschirm zu sehen. Tatsächlich ist an diesem Erlebnis ganz und gar nichts einfach, denn sein phänomenologischer Gehalt ist unvergleichlich groß und umfasst viele Distinktionen und Relationen. Genau das macht dieses Erlebnis zu dem, was es ist, anders als alle anderen.

Unter diesen Distinktionen sind untergeordnete, die die einzelnen Pixel spezifizieren, die Art, wie diese die im bestimmten Winkel geneigten Kanten bilden, welche die einzelnen Buchstaben an ʼeiner bestimmten Stelle ausmachen, aber auch übergeordnete, unveränderliche, die etwa den Buchstaben „w" (eine spezifische Anordnung von Linien in bestimmten Winkeln an irgendeiner von vielen möglichen Lokalisationen) oder die einzelnen Wörter bilden. Doch da ist noch so viel mehr, denn schon das einfache Erlebnis, etwas zu sehen, irgendetwas, räumlich, hat einen großen Bedeutungsinhalt – vielerlei Distinktionen (Punkte), die sich im Raum, über die Nachbarschaft, nah und fern, rechts und links, oben und unten und derlei mehr erstrecken. Diese Distinktionen sind innerhalb desselben Erlebens in einem komplexen Geflecht aus Beziehungen miteinander verbunden – die Buchstaben stehen an einer bestimmten Stelle, in einer bestimmten Schrift, mit Großbuchstaben oder nicht, in einer spezifischen Beziehung zu Wörtern und einem Namen, der selbst schon eine übergeordnete Distinktion darstellt. Der Theorie zufolge tritt eine solche dynamische „Bindung" von perzeptuellen Attributen[13] auf, wenn Distinktionen überlappende Anordnungen von Mechanismen teilen, die gemeinsam ihre vergangenen und zukünftigen Zustände bestimmen.

Wenn man den intrinsischen Blickwinkel einnimmt, lehnt man damit die externe „allsehende" Perspektive ab, die etwas als räumlich ausgedehnt sieht. Mit dem intrinsischen Blickwinkel spezifiziert man die kausalen Kräfte, die ausmachen, wie Raum – ob leer oder nicht – aussieht und sich anfühlt.

Anwendung in der Praxis

Werden wir konkret und betrachten die Neurone, die die hintere heiße Zone des Neocortex bilden. Stellen wir uns einen spezifischen Zustand vor, bei dem einige dieser Neurone innerhalb eines Zeitfensters (beispielsweise 10 Millisekunden) feuern, während die meisten anderen Neurone stumm sind. Das übrige Gehirn wird als fixer Hintergrund behandelt; das Feuern der Neurone im frontalen Cortex, im Kleinhirn, Hirnstamm und so fort wird konstant gehalten, welchen Wert diese Neurone auch immer gerade haben.

Nun gilt es, diejenigen Neurone innerhalb der heißen Zone aufzufinden, die das Substrat für die maximal irreduzible Ursache-Wirkung-Struktur bilden, also ein Ganzes, und dessen Φ^{max} zu berechnen.

Wir beginnen mit einem kausalen Modell des Netzwerks, einem Schaltplan, der spezifiziert, wie die einzelnen Neurone in der hinteren heißen Zone miteinander verbunden sind, mit welchen Gewichtungen und Schwellenwerten für Aktionspotenziale. Angesichts unseres bescheidenen aktuellen Wissensstandes muss hier natürlich vieles vermutet werden – etwa eine gitterähnliche Konnektivität, anders als die eher nach dem Zufallsprinzip Zugang gewährende Konnektivität *(random access connectivity)* im frontalen Cortex. Sobald ein solcher Plan vorliegt, berechnen wir die Ursache-Wirkung-Information, wobei wir bei Mechanismen erster Ordnung beginnen, also einzelnen Neuronen.

Jedes Neuron kann eine kausale Kraft haben, kann also die Zustände seiner Inputs bestimmen. Das wird für alle möglichen Teilmengen von präsynaptischen Neuronen ausgewertet, indem man einen Ursache-Zustand und einen Wirkung-Zustand spezifiziert (oder, einfacher gesagt: indem man eine Ursache und eine Wirkung spezifiziert). Die integrierte Ursachen-Information entspricht der gewichteten Differenz zwischen den partitionierten und den nicht partitionierten Ursachen (ausgewählt als die Partition, die die *geringste* Distanz ergibt); sie bemisst, welchen Unterschied die Ursache für den fraglichen Mechanismus macht, und gibt die Reduzierbarkeit der kausalen Kraft jenes Neurons an.

Die Kern-Ursache bei einem Neuron besteht aus eben dieser Anordnung von Inputs mit der größten kausalen Kraft. Mit einer ähnlichen Vorgehensweise bestimmt man die Kern-Wirkung des Neurons in seinem synaptischen Output. Ein Neuron, das sowohl eine Kern-Ursache als auch eine Kern-Wirkung ungleich null hat, spezifiziert eine Distinktion (z. B. Abb. 8.2).

Wir führen dies für alle möglichen Mechanismen durch, also für alle einzelnen Neurone, alle Kombinationen von zwei Neuronen (Mechanismen zweiter Ordnung), von drei Neuronen (Mechanismen dritter Ordnung) und so fort, bis hin zum gesamten Netzwerk. O ja, das sind ungeheuer viele. (Allerdings können wir den enormen Anteil von Mechanismen, die nicht direkt interagieren, außer Acht lassen.) Dies erklärt alle möglichen Distinktionen (Unterscheidungen) des Netzes (der Schaltkreis in Abb. 8.2 hat vier Kern-Ursachen und Kern-Wirkungen bei vier Distinktionen).

Die Irreduzibilität eines Netzwerks ist ein Maß für dessen Gesamtintegration. Diese wird ähnlich ermittelt wie die Integration eines einzelnen Neurons: Man partitioniert das Netz und misst, inwieweit es aus den resultierenden Teilen wieder erstellt werden kann. Φ ist ein skalares Maß für die Irreduzibilität des Systems über alle möglichen Teilmengen im Netzwerk hinweg.

Viele Netze in der heißen Zone haben wahrscheinlich positive Φ-Werte. Per Exklusion (Ausschluss) jedoch ist nur der Schaltkreis mit dem maximalen Φ-Wert im Netzwerk ein Ganzes, das für sich selbst existiert.

Praktisch gesehen muss ein System mit intrinsischer, irreduzibler Ursache-Wirkung-Kraft starke Verbindungen aufweisen. Ein Netz aber, bei dem jede Einheit mit jeder anderen Einheit verbunden ist, ist nicht der beste Weg, um ein hohes Maß an integrierter Information zu erreichen.

Für Interessierte, die mit der Open-Source-Programmiersprache Python vertraut sind, steht ein frei verfügbares Softwarepaket zum kostenlosen Download bereit, das ein Ganzes und Φ^{max} für kleine Netzwerke berechnet.[14]

Wenn Sie sich durch dieses Kapitel gekämpft haben: Hut ab. Der behandelte Stoff lässt jeden Kopf rauchen. In den folgenden beiden Kapiteln werde ich auf die Auswirkungen der Theorie für die Klinik eingehen, etwa ein Bewusstseins-Messgerät und einige wirklich überraschende Vorhersagen. Das gibt weiteren Einblick in die Funktionsweise der Theorie.

Instrumente zur Messung des Bewusstseins

9

Wenn Sie mir erzählen „Ich erinnere mich lebhaft daran, wo ich war, als ich die brennenden und zusammenstürzenden Twin Towers zum ersten Mal im Fernsehen sah", dann zweifele ich nicht daran, dass Sie bei Bewusstsein sind. Sprache ist der Goldstandard, wenn es darum geht, bei anderen Menschen auf Bewusstsein rückzuschließen. Das funktioniert jedoch nicht bei Menschen, die unfähig sind zu sprechen. Wie kann ein Außenstehender wissen, ob sie bei Bewusstsein sind oder nicht? Diese Frage stellt sich in der Klinik jeden Tag.

Nehmen wir beispielsweise Patienten, die vor eine Operation anästhesiert werden, um ihnen einen Stent zu setzen, einen Tumor zu entfernen oder ein neues Hüftgelenk einzusetzen. Eine Vollnarkose schaltet Schmerzen aus, verhindert die Bildung traumatischer Erinnerungen, sorgt dafür, dass sich der Patient nicht bewegt, und stabilisiert sein vegetatives Nervensystem. Dabei erwartet man, dass die Patienten während des Eingriffs nicht aufwachen. Leider ist das nicht immer der Fall. „Intraoperative Wachheit" trotz Vollnarkose tritt bei einem kleinen Prozentsatz aller Operationen auf, schätzungsweise bei einem oder einigen wenigen Fällen pro 1000 Eingriffe. Da die Patienten immobilisiert sind, um die Intubation zu erleichtern und heftige Muskelbewegungen zu verhindern, können sie ihre prekäre Situation nicht signalisieren. Und da sich 50.000 und mehr Amerikaner pro Tag einer Allgemeinanästhesie unterziehen, entspricht dieser kleine Prozentsatz allein in den USA täglich Hunderten von Fällen intraoperativer Wachheit.

Ein weitere Gruppe, deren Bewusstseinszustand ungewiss ist, sind Patienten mit unausgereiftem, deformiertem, degeneriertem oder verletztem Gehirn. Ob jung oder alt, sie sind stumm und reagieren nicht auf verbale Aufforderungen, ihre Augen oder ihre Gliedmaßen zu bewegen. Den Nachweis zu erbringen, dass sie Erleben haben, ist eine große Herausforderung für die Kliniker.

Es ist schwierig, sich sicher zu sein, dass Frühgeborene, die im Inkubator liegen, schwer missbildete Babys, die ohne Cortex, Schädel und Kopfhaut zur Welt kommen (*Anenzephalie*)[1], oder solche, die von mit dem Zika-Virus infizierten Müttern geboren werden (*Mikrozephalie*), über Bewusstsein verfügen.

© Springer-Verlag GmbH Deutschland, ein Teil von Springer Nature 2020
C. Koch, *Bewusstsein,* https://doi.org/10.1007/978-3-662-61732-8_9

Bis Ende des 20. Jahrhunderts wurden Frühchen oft ohne Narkose operiert, um akute und langfristige Risiken für ihren sehr fragilen Körper zu reduzieren und weil man annahm, ihr Gehirn sei zu unausgereift, um Schmerz zu verspüren.[2]

Am anderen Ende des Lebens stehen schwer demente, alte Menschen. Das Endstadium der Alzheimer-Krankheit und anderer neurodegenerativer Erkrankungen ist durch extreme Apathie und Erschöpfung gekennzeichnet. Die Betroffenen hören auf zu sprechen, zu gestikulieren und sogar zu schlucken. Hat ihr bewusster Geist seine Bleibe für immer verlassen, ein geschrumpftes Gehirn voller neurofibrillärer Knäuel und amyloider Plaques?[3]

Hilfreich in all diesen Fällen wäre ein Instrument wie der Tricorder aus der SF-Serie *Star Trek*, der die Präsenz von Erleben signalisiert, ein Bewusstseinsdetektor. David Chalmers führte dieses Konzept während einer angeregten Unterhaltung vor, indem er einen Fön auf verschiedene Leute im Publikum richtete und vorgab, Zombies zu demaskieren.[4] Ein solches Gerät, wie unvollkommen auch immer, wäre ein großer Fortschritt. Lassen Sie mich daher einen Weg diskutieren, die Echos des bewussten Geistes aufzufangen, indem man das Gehirn sondiert. Zuvor aber möchte ich Ihnen die Patienten vorstellen, die am meisten von einem solchen Detektor profitieren würden.

Gestrandete Ichs in einem geschädigten Gehirn?

Im letzten halben Jahrhundert ist es zu einer bemerkenswerten Revolution gekommen, die Tausende Opfer mit akuten und massiven Hirnverletzungen vor dem Tod rettete und ins Leben zurückholte. Vor dem Aufkommen einer medizinischen Versorgung auf höchstem Niveau, massiver chirurgischer und pharmakologischer Intervention, Rettungshubschraubern, dem Notruf 112 und so weiter wären diese Patienten ihren Verletzungen rasch erlegen.[5]

Dieser Fortschritt hat jedoch eine dunkle Kehrseite: Patienten, die ans Bett gefesselt und behindert bleiben, nicht in der Lage, ihren geistigen Zustand zu artikulieren, die mehrdeutige und fluktuierende Signale hinsichtlich einer bewussten Wahrnehmung des eigenen Ichs und ihrer Umgebung aussenden und sich in einem diagnostischen Schwebezustand befinden, was den Grad ihres Bewusstseins angeht. Da dieser Zustand Jahre andauern kann, stellt die Situation eine schreckliche emotionale Belastung für die Angehörigen dar, die sich um die Patienten kümmern; ihnen bleibt der entlastende emotionale Abschluss verwehrt, den ein definitives Ende wie der Tod und die anschließende Trauer bringen kann.

Patienten mit *Störungen des Bewusstseins* sind eine heterogene Gruppe.[6] Es ist hilfreich, zwei Kriterien einzusetzen, wenn man an sie denkt. Ein Kriterium ist das Ausmaß, in dem sie auf relevante äußere Reize zielgerichtet reagieren, beispielsweise ihre Augen bewegen, nicken und so weiter. Das andere Kriterium ist das Ausmaß verbliebener kognitiver Fähigkeiten. Können sie sich noch erinnern, entscheiden, denken oder sich etwas vorstellen? Jeder Patient weilt an einem bestimmten Ort auf dieser „Ebene des Elends" (Abb. 9.1), wobei die horizontale

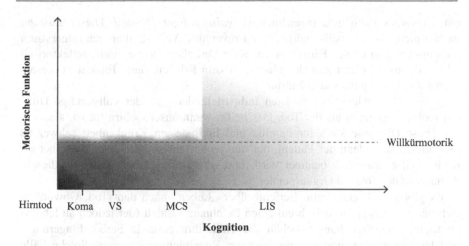

Abb. 9.1 In der Ebene des Elends. Klassifizierung von hirngeschädigten Patienten mit Bewusstseinsstörungen als Funktion ihrer verbliebenen kognitiven Fähigkeiten (horizontale Achse, von null ganz links bis intakte Verarbeitung bei Locked-in-Patienten [LIS] rechts) und verbliebene motorische Funktion (allmähliche Veränderung auf der vertikalen Achse von null ganz unten über Reflexe zu zielgerichteten Bewegungen ganz oben). Eine kritische Determinante ist, ob Patienten willkürlich mit ihren Augen, Gliedmaßen oder per Sprache antworten können (gestrichelte Linie). Je dunkler die Schattierung, desto höher ist die Wahrscheinlichkeit, dass jedes Bewusstsein fehlt

Achse seine kognitiven Fähigkeiten, die vertikale hingegen seine motorischen Fähigkeiten darstellt.

Ihre jeweilige Handlungsfähigkeit wird beurteilt, indem man die Patienten intensiv beobachtet – zucken sie bei einem lauten Geräusch erschreckt zusammen? Ziehen sie eine Hand oder ein Bein zurück, wenn sie gekniffen werden? Verfolgen sie ein helles Licht mit den Augen? Zeigen sie irgendwelche nicht-reflexartigen Verhalten? Können sie mit Händen, Augen oder Kopf auf ein Kommando reagieren? Sind sie in der Lage, sich sinnvoll zu äußern?

Auf das Ausmaß rückzuschließen, in dem Patienten kognitive Fähigkeiten zurückbehalten haben, ist dann besonders schwierig, wenn sie nicht sprechen können. Zu einer typischen klinischen Beurteilung gehört eine intensive und sehr genaue Beobachtung am Krankenbett – einige Locked-in-Patienten sind bei vollem Bewusstsein, können sich aber nur durch Blinzeln mit den Augenlidern äußern – oder auch, den Patienten in einen Hirnscanner zu legen und ihn aufzufordern, sich vorzustellen, Tennis zu spielen oder im Geist jedes Zimmer seines Hauses zu besuchen. Diese beiden Aufgaben erhöhen selektiv die Durchblutung einer von zwei eigenständigen corticalen Regionen. Patienten, die ihre Gehirnaktivität in dieser Weise willentlich steuern können, gelten als „bewusst".[7]

Gesunde, normale Menschen, die herumlaufen und reden, finden sich in der oberen rechten Ecke von Abb. 9.1 mit den hohen kognitiven und motorischen Fähigkeiten wieder. Das extreme Gegenteil bildet die Ecke unten links, die durch ein schwarzes Loch gekennzeichnet ist, *vollständiger Hirntod*. Dieser Zustand ist definiert als der vollständige und irreversible Verlust aller zentralnervösen Funktionen, also totales Hirnversagen. Kein Verhalten, ob vegetativ, reflektorisch oder willkürlich, bleibt zurück.[8] Und auch kein Erleben mehr. Einmal in diesem schwarzen Loch, gibt es kein Entrinnen.

In den USA wie in den meisten Industrieländern gilt der vollständige Hirntod rechtlich generell als der Tod. Das heißt, wenn unser Gehirn tot ist, sind wir tot. Diese Diagnose kann für Familie und Freunde am Krankenbett schwer zu akzeptieren sein, denn der Patient, der nun technisch ein Leichnam ist, atmet oft noch, weil er künstlich beatmet wird, und sein Herz schlägt weiter. In diesem Zustand ist der Tote ein Organspender.

Es gibt jedoch glaubhafte Berichte über „Leben" nach dem Tod. Obwohl es sich bei dem Körper juristisch um einen Leichnam handelt (der jedoch an lebenserhaltenden Geräten hängt), behält die Haut ihre gesunde Farbe, Fingernägel und Haare wachsen, und es kann zu einer Regelblutung kommen. Solche Fälle demonstrieren, wie Medizin, Wissenschaft und Philosophie ständig darum ringen müssen, diesen Übergang vom Leben zum Nichtleben, der uns alle irgendwann erwartet, plausibel zu definieren.[9]

Was den Funktionsverlust angeht, so ist das *Koma* ein enger Verwandter des Todes. Der komatöse Patient ist am Leben, jedoch immobil, mit geschlossenen Augen, selbst bei stärksten Reizen: Nur ein paar Hirnstammreflexe sind noch vorhanden. Wenn ein Koma nicht pharmakologisch aufrechterhalten wird, ist dieser Zustand in der Regel kurzlebig und endet entweder mit dem Tod oder aber einer teilweisen bzw. vollständigen Erholung.

Das nächste Stadium ist der *vegetative Zustand* (*vegetative state,* VS), auch Wachkoma genannt, über den ich in Kap. 2 geschrieben habe. Im Gegensatz zu komatösen Patienten öffnen und schließen Wachkoma-Patienten ihre Augen in unregelmäßigen Zyklen. Sie können schlucken, gähnen und eventuell auch ihre Augen oder ihren Kopf bewegen, allerdings offenbar unwillkürlich. Willkürhandlungen sind nicht zurückgeblieben – nur Aktivität, die grundlegende Prozesse wie Atmen, Schlaf-Wach-Rhythmus, Herzschlag, Augenbewegungen und Pupillenreaktionen kontrolliert. Jegliche Kommunikation am Krankenbett – „Wenn Sie mich hören, drücken Sie meine Hand oder bewegen Sie Ihre Augen" – ist zum Scheitern verurteilt. Bei sorgfältiger Pflege (um Wundliegen und Infektionen zu verhindern) können Wachkoma-Patienten jahrelang leben.

Die Unfähigkeit von VS-Patienten, in irgendeiner Weise oder Form zu kommunizieren, ist mit der Vorstellung vereinbar, dass diese Patienten kein bewusstes Erleben haben. Aber erinnern Sie sich an das Mantra *Absence of evidence is not evidence of absence* (etwa: Das Fehlen eines Beweises ist nicht zwingend ein Beweis für ein Fehlen). Es gibt in der Diagnostik eine Grauzone, in die Wachkoma-Patienten fallen und die bis zu der entscheidenden Frage reicht, ob ihr geschädigtes Gehirn Schmerz, Leid, Angst, Einsamkeit, stille Resignation, einen voll ausgeprägten Gedankenstrom – oder gar nichts erlebt. Studien sprechen dafür, dass rund 20 % der Wachkoma-Patienten über Bewusstsein verfügen und daher mit einer falschen Diagnose leben.

Für Familie und Freunde, die sich vielleicht jahrelang um ihre Angehörigen kümmern, kann das Wissen darum, ob „jemand zu Hause" ist, einen dramatischen Unterschied machen. Stellen Sie sich einen Astronauten vor, der losgelöst von seiner Rettungsleine im Raum treibt und die zunehmend verzweifelteren Versuche der Kontrollstation mitbekommt, Kontakt mit ihm aufzunehmen („Können Sie mich hören, Major Tom?"). Aber sein beschädigtes Funkgerät übermittelt seine Stimme nicht. Er ist für die Welt verloren. Das ist die verzweifelte Situation mancher Patienten, deren geschädigtes Gehirn ihnen keine Kommunikation erlaubt. Eine unfreiwillige und extreme Form der Einzelhaft.

Weniger unklar ist die Situation bei Patienten mit *minimalem Bewusstseinszustand* (*minimally conscious state,* MCS). Sie können zwar nicht sprechen, aber doch Signale aussenden, wenn auch oft in spärlicher, nomineller und erratischer Weise, in passenden emotionalen Situationen lächeln oder weinen, gelegentlich Laute von sich geben oder Gesten machen, auffällige Objekte mit den Augen verfolgen, und so weiter. Wie es aussieht, verfügen diese Patienten wohl über ein Erleben, doch es bleibt offen, wie flüchtig und reduziert dieses Erleben ist.

Patienten mit Locked-in-Syndrom (LIS) leiden häufig unter bilateralen Hirnstammläsionen, die die meisten oder sämtliche Willkürbewegungen verhindern, während das Bewusstsein erhalten bleibt (in Abb. 9.1 unten rechts angeordnet). Oft besteht ihre einzige Verbindung zur Welt in vertikalen Augen- oder winzigen Gesichtsmuskelbewegungen. Der französische Autor Jean-Dominique Bauby diktierte ein kurzes Buch, *Schmetterling und Taucherglocke,* durch Heben und Senken eines Augenlids, während der britische Kosmologe Stephen Hawking ein Genie war, gefangen in einem Körper, der durch eine progressive Erkrankung der Motoneurone verkrüppelt war.[10]

Bei Patienten mit vollständig ausgeprägten Locked-in-Syndrom, etwa solchen im Endstadium der Amyothrophen Lateralsklerose (ALS, auch Lou-Gehrig-Syndrom genannt) sind alle Verbindungen zur Außenwelt gekappt. In diesen tragischen Fällen vollständiger Lähmung stellt die Frage, ob noch geistiges Leben existiert, eine große Herausforderung dar.[11]

E pluribus unum

Bewusste/-es Erfahrungen/Erleben, Gedanken und Erinnerungen tauchen in Sekundenbruchteilen auf und verschwinden wieder. Ihre flüchtigen neuronalen Spuren zu messen, erfordert den Einsatz von Instrumenten, die in der Lage sind, diese Dynamik einzufangen. Für den klinischen Neurologen ist dies das Elektroenzephalogramm (EEG, Abb. 5.1).

Ab Ende der 1940er-Jahre war ein *aktiviertes EEG-Muster* das sicherste Zeichen für ein bewusstes Individuum. Ein solches EEG zeichnet sich durch rasch fluktuierende Wellen niedriger Spannung aus, die asynchron, also nicht im Gleichtakt, über die gesamte Hirnoberfläche laufen. Wenn sich das EEG zu niedrigeren Frequenzen verschiebt, sinkt die Wahrscheinlichkeit, dass Bewusstsein präsent ist, und das Gehirn schläft, ist sediert oder geschädigt.[12] Es gibt jedoch genügend Ausnahmen, sodass diese Regel nicht als genereller Indikator für das Vorhandensein oder Fehlen von Bewusstsein bei einem beliebigen Individuum angesehen werden kann. Daher haben sich Grundlagenforscher und Kliniker nach zuverlässigeren Messgrößen umgesehen.

Cricks und meine Suche nach den neuronalen Spuren des Bewusstseins erhielt 1989 durch die (Wieder-)Entdeckung von synchronisierten Entladungen im visuellen Cortex von Katzen und Tieraffen, die sich bewegende Balken und andere visuelle Reize verfolgten (Abb. 9.2), einen Schub. Die Neurone feuerten ihre Aktionspotenziale nicht zufällig ab, sondern simultan und periodisch; sie zeigten eine ausgeprägte Tendenz, in einem zeitlichen Abstand von 20–30 Millisekunden zu spiken. Diese Wellen im abgeleiteten elektrischen Potenzial sind als Gamma-Oszillationen bekannt (30–70 Zyklen pro Sekunde oder Hz, zentriert um ca. 40 Hz, was einer Periodizität von 25 Millisekunden entspricht). Noch bemerkenswerter war, dass benachbarte Neurone, die dasselbe Objekt signalisierten, annähernd simultan feuerten. Das führte uns zu der Vermutung, dass es sich bei diesen 40-Hz-Oszillationen um ein NCC handelt.[13]

Diese einfache Idee weckte die Aufmerksamkeit von Wissenschaftlern und trieb die moderne Suche nach dem NCC voran. Doch nach mehr als einem Vierteljahrhundert empirischer Forschung an den 40-Hz-Oszillationen bei Mensch und Tier in Hunderten von Experimenten lautet das Urteil: Es handelt sich nicht um einen NCC! Letztlich ergab sich eine nuanciertere Sicht der Beziehung zwischen Gamma-Oszillationen und Bewusstsein. Periodisches Feuern von Neuronen in diesem Bereich oder Gamma-Band-Aktivität im EEG (obere linke Spur in

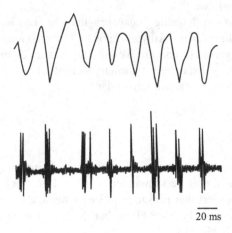

20 ms

Abb. 9.2 Gamma-Oszillationen, ein Kennzeichen des Bewusstseins? Hirnsignale, aufgenommen von einer feinen Mikroelektrode im visuellen Cortex einer Katze, die einen sich bewegenden Strich mit den Augen verfolgt. Das lokale Feldpotenzial (die addierte elektrische Zellaktivität rund um die Elektrode in der oberen Spur) und die Spikeaktivität einer Handvoll nahegelegener Neurone (untere Spur) weisen eine auffallende Periodizität im Bereich von 20–30 ms auf. Crick und ich haben argumentiert, dies sei ein neuronales Korrelat des Bewusstseins. (Nach Gray und Stinger 1989, verändert)

Abb. 9.1) ist eng mit selektiver Aufmerksamkeit verknüpft, wobei synchronisierte Gamma-Oszillationen zwischen zwei Regionen die effektive Konnektivität innerhalb der zugrunde liegenden neuronalen Koalitionen stärken. Genauso, wie wir unsere Aufmerksamkeit auf etwas richten können, das wir nicht sehen (Kap. 4), können Reize 40-Hz-Oszillationen triggern, ohne ein bewusstes Erleben hervorzurufen.[14]

Dennoch tauchen Gamma-Oszillationen im Zusammenhang mit Bewusstsein immer wieder auf. Ein kommerzielles System, das von vielen Anästhesisten wegen seiner einfachen Anwendbarkeit geschätzt wird, ist der Bispectral Index (BIS) Monitor. Dieses Gerät überwacht das EEG hinsichtlich eines Übergewichts von hochfrequenten im Vergleich zu niederfrequenten Komponenten (die genauen Details sind geschützte Information). In der Praxis hilft das jedoch nicht dabei, die Häufigkeit zu reduzieren, mit der Patienten aus der Narkose aufwachen und sich später daran erinnern.[15] Zudem funktioniert das Gerät weder zuverlässig bei einem breiten Spektrum von Patienten, bei denen es eingesetzt wird, von Neugeborenen bis zu älteren Menschen, noch bei der riesigen Vielfalt von existierenden Narkosemitteln, noch ist es für die oben beschriebenen neurologischen Patienten relevant, deren EEG-Muster anomal sein können. Andere Messgrößen, wie P3b, schneiden nicht besser ab, wenn es darum geht, Bewusstsein anzuzeigen.[16]

All diese Maßzahlen basieren im Großen und Ganzen auf der Analyse des Zeitverlaufs eines einzelnen elektrischen Signals. Moderne EEG-Systeme leiten jedoch simultan die Spannung an 60 oder mehr Punkten auf der Kopfhaut ab (im Fachjargon „Kanäle" genannt). Das heißt, das EEG hat eine raumzeitliche Struktur. Außer wenn das EEG flach ist, beispielsweise während einer tiefen Narkose, oder wenn im Koma oder Status epilepticus Wellen auftreten, die quasi im Gleichschritt über den ganzen Cortex laufen, weist das EEG ein komplexes Aussehen auf und zeigt seinen dualen, integrierten und differenzierten Charakter – integriert in dem Sinn, dass Signale an verschiedenen Ableitorten nicht völlig unabhängig voneinander sind, differenziert in dem Sinn, dass jedes Signal zeitlich hoch strukturiert ist und seine eigene Individualität besitzt.

Die integrierte Informationstheorie (IIT) impliziert, dass die neuronalen Korrelate des Bewusstseins sowohl den unitären Aspekt, das Eins-Sein, als auch die äußerst vielfältige Natur einer jeden Erfahrung widerspiegeln. Wenn man diese Prinzipien auf die raumzeitliche Struktur des EEG anwendet, erhält man ein Werkzeug, mit dessen Hilfe sich die Präsenz von Bewusstsein bei jedermann zuverlässig nachweisen lässt.

Der Gedanke, der hinter dieser Technik steckt – die aus Gründen, die gleich erläutert werden, „Zap-and-Zip" getauft wurde –, ist derselbe wie im offiziellen Motto der Vereinigten Staaten, *e pluribus unum,* aus vielem eines. Diese Technik wurde von Giulio Tononi, Schöpfer der IIT, und dem Neurophysiologen Marcello Massimini entwickelt, heute an der Universität von Mailand in Italien.[17] Eine isolierte Drahtspule, an die Kopfhaut des Probanden gehalten, schickt einen einzelnen starken magnetischen Impuls in das Nervengewebe unterhalb der Schädeldecke, wodurch via elektrischer Induktion kurzzeitig ein elektrischer Strom in nahegelegenen corticalen Neuronen und ihren Axonen ausgelöst wird.[18] Dies wiederum aktiviert kurzzeitig die synaptisch verbundenen Partnerzellen dieser Neurone und führt zu einer Kettenreaktion, die im Inneren des Gehirns nachhallt, bis sie innerhalb eines Sekundenbruchteils wieder verebbt. Die resultierende elektrische Aktivität wird von einer EEG-Haube mit hoher Elektrodendichte registriert. Wenn man das Gehirn mit vielen solchen magnetischen Impulsen zappt, das EEG mittelt und in Abhängigkeit von der Zeit betrachtet, ergibt sich eine Art Film. Abb. 9.3 illustriert die EEG-Ableitung nach einem einzelnen magnetischen Zap.

Die raumzeitliche Aktivität in Reaktion auf einen Magnetimpuls ergibt ein höchst komplexes Muster, das fluktuiert, während sich die Erregungswellen vom Triggerort aus ausbreiten, kreuz und quer über das Gewebe laufen und immer wieder zurückgeworfen werden. Stellen Sie sich das Gehirn als eine große Kirchenglocke vor und die magnetische Drahtspule als Klöppel. Einmal angeschlagen, wird eine gut gegossene Glocke für geraume Zeit mit ihrem charakteristischen Klang nachhallen. Und das gilt auch für den wachen Cortex, der mit einer Vielzahl von Frequenzen summt.

Im Gegensatz dazu agiert das Gehirn eines Menschen im Tiefschlaf wie eine gedämpfte oder geborstene Glocke (denken Sie an die Liberty Bell in Philadelphia). Während die EEG-Amplitude des Probanden im Schlaf anfangs größer ist als im Wachzustand, ist ihre Dauer viel kürzer, und sie löst in anderen verbundenen Regionen kein Echo quer über den ganzen Cortex aus. Obgleich die Neurone also aktiv bleiben, was sich an der starken lokalen Reaktion zeigt, findet keine Integration statt. Wir sehen kaum etwas von der räumlich differenzierten und zeitlich vielfältigen Sequenz elektrischer Aktivität, die für das wache Gehirn typisch ist. Dasselbe gilt für Probanden, die bereit waren, sich einer Allgemeinanästhesie mit Propofol oder Xenon zu unterziehen. Die magnetischen Impulse rufen jedes Mal eine einfache Antwort hervor, die lokal bleibt, was in Einklang mit

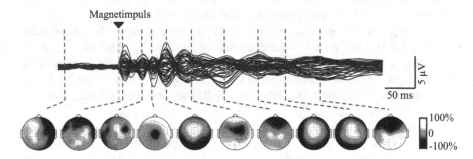

Abb. 9.3 Das Gehirn zappen: Wenn man das Gehirn mit einem Magnetpuls zappt, erzeugt dies eine kurzlebige Welle neuronaler Erregung, die die laufende corticale Aktivität stört, gemessen bei einem wachen Freiwilligen mittels 60 EEG-Kanälen (unten). Die gemittelten elektrischen Signale aller Kanäle sind oben abgebildet. Ihre raumzeitliche Komplexität lässt sich durch eine einzige Zahl charakterisieren, den Störungskomplexitätsindex (*perturbational complexity index,* PCI), der Rückschlüsse auf das Bewusstsein zulässt. (Nach Casali et al., 2013, verändert)

der IIT für einen Zusammenbruch der cortico-corticalen Wechselbeziehungen und für eine Verminderung der Integration spricht.

Forscher schätzen das Ausmaß, in dem diese Antwort über die Cortexoberfläche und über die Zeit hinweg differiert, mithilfe einer mathematischen Größe ab, die angibt, wie stark komprimierbar die Antwort ist. Der Algorithmus stammt ursprünglich aus den Computerwissenschaften und bildet die Basis des populären „Zip"-Algorithmus zur Datenkompression, mit dessen Hilfe sich der benötigte Speicherplatz für Bilder oder Filme reduzieren lässt; darum wird das Verfahren in der Branche als „Zap-and-Zip" bezeichnet. Letztlich wird die EEG-Reaktion einer jeden Person durch eine einzelne Zahl dargestellt, den Störungskomplexitätsindex (PCI). Wenn das Gehirn kaum auf den Magnetimpuls reagiert – sagen wir, weil das EEG fast flach ist (wie im tiefen Koma), ist seine Komprimierbarkeit hoch, und der PCI liegt nahe bei null. Umgekehrt ergibt maximale Komplexität einen PCI von eins. Je größer der PCI, desto vielfältiger reagiert das Gehirn auf einen magnetischen Impuls und desto schwieriger ist es, die Antwort zu komprimieren.

Die Logik dieses Ansatzes ist nun direkt erkennbar. In einem ersten Schritt wird Zap-and-Zip auf eine Gruppe von Probanden angewandt, die als Bezugsgröße dienen, um einen konstanten Schwellenwert abzuleiten, PCI*, sodass in allen Fällen, in denen Bewusstsein zuverlässig festgestellt werden kann, der PCI über dem PCI* liegt, und in allen Fällen, in denen der Proband ohne Bewusstsein ist, die PCI-Werte unterhalb dieser Schwelle liegen. Das etabliert den PCI* als minimalen Komplexitätswert, der für die Aufrechterhaltung des Bewusstseins nötig ist. Dann, in einem zweiten Schritt, verwendet man diese Schwelle, um Rückschlüsse zu ziehen, ob bei einem Patienten in der Grauzone Bewusstsein vorhanden ist.

Die Vergleichsgruppe umfasste 102 gesunde Freiwillige, die entweder bei Bewusstsein oder ohne Bewusstsein waren, und 48 ansprechbare hirngeschädigte Patienten. Die Gruppe mit Bewusstsein bestand aus Personen, die wach waren, einigen, die im REM-Schlaf träumten, und anderen, die mit Ketamin narkotisiert worden waren. Bei den letzten beiden Gruppen wurde das Bewusstsein später bewertet – bei den Schläfern durch zufälliges Aufwecken aus dem REM-Schlaf, und ihre EEGs wurden nur dann berücksichtigt, wenn sie über ein Traumerlebnis direkt vor dem Aufwecken berichteten; genauso wurde bei den Personen verfahren, die mit Ketamin narkotisiert worden waren, einem flüchtigen Stoff, der den Geist von der Außenwelt trennt, aber das Bewusstsein nicht auslöscht (tatsächlich wird Ketamin in geringerer Dosis unter der Bezeichnung „Vitamin K" als Halluzinogen konsumiert). Zu den Versuchsbedingungen ohne Bewusstsein gehörten Tiefschlaf (kein Bericht über Traumerlebnisse direkt vorm Aufwecken) und Anästhesie auf chirurgischem Niveau mittels dreier sehr unterschiedlicher Substanzen (Midazolam, Xenon und Propofol).

Bei allen 150 Probanden wurde der Bewusstseinszustand jeweils richtig erkannt, wobei stets derselbe PCI*-Wert von 0,31 als Schwelle galt. Jeder, ob gesunder Freiwilliger oder hirngeschädigter Patient, wurde korrekt als „bewusst" oder „unbewusst" klassifiziert. Das ist schon eine bemerkenswerte Leistung, wenn man bedenkt, sie sehr sich die Probanden im Hinblick auf Geschlecht, Alter, Art der Schädigung und Verhalten unterschieden. Das galt auch für neun Patienten, die kürzlich „aufgewacht" waren, das heißt, aus einem vegetativen Zustand in einen minimalen Bewusstseinszustand (EMCS, *emergence from MCS*) gewechselt sind, und für fünf Patienten im Locked-in-Zustand. Jeder Einzelne müht sich irgendwo in der Ebene des Elends ab, eine Abwandlung von Abb. 9.1, in der auf der vertikalen Achse die Komplexität des Verhaltens und auf der horizontalen Achse der PCI-Index der Probanden aufgetragen ist. (Abb. 9.4).

Das Team wandte dann das Zap-and-Zip-Verfahren mit diesem Schwellenwert bei Patienten mit minimalem Bewusstseinszustand (MCS) und im vegetativen Zustand (VS) an (Abb. 9.4). Bei der ersten Gruppe, die einige Anzeichen eines nichtreflektorischen Verhaltens zeigte, diagnostizierte das Verfahren korrekt Bewusstsein bei 36 von 38 Patienten, es versagte aber bei zweien, die als „ohne Bewusstsein" fehldiagnostiziert wurden. Von den 43 VS-Patienten, die nicht kommunizieren konnten, zeigten 34 EEG-Reaktionen, die erwartungsgemäß weniger komplex waren als diejenigen einer Person aus der bewussten Vergleichspopulation. Beunruhigender waren allerdings neun Patienten, die auf den Magnetimpuls mit einem Echo-Muster reagierten, dessen Störungskomplexität ebenso groß war wie bei den bewussten Kontrollpersonen. Falls die Theorie korrekt ist, heißt das, dass sich diese Patienten „bewusst" sind, aber nicht in der Lage, mit der Welt zu kommunizieren.

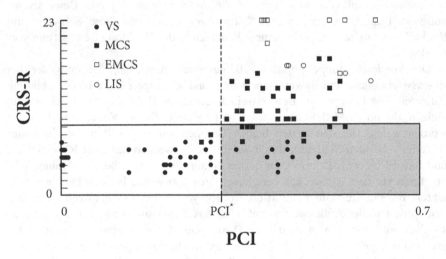

Abb. 9.4 **Identifikation von Patienten mit Bewusstsein mithilfe des Zap-and-Zip-Verfahrens**: Das Verhalten von 95 hirngeschädigten Patienten als Funktion ihres Störungskomplexitätsindex (PCI; Abb. 9.1). Die gestrichelte Linie entspricht einer Schwelle, PCI*, unterhalb derer jedes Bewusstsein fehlt. Die Vertikalachse ist die revidierte Coma Recovery Scale (CRS-R), die angibt, in welchem Maße Patienten mit ihren Augen, Gliedmaßen oder per Sprache antworten können. Niedrige Werte zeigen Reflexe an, höhere Werte gehen hingegen mit stärkeren kognitiven Reaktionen einher. VS steht für vegetativen Zustand, MCS für minimalen Bewusstseinszustand, EMCS für ein Auftauchen aus diesem Zustand (*Emergence from MCS*) und LIS für Patienten mit Locked-in-Syndrom. (Nach Casarotta et al., 2016)

Auf dem Weg zu einem echten Bewusstseinsdetektor

Wir leben in aufregenden Zeiten – die erste auf Prinzipien basierende Methode, mit der sich Verlust und Wiedergewinn des Bewusstseins aufgrund von Störung und Wiedergewinn der Fähigkeit unseres Cortex zur Informationsintegration nachweisen lässt. Das Verfahren prüft die intrinsische Erregbarkeit des Cortex, unabhängig vom sensorischen Input oder motorischem Output und stellt eine Diagnose bei Patienten, die nicht in der Lage sind, ihren Zustand in irgendeiner Weise kundzutun. Eine große gemeinschaftliche Studie in Kliniken in den USA und Europa versucht, die Zap-and-Zip-Methode zu standardisieren, zu überprüfen und zu verbessern, sodass sie rasch und zuverlässig am Krankenbett oder im kontrollierten Chaos einer Notaufnahme von Technikern eingesetzt werden kann.

Jemanden der Kategorie „vegetativer Zustand" zuzuordnen – unfähig, Handlungen einzuleiten, die einen Geist in einem geschädigten Gehirn offenbaren –, ist stets vorläufig. Ich habe gerade neun von 43 Patienten erwähnt, die von der Zap-and-Zip-Methode als „bewusst" diagnostiziert wurden, obgleich sie keinerlei Verhaltenshinweise auf Bewusstsein zeigten, wenn man sie nach dem klinischen Goldstandard (der revidierten Coma Recovery Scale, Abb. 9.4) beurteilte. Das fordert Kliniker heraus, raffiniertere physiologische und verhaltensbiologische Messgrößen zu entwickeln, um mithilfe von Gehirn-Computer-Schnittstellen und Maschinenlernen schwache verräterische Anzeichen eines Geistes zu entdecken.

Die Zap-and-Zip-Methode wird gerade auf katatonische und andere dissoziative psychiatrische Patienten, auf die rechte und die linke Hemisphäre von Split-Brain-Patienten, geriatrische Patienten im fortgeschrittenen Stadium der Demenz, pädiatrische Patienten mit kleinerem und unterentwickeltem Cortex und Versuchstiere wie Mäuse ausgedehnt. Ich bin so optimistisch, was diese Forschung angeht, dass ich mit dem schwedischen Journalisten und Wissenschaftsautor Per Snaprud eine öffentliche Wette eingegangen bin, der zufolge

> Kliniker und Neurowissenschaftler [bis Ende 2028] gut validierte Technologien zur Messung von Gehirnaktivität entwickeln werden, die mit einem hohen Grad an Zuverlässigkeit feststellen können, ob einzelne Probanden, wie narkotisierte und neurologische Patienten, in diesem Moment bewusst sind.[19]

Die Zap-and-Zip-Technik misst keine integrierte Information. Der PC-Index, der von der IIT motiviert wurde, liefert eine grobe Einschätzung von Differenzierung und Integration.[20] Pace IIT, ein echter Bewusstseinsdetektor, sollte Φ^{max} messen. Ein solches Φ-meter oder Phi-Meter muss das NCC auf der relevanten Ebene raumzeitlicher Detailgenauigkeit, die die integrierte Information maximiert, kausal prüfen. Das lässt sich empirisch beurteilen.[21]

Ein echtes Phi-Meter sollte das Auf und Ab des Erlebens im Wachzustand wie im Schlaf widerspiegeln und ebenso, wie sich Bewusstsein bei Kindern und Teenagern herausbildet, bis ein hochentwickeltes Selbstempfinden beim mündigen Erwachsenen seinen Zenit erreicht – wobei das absolute Maximum vielleicht bei langfristig Meditierenden zu finden ist –, bevor mit steigendem Alter der unausweichliche Niedergang beginnt. Ein solches Gerät würde generell über Arten hinweg anwendbar sein, ob sie nun über einen Cortex oder überhaupt irgendeine Form eines hoch entwickelten Nervensystems verfügen oder nicht. Gegenwärtig sind wir von einem solchen Instrument jedoch noch weit entfernt. Lassen Sie uns bis dahin einfach diesen Meilenstein beim uralten Körper-Geist-Problem feiern.

Der Übergeist und das reine Bewusstsein

10

Ein positives Merkmal der integrierten Informationstheorie ist die Fruchtbarkeit, mit der sie neue Ideen hervorbringt, wie der primitive, aber effektive Bewusstseinsdetektor, den ich gerade diskutiert habe. Andere Ideen betreffen die relevante raumzeitliche Größenordnung der Detailgenauigkeit, die die integrierte Information maximiert und welche die Ebene ist, auf der das Erleben stattfindet (siehe Anmerkung 21 im letzten Kapitel); sie betreffen das neuronale Korrelat reinen Erlebens und die Schaffung eines einzelnen, bewussten Geistes durch die Verschmelzung zweier Gehirne, eine der erstaunlichsten Vorhersagen der Theorie. Bevor ich dazu komme, lassen Sie mich mit dem Gegenteil beginnen: der Spaltung eines Gehirns in zwei selbstständige geistige Einheiten.

Das Spalten eines Gehirns führt zu zwei bewussten Ganzen

Betrachten wir die beiden corticalen Hemisphären, die durch 200 Mio. Axone, welche den Balken (Corpus callosum) bilden, und einige untergeordnete Bahnen miteinander verbunden sind (Abb. 10.1). Diese Verbindungen ermöglichen es, beide Seiten des Cortex problemlos und mühelos zu einem einzigen Geist zu verschmelzen.

In Kap. 3 habe ich Split-Brain-Patienten erwähnt, deren Corpus callosum durchtrennt wurde, um schwere Krampfanfälle zu lindern.[1] Wenn sich die Patienten von einem solchen massiven chirurgischen Eingriff erholt haben, ist ihr Verhalten im Alltag erstaunlicherweise völlig unauffällig. Ihr Gesichts-, Hör- und Geruchssinn funktioniert so gut wie zuvor; sie bewegen sich in ihrem Umfeld, reden und interagieren mit anderen Menschen in geeigneter Weise und ihr IQ bleibt unverändert. Das Gehirn längs der Mittellinie zu durchtrennen, scheint das Selbstgefühl der Patienten oder die Art und Weise, wie sie die Welt erleben, offenbar nicht dramatisch zu verändern.

© Springer-Verlag GmbH Deutschland, ein Teil von Springer Nature 2020
C. Koch, *Bewusstsein,* https://doi.org/10.1007/978-3-662-61732-8_10

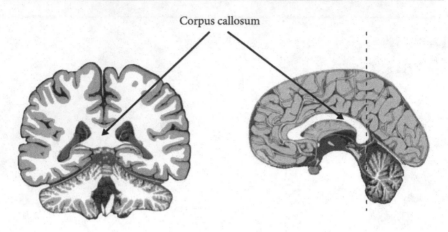

Abb. 10.1 Eine Breitband-Verbindung zwischen den corticalen Hemisphären: 200 Mio.
Axone verbinden die beiden Hirnhälften. (Nach Kretschmann und Weinrich, 1992, verändert)

Ihr unverfängliches Verhalten verbirgt jedoch eine bemerkenswerte Tatsache: Der sprechende Geist des Patienten ist fast immer in der linken corticalen
Hemisphäre zuhause. Nur seine Erfahrungen und Erinnerungen sind via Sprache
öffentlich zugänglich. Verbindung zum Geist der nichtdominanten rechten Hemisphäre aufzunehmen, ist schwieriger, gelingt aber beispielsweise dadurch, dass
man seinen dominierenden linken Partner mithilfe einer Narkose ausschaltet.[2] Nun
offenbart sich die fast stumme rechte Hemisphäre, indem sie komplexe, nicht-
stereotype Aufgaben durchführt; sie kann einzelne Worte lesen und – zumindest
in einigen Fällen – Syntax verstehen sowie einfache Sprache produzieren,
Anweisungen befolgen und singen. Soweit Außenstehende das sagen können, gibt
es bei Split-Brain-Patienten zwei eigenständige Bewusstseinsströme in einem einzigen Schädel.[3]

Roger Sperry, der 1981 für seine Arbeit an diesen Patienten mit dem Nobelpreis
ausgezeichnet wurde, erklärt unzweideutig:

> Auch wenn einige Fachleute bislang zögern, der getrennten nicht-dominanten Hemisphäre
> so etwas wie ein Bewusstsein zuzubilligen, sind wir aufgrund zahlreicher und vielfältiger
> nonverbaler Tests zu der Überzeugung gelangt, dass es sich bei der nicht-dominanten
> Hemisphäre tatsächlich um ein eigenständiges bewusstes System handelt, das wahrnimmt,
> denkt, erinnert, schlussfolgert, wünscht und fühlt, und zwar auf einem typisch mensch-
> lichen Niveau, und dass beide, die linke und die rechte Hemisphäre, möglicherweise
> gleichzeitig mit unterschiedlichen, sogar widerstreitenden mentalen Erlebnissen, die
> parallel ablaufen, bewusst sein können.[4]

Wie wird dies innerhalb der IIT interpretiert? Laut ihrer Theorie der
zentralen Identität ist jedes Erleben identisch mit der maximal irreduziblen Ursache-
Wirkung-Struktur (Abb. 8.1). Wie sehr sie auch für sich selbst existiert, also das

Ausmaß ihrer Irreduzibilität, ist gegeben durch das Maximum an integrierter Information, Φ^{max}. Die physische Struktur, die dieses Erleben bestimmt, sein Ganzes, ist das operational definierte inhaltsspezifische neuronale Korrelat des Bewusstseins (das NCC aus Kap. 5). Seine Hintergrundbedingungen sind all die physiologischen Ereignisse, die es stützen – ein schlagendes Herz, eine Lunge, die das Nervengewebe mit Sauerstoff versorgt, verschiedene aufsteigende Systeme, wie Noradrenalin- und Acetylcholin-Bahnen, und so weiter.

In einem normalen Gehirn mit seinen zwei eng verbundenen Hirnhälften erstreckt sich das Ganze mit seiner assoziierten integrierten Information Φ^{max}_{beide} über beide Hemisphären (Abb. 10.2). Diese Ganze hat scharfe Grenzen, wobei sich einige Neurone innerhalb und der Rest außerhalb befindet, was die definitive Natur einen jeden Erfahrung widerspiegelt. Eine schier unzählbare Anzahl einander überlappender Schaltkreise hat weniger integrierte Information. Insbesondere sind da die Φ^{max}-Werte nur des linken und nur des rechten Cortex, Φ^{max}_{links} und Φ^{max}_{rechts}, für sich allein gesehen. Aber vom intrinsischen Standpunkt betrachtet, existiert laut dem Postulat des Ausschlusses (Exklusion) nur das Maximum der integrierten Information über dieses Substrat für sich, das heißt, als ein Ganzes.

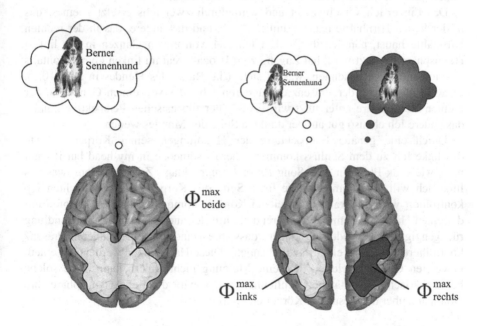

Abb. 10.2   Ein Gehirn in zwei eigenständige geistige Einheiten zerlegen: Ein einzelner Geist mit seinem physischen Substrat, seinem Ganzen, breitet sich über beide corticalen Hemisphären aus, die bei uns allen durch das massige Corpus callosum (links) verbunden sind. Seine operative Durchtrennung schafft zwei eigenständige Ichs mit zwei Ganzen (rechts) – einem, das sprechen kann, und einem zweiten, das sprachlich inkompetent ist. Keine der geistigen Einheiten hat einen direkten Zugriff auf die andere, und jede glaubt, sie sei die einzige Bewohnerin des Schädels

Um zu analysieren, was mit dem Geist eines Split-Brain-Patienten aus Sicht der IIT passiert, stellen Sie sich eine futuristische Version vor, in der die brutale und irreversible Tätigkeit des neurochirurgischen Skalpells durch ein *subtiles Messer* ersetzt wird, eine fortgeschrittene Technik, die dem Operateur erlaubt, diese dünnen axonalen Fasern sanft nach und nach und reversibel zu inaktivieren.

Während die callosalen Axone eines nach dem anderen inaktiviert werden, nimmt die interhemisphärische Bandbreite der Kommunikation stetig ab. Vorausgesetzt, der Patient ist während des Eingriffs bei Bewusstsein, so werden seine Gefühle zunächst nicht dramatisch beeinflusst werden, das heißt, er stellt möglicherweise keine Veränderung in seinem Erleben der Welt und seiner selbst fest. Gleichzeitig verändert sich Φ^{max}_{beide} kaum.

Dann wird der Moment kommen, in dem das Durchtrennen eines einzigen weiteren Axons mit dem subtilen Messer dazu führt, dass Φ^{max}_{beide} unter den größeren der Φ^{max}-Werte für die unabhängigen Hemisphären fällt, sagen wir, unter Φ^{max}_{links}. Angesichts des relativ zu den intrahemisphärischen Verbindungen verringerten interhemisphärischen Spike-Verkehrs spaltet sich das eine Ganze, das sich über beide Hemisphären erstreckt, abrupt in zwei Ganze auf, eines in der linken und eines in der rechten Hemisphäre (Abb. 10.2).

Das Einzel-Ich verschwindet und wird durch zwei Ichs ersetzt – eines, das in der linken Hirnhälfte haust, nämlich Φ^{max}_{links}, und das andere, das in der rechten Hirnhälfte haust, nämlich Φ^{max}_{rechts}. Ein Ich, das von einem Ganzen in der linken Hemisphäre gestützt wird, hat Zugang zum Broca-Areal im linken Gyrus frontalis inferior und kann benennen, was es sieht (die Rasse des Hundes in Abb. 10.2). Es weiß nichts von der Präsenz des anderen Ichs, das von einem Ganzen in der rechten Hemisphäre unterstützt wird. Aus einer intrinsischen Perspektive könnte das andere Ich ebenso gut auf der dunklen Seite des Mondes weilen.[5]

Durch eine genaue Beobachtung der Handlungen seines Körpers könnte das linke Ich zu dem Schluss kommen, „here's someone in my head but it's not me", wie Pink Floyd in dem Song *Brain Damage* klagt. Zwischen dem, was das linke Ich will, und dem, was die linke Seite des Körpers, die vom rechten Ich kontrolliert wird, tut, kann es zu einem Konflikt kommen. Patienten knöpfen mit der einen Hand ihr Hemd auf, während sie mit der anderen Hand diese Handlung rückgängig machen, oder sie klagen, dass ihre Hand von einer äußeren Präsenz kontrolliert werde und eigenständig handele. Diese Handlungen werden von einem bewussten Geist eingeleitet, der seine Meinung nicht äußern kann. Eine solche hemisphärische Rivalität hört schließlich auf, sobald die linke Hemisphäre ihre Dominanz über den gesamten Körper etabliert hat.[6]

Brain-Bridging und Übergeist

Nun betrachten wir das Gegenteil – statt ein Gehirn zu spalten, wollen wir zwei Gehirne zu einem einzigen verschmelzen. Stellen Sie sich eine futuristische Nanotechnologie vor, *Brain-Bridging* (Gehirn-Überbrückung) genannt, die Milliarden individueller Neurone auf die Millisekunde genau ausliest und schreibt

(d. h., sie stimulieren kann). Brain-Bridging registriert die Spikeaktivität von Neuronen im Cortex einer Person und verknüpft sie synaptisch mit Neuronen in der korrespondierenden Region im Cortex einer anderen Person und vice versa, fungiert also als künstliches Corpus callosum.

Diese Situation kann natürlicherweise vorkommen, wenn Zwillinge mit verwachsenen Schädeln (Craniopagus) geboren werden. In einem solchen Fall, illustriert in einem verblüffende YouTube-Video, sind zwei Mädchen zu sehen, die kichernd herumlaufen und miteinander spielen, genauso, wie es normale Kinder tun, abgesehen davon, dass ihre Schädel miteinander verbunden sind.[7] Sie sind im wahrsten Sinne des Wortes unzertrennlich. Möglicherweise hat jedes Zwillingsmädchen zumindest teilweise Zugang zu dem, was seine Schwester wahrnimmt, während es gleichzeitig seine eigene Persönlichkeit und seinen eigenständigen Geist bewahrt.

Lassen Sie uns Ihren und meinen Cortex durch eine Brücke verbinden, und beginnen wir mit einigen Kabeln, die unsere visuellen Cortices (Sehrinden) verknüpfen. Wenn ich mir die Welt anschaue, sehe ich, was ich immer sehe, aber nun überlagert von einen schemenhaften Bild dessen, was Sie sehen – so, als trüge ich eine Augmented-Reality-Brille. Wie lebhaft und welche Aspekte ich von dem sehe, was Sie sehen, hängt von den Details des Querverbindungen zwischen unseren beiden Gehirnen ab. Aber solange die integrierte Information Ihres Gehirns, $\Phi_{\text{Sie}}^{\text{max}}$, und meines Gehirns, $\Phi_{\text{ich}}^{\text{max}}$, $\Phi_{\text{beide}}^{\text{max}}$ unserer verbundenen Nervensysteme übersteigt, behalten wir unser eigenständiges Ich. Sie werden noch immer Sie sein, und ich werde ich sein, eine Konsequenz des Ausschlusspostulats der IIT. Die Φ-Berechnung berücksichtigt jede mögliche Aufteilung, um zu bewerten, wie irreduzibel der Schaltkreis ist, und so lange die Bahnen zwischen den Gehirnen von den massiven existierenden Bahnen innerhalb des Gehirns in den Schatten gestellt werden, gibt es keine allzu dramatischen Veränderungen.

Wenn die Bandbreite der Gehirnbrücke weiter zunimmt – während mehr und mehr Neurone zusammengeschaltet werden (wahrscheinlich in der Größenordnung von zig Millionen) –, kommt irgendwann ein Punkt, an dem $\Phi_{\text{beide}}^{\text{max}}$ entweder $\Phi_{\text{Sie}}^{\text{max}}$ oder $\Phi_{\text{ich}}^{\text{max}}$ übersteigt, selbst wenn nur geringfügig. In diesem Moment verschwindet Ihr bewusstes Erleben der Welt ebenso wie das meine. Aus Ihrer und meiner intrinsischen Perspektive hören wir auf zu existieren. Aber unser Tod fällt mit der Geburt eines neuen vereinigten oder verschmolzenen Geistes zusammen. Er verfügt über ein Ganzes, das sich über zwei Gehirne und vier Hirnhälften erstreckt (Abb. 10.3). Er sieht die Welt durch vier Augen, hört sie durch vier Ohren, spricht mit zwei Mündern, kontrolliert vier Arme und Beine und teilt die persönlichen Erinnerungen zweier Leben.

Zur Veranschaulichung nehme ich in Abb. 10.3 an, dass Sie ein Französisch-Muttersprachler sind. Wenn wir getrennt sind, sehen wir beide den Hund und denken an seine Rasse in unserer jeweiligen Muttersprache. Der verschmolzene Geist erlaubt es, beide Sprachen flüssig zu sprechen.

Manchmal sehne ich mich danach, völlig mit dem Geist meiner Frau zu verschmelzen, um zu erleben, was sie erlebt. Die sexuelle Vereinigung erfüllt diesen

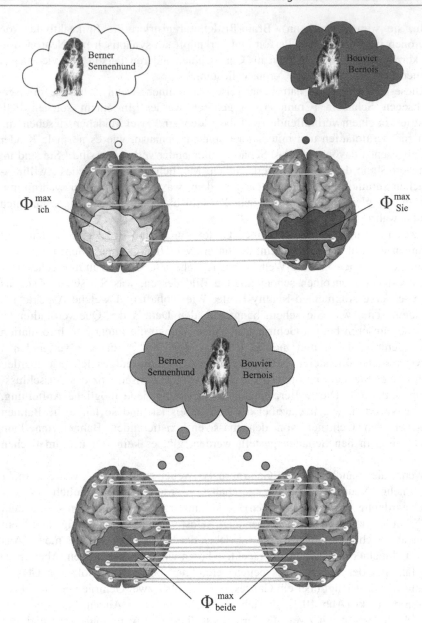

Abb. 10.3 Zwei Gehirne zu einem einzigen Geist verschmelzen: Zwei Gehirne sind via Brain-Bridging – eine noch zu erfindende Technik, die es erlaubt, dass Neurone in zwei Gehirnen einander direkt und reziprok beeinflussen – miteinander verbunden. Im oberen Diagramm wird angenommen, dass die effektive Konnektivität dieses künstlichen Corpus callosum gering ist, sodass die integrierte Information innerhalb eines jeden Gehirns, Φ^{max}_{Sie} und Φ^{max}_{ich}, größer ist als die integrierte Information über beiden Gehirnen. Während jeder Geist zu einiger Information aus beiden Gehirnen Zugang hat, behalten sie ihre separaten Identitäten (darunter in diesem Beispiel, in Deutsch und in Französisch zu denken). Das verändert sich radikal, wenn die Anzahl der miteinander verbundenen Neurone in den beiden Gehirnen eine Schwelle überschreitet (unten). Abrupt entsteht ein einziges Bewusstsein mit einem einzigen Ganzen, das sich über beide Gehirne erstreckt

Wunsch nur flüchtig und vorübergehend – auch wenn sich unsere Körper miteinander verbinden, behält unser jeweiliger Geist seine Eigenständigkeit. Eine geistige Verschmelzung via Brain-Bridging würde Transzendenz erlauben, eine vollständige Einheit, eine orgasmische Auflösung unserer eigenständigen Identitäten und die Geburt einer neuen Seele.

Richard Wagners Oper *Tristan und Isolde* hat mein Gedankenexperiment um mehr als ein Jahrhundert vorweggenommen. Tristan sehnt sich danach, Isolde zu sein, und ruft aus: „Du Isolde, Tristan ich, nicht mehr Isolde", was in einem ekstatischen Duett „Ohne Nennen, ohne Trennen, neu Erkennen, neu Entbrennen, endlos ewig, ein-bewusst; heiß erglühter Brust, höchste Liebeslust!" Wenn wir Wagner glauben, der das Libretto selbst verfasste, ist die Verschmelzung zweier Geiste eine endlose Wonne.

In der Praxis könnte die abrupte Verschmelzung zweier unabhängiger geistiger Entitäten, die sich über Jahrzehnte unabhängig voneinander entwickelt haben, allerdings zu schweren Konflikten und Störungen führen und katastrophal enden, und sie würde zweifellos eine neue psychiatrische Disziplin, nämlich der Behandlung von Geistesverschmelzungen, mit sich bringen.

Diese Geistesverschmelzung ist vollständig reversibel – wenn die Bandbreite der Gehirnbrücke zurückgefahren wird, verschwindet der verschmolzene Geist, sobald die integrierte Information der verbundenen Gehirne unter die integrierte Information eines der beiden Gehirne sinkt. Sie und ich finden uns mit unserem eigenen individuellen Geist wieder. Konzeptuell entspricht das Trennen der Verbindung zwischen unseren beiden Gehirnen einer Split-Brain-Operation.

Ich wüsste nicht, warum dieses Überbrücken auf zwei Gehirne beschränkt sein sollte. Mit einer ausreichend fortgeschrittenen Technologie müsste es möglich sein, drei, vier oder viele Hundert Gehirne zusammenzuschließen, wobei die Anzahl nur durch die Gesetze der Physik beschränkt ist. Wenn jedes Gehirn mit dem Ganzen verschmilzt, steuert es seine ganz eigenen intellektuellen Fähigkeiten, Erinnerungen und Fertigkeiten zum Übergeist bei.

Ich sehe Kulte und religiöse Bewegungen voraus, die in dem Bestreben, die Individualität im Dienst eines größeren Ganzen zu überwinden, rund um das Übergeist-Brain-Bridging entstehen. Wird ein solcher Gruppengeist neue geistige Fähigkeiten jenseits derjenigen von Einzelpersonen entwickeln, ein Echo von Arthur C. Clarkes *Die letzte Generation*? Ist dies die höchste Bestimmung der Menschheit, ein singuläres Bewusstsein, das die mentale Essenz unterer Spezies umfasst?

Eine furchterregendere Beschreibung einer solchen Gruppenidentität sind die Borg, eine fiktive Alienrasse aus dem *Star Trek*-Universum. Die Borg gliedern intelligente Arten mitleidlos in ihr Kollektiv ein („Widerstand ist zwecklos"). In diesem Prozess verlieren die Vereinnahmten ihre Identität und werden Teil des Kollektivs.

Angesichts unserer gegenwärtig nur primitiven Fähigkeit, große Zahlen individueller Nervenzellen auszulesen, geschweige denn zu schreiben (d. h. sie zu stimulieren), liegt menschliches Brain-Bridging noch in der Zukunft, doch so etwas bei Mäusen zu tun, ist schon eher vorstellbar.[8]

Neuronale Hegemonie und multiple Ichs

Lassen Sie mich eine andere Vorhersage der IIT diskutieren. Laut deren Ausschlusspostulat existiert von all den verschiedenen Schaltkreisen, die das Substrat einschließen, nur derjenige mit der meisten integrierten Information für sich selbst, nur dieser ist ein Ganzes. Solange dieses Ganze direkt oder indirekt das Sprachareal kontrolliert, kann es sich äußern. Das ist das erlebende „Ich".

Aber warum sollte es innerhalb der 16 Mrd. corticaler Neurone und ihrer Hilfszellen in Thalamus, Basalganglien, Claustrum, Amygdala und anderen subcorticalen Regionen nur ein einziges Ganzes geben? Solange die Substrate dieser lokalen Maxima von Φ nicht überlappen, können sie unabhängig voneinander und simultan in einem einzigen Gehirn koexistieren, jedes innerhalb seiner eigenen definitiven Grenzen.

A priori gibt es keinen formalen, mathematischen Grund, warum es nur ein einziges Ganzes geben sollte, dessen Hegemonie sich über das gesamte corticale Reich erstreckt. Im Prinzip könnte es – wie Nationen, die sich einen Kontinent teilen – mehrere, nicht überlappende Ganze geben, jedes mit einem eigenen Erleben.

Die Geschichte lehrt uns, dass Reiche zerfallen, wenn Länder oder Stämme an deren Rändern vom Zentrum kaum kontrolliert werden. So könnte es auch bei corticalen Netzwerken sein. Das heißt, ohne starke zentrale Kontrolle könnte es in einem einzigen Gehirn stets eine Vielzahl von Ganzen geben. Gilt im Gehirn ein *Hegemonie*-Prinzip, das diesen Fliehkräften entgegenwirkt? Ist vielleicht ein einziges großes Ganzes mit gewissen strukturellen Merkmalen (Clusterkoeffizienten, Größe, Pfadlänge) sehr viel wahrscheinlicher als mehrere kleinere Netzwerke? Alternativ könnten spezialisierte Netzwerke, wie das in Kap. 6 erwähnte Claustrum für die Koordination der Reaktionen großer Koalitionen corticaler Neurone verantwortlich sein.[9]

Die IIT stellt sich vor, dass sich das Gehirn möglicherweise zu einem großen und einem oder mehreren kleineren Ganzen verdichtet.[10] In einem normalen Gehirn könnte es beispielsweise ein dominantes Ganzes in der linken Hemisphäre geben, das unter bestimmten Bedingungen friedlich mit einem separaten Ganzen in der rechten Hemisphäre koexistiert. Ihr jeweiliger Fußabdruck könnte dynamisch sein, sich verlagern, sich vergrößern und verkleinern, je nach den erregenden und hemmenden Wechselbeziehungen zwischen den Neuronen zu unterschiedlichen Zeitpunkten. Jedes Ganze ist möglicherweise auf eine bestimmte perzeptorische, motorische oder kognitive Aufgabe spezialisiert. Jedes hat sein eigenes Erleben, auch wenn nur dasjenige, das das Broca-Areal kontrolliert, sprechen kann. Die Existenz von zwei Ganzen könnte viele andere, sonst rätselhafte Phänomene erklären.

Nehmen wir zum Beispiel eine leichte Form der Loslösung von der Realität, die man als „den Gedanken freien Lauf lassen" (*mind wandering*) bezeichnet. So etwas geschieht, sobald unsere Aufmerksamkeit von der Aufgabe abschweift, die wir gerade erledigen.[11] Und das passiert häufiger, als man denkt – Tagträumen, während man die Wäsche macht oder das Abendessen vorbereitet oder während der Autofahrt einen Podcast hört. Ein Teil des Gehirns verarbeitet das visuelle Szenario und kümmert sich in geeigneter Weise um Lenkrad und Gaspedal, während das eigene erlebende Selbst weit weg ist und der Geschichte folgt.

Der konventionellen Interpretation zufolge ist Autofahren eine so eingefahrene Routinetätigkeit, dass unser Gehirn dafür einen unbewussten Zombie-Schaltkreis entwickelt hat. Eine alternative und eher unorthodoxe Erklärung ist jedoch, dass die sensomotorischen und kognitiven Aktivitäten jeweils von ihrem eigenen Ganzen getragen werden. Jedes Ganze hat seinen eigenen Bewusstseinsstrom, wobei der entscheidende Unterschied ist, dass nur das Ganze, das das Broca-Areal kontrolliert, über seine Erfahrungen sprechen kann. Das andere Ganze ist stumm und unter Umständen nicht einmal in der Lage, eine Gedächtnisspur anzulegen, auf die ein späterer Rückgriff möglich wäre. Sobald etwas passiert, das Ihre Aufmerksamkeit erregt, zum Beispiel, wenn die roten Bremslichter des Lasters vor Ihnen abrupt aufleuchten, verschmilzt das kleinere mit dem größeren Ganzen, und Ihr Gehirn kehrt rasch zu einem einzigen Geist zurück. Es ist keine einfache Sache, nach einem kleineren Ganzen im Gehirn Ausschau zu halten, doch einige Forscher haben einfallsreiche Techniken entwickelt, um nach dessen verborgener Signatur zu suchen.[12]

Ein anderer Fall von multiplen Ganzen könnte während Dissoziationen auftreten, die als *Konversionsstörungen* bekannt sind (einschließlich dessen, was früher als *Hysterie* bezeichnet wurde). Das Individuum agiert, als sei es blind, taub oder paralysiert, und zeigt alle relevanten Verhalten und Manifestationen, jedoch ohne organisches Substrat. Kein Schlaganfall, keine Verletzung oder andere Ursache erklärt die Symptome, die für die Patienten ganz offensichtlich belastend sind. Ihr Nervensystem arbeitet allem Anschein nach so, wie es soll. Ausgeprägtere Formen sind der Verlust von Selbst und Gedächtnis (psychogene *Fugue*) sowie die Fragmentierung des Selbst in multiple separate Bewusstseinsströme mit eigenen perzeptorischen Fähigkeiten, Erinnerungen und Gewohnheiten (*dissoziative Identitätsstörung*). Historisch wurden diese Fälle auf der Couch des Psychoanalytikers oder in der geschlossenen Psychiatrie analysiert. Die breite Vielfalt dissoziativer Symptome ließe sich jedoch besser durch eine Netzwerkanalyse erklären, die auf funktionaler und dysfunktionaler Konnektivität basiert.[13]

Gehirne, die sich (wie die Nervensysteme von Insekten und Kopffüsslern) im Aufbau stark von Säugergehirnen unterscheiden und die nicht von einem einzigen, großen cephalen Schaltkreis, sondern von vielen Ganglien im ganzen Körper dominiert werden, operieren womöglich ständig in einem solchen multiplen geistigen Modus.[14]

Reines Erleben und der stumme Cortex

Jeder unserer wachen Momente ist mit irgendetwas gefüllt – wir reisen in die Zukunft, erinnern uns an unsere Vergangenheit und fantasieren über Sex. Unser Geist steht niemals still, sondern flattert ständig hierhin und dorthin. Viele von uns fürchten, mit ihrem Geist allein gelassen zu werden, und greifen sofort zu ihrem Smartphone, um solch beunruhigenden Momenten vorzubeugen.[15]

Wie es scheint, muss jedes Erleben um etwas kreisen. Ergibt es überhaupt konzeptuell Sinn, bewusst zu sein, ohne sich *etwas* bewusst zu sein? Kann es ein Erleben geben, bei dem es nicht um Sehen, Hören, Erinnern, Fühlen, Denken, Wollen oder Fürchten geht? Wie würde sich so etwas anfühlen? Würde ein solcher mutmaßlicher Zustand reinen Bewusstseins irgendwelche phänomenologischen Attribute aufweisen, die ihn von Tiefschlaf oder Tod unterscheiden?

Dieses Verstummen des Geistes, sein Ruhen, bis er in einem göttlichen Nichts schwebt, ist seit jeher ein Ziel vieler Religionen und meditativer Traditionen. Tatsächlich ist der Kern so genannter *mystischer Erfahrungen* der perfekt stille Geist, gereinigt von jedem Attribut – *reines Erleben*. Im Christentum beziehen sich Meister Eckhart, Angelus Silesius, ein Priester, Arzt, Dichter und Zeitgenosse von Descartes, sowie der anonyme Verfasser von *Die Wolke des Nichtwissens* im 14. Jahrhundert alle auf solche Momente. Im Hinduismus und Buddhismus finden sich eine Reihe ähnlicher Vorstellungen, darunter „reine Präsenz" oder „nacktes Gewahrsein" sowie weit entwickelte Meditationstechniken, um solche Zustände zu erreichen und zu bewahren. Der Begründer des Buddhismus in Tibet, Padmasambhava, auch als Guru Rinpoche bekannt, schrieb im 8. Jahrhundert:

> Wenn du auf diese Weise nackt auf dich blickst, ohne irgendwelche diskursiven Gedanken, wird es nur dieses reine Beobachten geben und eine luzide Klarheit, ohne dass da ein Beobachter ist, nur ein nacktes manifestes Gewahrsein ist gegenwärtig.[16]

Diese verschiedenen Traditionen betonen einen Zustand der Leere, der völligen Auflösung eines jeden geistigen Inhalts.[17] Gewahrsein ist lebhaft gegenwärtig, aber ohne jede perzeptuelle Form, ohne Gedanken. Der Geist ist ein leerer Spiegel, jenseits der sich ständig wandelnden Perzepte des Lebens, jenseits von Ego, Hoffnung und Furcht.[18]

Mystisches Erleben markiert oft einen Wendepunkt im Leben desjenigen, der eine solche Erfahrung macht. Diesen dauerhaften Aspekt des Geistes zu erleben, losgelöst von perzeptuellen und kognitiven Formen, führt zu einer anhaltenden emotionalen Ausgeglichenheit und einem erhöhten Wohlbefinden.[19] Die Betroffenen sprechen davon, einen kurzen Blick auf eine luzide, stabile Qualität des Geistes erhascht zu haben, die unbeschreiblich ist.

Das Inhalieren des rasch und kurz wirkenden, starken Psychedelikums N,N-Dimethyltryptamin (DMT) kann zu ähnlichen mystischen Zuständen führen wie ein Erwachen aus einem Nahtoderlebnis auf dem Operationstisch oder am Ort eines Autounfalls. Eine risikolosere Alternative ist die Reizdeprivation im Floating Tank.

Ich habe diesen Schritt kürzlich gemacht und bei einem Besuch in Singapur, wo meine Tochter lebt, einen Isolations- oder Floating-Behälter aufgesucht. Meine Tochter und ich hatten jeder unseren eigenen Behälter, gefüllt mit körperwarmem Wasser. Ich zog mich aus, stieg ins Wasser und trieb darin wie im Toten Meer, denn im Wasser waren rund 270 kg Epson-Salz gelöst. Sobald ich den Deckel des Behälters schloss, der zudem in einem separaten Raum stand, wurde dieser zu einer Art Raumkapsel, vollkommen dunkel und ruhig, abgesehen von meinem eigenen Herzschlag, den ich nach einer Weile hörte.

Ich brauchte einige Zeit, um mich an die Situation zu gewöhnen und mich darin wohl zu fühlen, und in dieser Zeitspanne verlor ich jegliches Gefühl dafür, wo im Raum sich mein Körper befand. Nachdem ich meinen Geist von den Resten des alltäglichen Einstroms von Bildern und stummen Worten befreit hatte, versank ich immer tiefer in einem bodenlosen, dunklen Teich, während ich in einem blinden, tauben, geruchlosen, körperlosen, zeitlosen, egolosen und geist-leeren Raum schwebte.

Nach mehreren Stunden sorgte sich meine Tochter, weil ich so lange still gewesen war, und rief mich. Das holte mich in die Alltagswirklichkeit mit all ihrem Durcheinander und ihren unaufgeforderten Bildern und Stimmen, Schmerzen und Wünschen, Sorgen und Plänen zurück.[20] Für einen zeitlosen Moment jedoch hatte ich etwas Außerordentliches, unerhört Kostbares erlebt – eine Rückkehr in den Zustand reinen Seins.[21]

Es ist schwierig, mehr über diesen unbeschreiblichen Zustand zu sagen. In diesen unruhigen Zeiten kehre ich mental häufig in jenen dunklen Teich zurück und versuche, dieses Gefühl der Gelassenheit wiederzugewinnen.

Mystische Erfahrungen sind keine paranormalen (oder parapsychologischen) Ereignisse, auch wenn sie manchmal als solche betrachtet werden. Vielmehr sind sie wahrheitsgetreue Erfahrungen, die in natürlicher Weise aus dem Gehirn erwachsen.

Die Existenz reinen Erlebens ist eine Provokation für die gegenwärtige Kognitionspsychologie, die auf dem Funktionellen gründet.[22] Diesem Ansatz zufolge muss etwas, das so ausgeprägt ist wie eine Erfahrung, mindestens eine Funktion erfüllen, die das Überleben der Art fördert. Wenn man aber einen Zustand reinen Bewusstseins erlebt, welche Funktion wird damit erfüllt? Unbeweglich dazusitzen, während man meditiert, oder im Dunkeln ohne innere Sprache, Gedächtnisstrom oder Tagträumen in ruhigem Wasser in einem Tank zu treiben, heißt, dass im konventionellen Sinne keine Rechenoperationen ablaufen. Es wird kein sensorischer Input analysiert, nichts in der Umgebung verändert sich, nichts muss vorhergesagt oder auf den neuesten Stand gebracht werden.

Bei der IIT geht es jedoch nicht um das Ausüben irgendeiner Funktion. Es ist keine Theorie der Informationsverarbeitung. Tatsächlich habe ich die spezifische Funktion des binären Netzwerks in Abb. 8.2 nie erwähnt. Ich habe nur seine intrinsischen kausalen Kräfte betrachtet.

Und die Theorie erfordert auch nicht, dass Information durch das ganze Gehirn verbreitet wird, damit sich Bewusstsein einstellt. Die maximal irreduzible Ursache-Wirkung-Struktur, die mit einem Ganzen einhergeht, hängt nicht nur von der Konnektivität zwischen den Neuronen und ihrer internen Kartierung ab, sondern auch von ihrem gegenwärtigen Zustand, das heißt, ob sie aktiv sind (feuern) oder nicht. Wichtig ist, dass Elemente, die abgeschaltet und damit inaktiv sind, selektiv vergangene und zukünftige Zustände des Systems genauso gut bestimmen können wie aktive Elemente. Das heißt, inaktive Elemente, Neurone, die nicht feuern, können dennoch zur intrinsischen kausalen Kraft beitragen. Auch eine Ablehnung, die nicht erfolgte, eine Frist, die ohne die angedrohten

Konsequenzen verstrich, ein kritischer Brief, der nicht abgeschickt wurde, können folgenreiche Ereignisse mit ihrer eigenen kausalen Kraft sein.

Scheinbar paradox, kann ein System daher (beinahe) stumm sein – nur noch Hintergrundaktivität, alle Einheiten sind abgeschaltet –, und dennoch eine maximal irreduzible Ursache-Wirkung-Struktur mit einer gewissen integrierten Information aufweisen. Zumindest prinzipiell erzeugt ein ruhiger Cortex einen subjektiven Zustand, genauso, wie es ein stimulierter Cortex tut.

Das läuft dem professionellen Instinkt von Neurowissenschaftlern diametral entgegen – wir verbringen einen großen Teil unserer Zeit damit, immer raffiniertere Methoden zu ersinnen, um neuronaler Aktivität mit Mikroelektroden, Mikroskopen, EEG-Elektroden, Magnetscannern und derlei mehr nachzuspüren. Wir messen ihre Amplitude und statistische Signifikanz und setzen beides in Beziehung zu Wahrnehmung und Handeln. Dass das Fehlen von Aktivität (relativ zu einem Hintergrundniveau) eine Erfahrung darstellen könnte, ist schwer zu schlucken.

Wie würde sich ein fast stummer Cortex anfühlen? Ohne wesentliche Aktivität erlebt der Geist kein Geräusch, kein Bild, keine Erinnerungen. Er zeichnet sich allein durch eines aus, nicht-feuernde Neurone. In diesem Zustand verfügt das Gehirn – anders als im Tiefschlaf und dem damit einhergehenden Verlust des Bewusstseins – über intrinsische kausale Kräfte.[23]

Inaktiver versus aktiver Cortex

Das bringt mich zu einer anderen kontraintuitiven Vorhersage. Im Zentrum der IIT steht ihre Konzentration auf die intrinsische, irreduzible Ursache-Wirkung-Kraft: der Unterschied, der einen Unterschied für sich selbst macht. Je irreduzibler die Ursache-Wirkung-Kraft, desto eindeutiger existiert das System. Daher verringert jede Reduktion der Fähigkeit eines Systems, von seiner Vergangenheit beeinflusst zu werden und seine Zukunft zu bestimmen, seine kausalen Kräfte.

Bleiben wir bei der fast stummen hinteren heißen Zone (*posterior hot zone*) eines Meditierenden, der keinen Inhalt erlebt und dessen assoziierte Pyramidenzellen kaum feuern. In einem Gedankenexperiment perfundieren wir diese hintere heiße Zone mit Tetrodotoxin, einem starken Nervengift, das man bei Kugelfischen (Fugu) findet. Dieses Toxin verhindert, dass Neurone feuern und blockiert ihre Aktivität.

Hinsichtlich der Spikeaktivität ändert sich die Situation im Vergleich zu vorher kaum. In keinem Fall sind Neuronen in der hinteren heißen Zone aktiv. In der ursprünglichen Situation hätten sie aktiv sein können, waren es aber nicht, während die Neurone im letzteren Fall nicht aktiv sind, weil sie durch das Toxin blockiert sind.

Nach konventioneller Sicht der Neurowissenschaften ist die Phänomenologie des Meditierenden in beiden Situationen identisch, reines Erleben, denn bezüglich der Zielorte dieser Neurone gibt es keinen Unterschied – keine Spikes verlassen diese Region des Cortex. Der Integrierten Informationstheorie zufolge macht die

Verringerung der kausalen Kraft jedoch einen großen Unterschied, und die beiden Situationen unterscheiden sich dramatisch: reines Bewusstsein im einen Fall, kein Bewusstsein im anderen.

Von außen betrachtet sehen beide Situationen gleich aus. In beiden Fällen gibt es keine Neuronenaktivität. Wie können sich diese beiden Situationen also in Bezug auf das Erleben derart unterscheiden? Nun, zum einen ist der physische Zustand des Cortex in den beiden Fällen nicht identisch, denn im letzteren Fall sind spezielle Ionenkanäle chemisch blockiert.[24] Zum anderen steckt bei der IIT die Information nicht in der Botschaft, die von Neuronen verbreitet wird, sondern in der Form der Ursache-Wirkung-Struktur, die vom Ganzen spezifiziert wird. Neurone, die feuern könnten, es aber nicht tun, tragen ebenfalls dazu bei, die Ursachen und Wirkungen eines jeden Zustands zu bestimmen. Erinnern Sie sich an den Hund, der nicht bellte, in der in Kap. 2 erwähnten Sherlock-Holmes-Geschichte. Wenn diese Neurone durch die Wirkung eines Neurotoxins kausal ausgeschaltet werden, tragen sie nicht länger zum Bewusstsein bei. Die IIT bietet einen breite Palette unerwarteter Vorhersagen, wie den Übergeist, reines Bewusstsein und den tiefgreifenden Unterschied zwischen einem inaktiven und einem inaktivierten Cortex. Ich freue mich auf die nächste Dekade experimenteller Studien, die versuchen, diese Vorhersagen zu validieren.

Ich habe mehrfach auf die Funktion des Bewusstseins angespielt, Welche ist das? Wie kann die IIT erklären, warum sich Bewusstsein entwickelt hat? Dazu im nächsten Kapitel mehr!

Hat Bewusstsein eine Funktion?

„Nichts in der Biologie ergibt einen Sinn außer im Licht der Evolution" ist ein berühmter Ausspruch des Genetikers Theodosius Dobzhansky. Jeder Aspekt eines Organismus, ob ein anatomisches Merkmal oder eine kognitive Fähigkeit, muss der Art irgendeinen Selektionsvorteil bringen oder dies in der Vergangenheit getan haben. In diesem Licht betrachtet: Was ist der adaptive Vorteil subjektiver Erfahrung?

Ich möchte Sie zunächst nochmals daran erinnern, wie viele Dinge wir ohne bewusstes Erleben tun können. Das wirft die Frage auf, ob Bewusstsein überhaupt irgendeine adaptive Funktion hat. Anschließend diskutiere ich ein *in-silico*-Evolutionsspiel, in dem sich einfache künstliche Tiere (Animats) über viele Zehntausende Jahre während Generationen von Geburt und Tod an ihre Umwelt anpassen. Im Lauf ihrer Evolution werden ihre Gehirne immer komplexer und sind immer besser in der Lage, Information zu integrieren. Am Ende dieses Kapitels greife ich erneut die wichtige Unterscheidung zwischen Intelligenz und Bewusstsein auf, zwischen Klugsein und bewusstem Erleben.

Unbewusstes Verhalten beherrscht einen Großteil unseres Lebens

Im Lauf der Zeit haben Wissenschaftler eine breite Palette von Funktionen für das Bewusstsein vorgeschlagen; das reichte von Kurzzeitgedächtnis, Sprache Entscheidungsfindung, Planung, Setzen von langfristigen Zielen, Fehlerdetektion, Selbstüberwachung, Rückschließen auf die Intentionen anderer bis hin zum Humor.[1] Doch keine dieser Hypothesen ist allgemein akzeptiert.

Obwohl sich die hellsten Köpfe der Menschheit intensiv mit der Funktion der empfindsamen Seele (um es in Aristoteles' Worten zu sagen) beschäftigt haben, wissen wir noch immer nicht, welchen Überlebensvorteil bewusstes Erleben bietet. Warum sind wir keine Zombies, die alles tun, was wir tun, aber ohne

© Springer-Verlag GmbH Deutschland, ein Teil von Springer Nature 2020
C. Koch, *Bewusstsein,* https://doi.org/10.1007/978-3-662-61732-8_11

inneres Leben? Auf den ersten Blick würde kein physikalisches Gesetz verletzt werden, wenn wir nicht sehen, hören, lieben oder hassen, aber dennoch genauso handeln würden wie immer.

Das Rätsel um die Funktion des Bewusstseins vertieft sich durch die Erkenntnis, dass ein großer Teil des Auf und Ab des Lebens jenseits der engen Grenzen des Bewusstseins auftreten. Ein augenscheinliches Beispiel sind die bestens trainierten sensorisch-kognitiv-motorischen Handlungsabläufe, die die Alltagsroutine des Lebens ausmachen. Crick und ich haben diese Handlungsabläufe als Zombies *(zombie agents)* bezeichnet (siehe Kap. 2). Fahrrad fahren, Violine spielen, auf einem Felspfad laufen, rasch etwas in ein Smartphone eintippen, auf einem Computerdesktop navigieren und so weiter – wir führen all diese Handlungen durch, ohne auch nur einen Gedanken daran zu verschwenden. Tatsächlich verlangt die flüssige Durchführung dieser Aufgaben, dass wir uns nicht zu sehr auf eine ihrer Komponenten konzentrieren. Während Bewusstsein nötig ist, um diese Fertigkeiten zu erwerben und zu stärken, besteht das Ziel des Trainings darin, den Geist zu befreien, damit er sich auf übergeordnete Aspekte konzentrieren kann – wie den Inhalt dessen, was wir texten wollen, oder die drohenden Gewitterwolken während einer Klettertour –, und der Weisheit des Körper-Geist-Systems und seinem unbewussten Kontrolleur zu vertrauen.[2]

Wir werden Experten und entwickeln intuitiv ein Gespür für diese Fertigkeiten, die unheimliche Fähigkeit, die richtige Bewegung auszuführen oder die richtige Antwort zu kennen, ohne zu wissen, warum. Die meisten von uns sind sich der formalen Syntaxregeln, die unserer Sprache zugrunde liegen, nur vage bewusst. Dennoch fällt es uns nicht schwer, intuitiv zu erkennen, ob ein bestimmter Satz in unserer Muttersprache korrekt formuliert ist oder nicht, ohne erklären zu können, weshalb. Professionelle Schach- oder Go-Spieler werfen einen einzigen Blick auf das Spielbrett und erkennen instinktiv die offensiven und defensiven Spielzüge, die sich anbieten, auch wenn sie nicht immer verbalisieren können, wie sie zu ihren Schlüssen gekommen sind.[3]

Wir entwickeln jedoch nur eine Expertise für einen kleinen Bereich von Fähigkeiten, der sich an unseren persönlichen Interessen und Bedürfnissen orientiert. Infolgedessen müssen wir häufig rasch neue Probleme lösen, auf die wir zuvor noch nie gestoßen sind. Das scheint offensichtlich Bewusstsein zu erfordern. Aber selbst in diesem Fall argumentiert eine hartnäckige Gruppe von Psychologen, dass komplexe mentale Aufgaben, wie Zahlen addieren, eine Entscheidung treffen, Verstehen, wer auf einem Gemälde oder Foto wie mit wem interagiert und wo weiter, unterbewusst erfolgen könne, ohne jedes Bewusstseins.[4]

Einige reizen diese Experimente bis an ihre Grenzen aus und behaupten, Bewusstsein spiele keinerlei kausale Rolle. Sie akzeptieren die Realität des Bewusstseins, argumentieren jedoch, dass Gefühle keine Funktion hätten – sie seien nichts als Schaumkronen auf dem Ozean unseres Verhaltens, ohne Konsequenzen für die Welt. Der Fachausdruck dafür ist *epiphänomenal.* Denken Sie an das Geräusch, das das Herz macht, wenn es das Blut durch den Körper pumpt: Der Kardiologe hört diese Herzschläge mit dem Stethoskop ab, um die

Herzgesundheit zu überprüfen, doch die Geräusche selbst sind für den Körper ohne Bedeutung.

Ich finde diese Argumentationslinie unplausibel. Nur weil Bewusstsein nicht notwendig ist, um eine gut eingeübte und einfache Laboraufgabe zu erfüllen, folgt daraus nicht implizit, dass Bewusstsein keine Funktion im wirklichen Leben hat. Ähnlich könnte man argumentieren, Beine und Augen hätten keine Funktion, weil jemand mit zusammengebundenen Beinen noch immer herumhüpfen und sich eine Person mit verbundenen Augen immer noch im Raum orientieren kann. Das Bewusstsein ist angefüllt mit hoch strukturierten Perzepten und manchmal unerträglich intensiven Erinnerungen. Wie kann die Evolution eine solch enge und konsequente Verbindung zwischen neuronaler Aktivität und Bewusstsein begünstigt haben, wenn der fühlende Teil dieser Partnerschaft ohne Bedeutung für das Überleben des Organismus ist? Gehirne sind das Ergebnis eines Selektionsprozesses, der über viele Hundert Millionen Zyklen von Geburt und Tod eingewirkt hat. Wenn bewusstes Erleben keine Funktion hat, hätte es diesen mitleidlosen Ausleseprozess nicht überstanden.

Wir müssen auch die Möglichkeit in unsere Überlegungen einbeziehen, dass Erleben schlichtweg ein Nebenprodukt der Selektion anderer Merkmale sein könnte, zum Beispiel eines höchst flexiblen und adaptiven Verhaltens, statt direkt selektiert worden zu sein. In der Sprache der Evolution ist dies als *Spandrel* bekannt. Populäre Beispiele für Spandrillen ist die in der Menschheit weit verbreitete Liebe zur Musik oder die Fähigkeit, höhere Mathematik zu betreiben. Wahrscheinlich übte die Selektion im Lauf der Hominidenevolution weder auf Musikliebe noch auf Rechenkünste einen direkten Druck aus, sondern beide tauchten auf, als große Gehirne diese Aktivität möglich machten. Und so könnte es auch mit bewusstem Erleben sein.

Integrierte Information ist adaptiv

Die Theorie der integrierten Information nimmt keine bestimmte Haltung ein, was die Funktion der bewussten Erfahrung angeht. Jedes Ganze fühlt sich wie etwas an.

Es muss nicht einmal etwas Nützliches tun, um ein Erleben zu haben. Vielleicht ist Ihnen aufgefallen, dass ich die Input–Output-Funktion des einfachen Schaltkreises in Abb. 8.2 nie erwähnt habe. Zudem kann, wie im vorangegangenen Kapitel diskutiert, ein fast stummer Cortex das Substrat reinen Erlebens sein, ohne jedwede laufende Informationsverarbeitung.

In diesem strengen Sinne hat bewusstes Erleben keine Funktion. Die Situation ist analog der Situation in der Physik, die nichts über den Nutzen von Masse oder elektrischer Ladung sagen kann. Physiker zerbrechen sich nicht den Kopf über deren „Funktion". Vielmehr beschreiben Masse und Ladung in diesem Universum, wie die Raumzeit gekrümmt ist bzw. wie geladene Teilchen voneinander angezogen bzw. abgestoßen werden. Teilchenansammlungen, wie Proteine, haben eine Nettomasse und -ladung, die ihre Dynamik und ihre Tendenz beeinflussen, miteinander zu interagieren. Das bestimmt ihr Verhalten, auf das wiederum die Evolution einwirkt. Darum tragen Masse und Ladung, auch wenn sie keine Funktion im strikten Sinne haben, dazu bei, die Funktion in einem breiteren Sinne zu beeinflussen. Und so ist es auch mit der intrinsischen Ursache-Wirkung-Kraft.

Die IIT liefert eine elegante Erklärung, warum sich das bewusste Gehirn entwickelt hat. Die Welt ist, über zahlreiche räumliche und zeitliche Dimensionen hinweg gesehen, außerordentlich komplex. Da ist die physische Umwelt mit ihren zahlreichen Höhlen und Gängen, Wälder und Wüsten, mit ihrem täglichem Wetter und ihren Jahreszeiten, ergänzt durch die soziale Umwelt von Räuber und Beute, potenziellen Geschlechtspartnern und Verbündeten, jeder mit seiner eigenen Motivation, die Organismen einschätzen und im Auge behalten müssen.

Gehirne, die die damit einhergehenden statistischen Regelmäßigkeiten (z. B. treffen Antilopen gewöhnlich kurz nach Sonnenuntergang am Wasserloch ein) in ihre eigene kausale Struktur einbeziehen, sind gegenüber Gehirnen, die das nicht tun, im Vorteil. Je mehr wir über die Welt wissen, desto größer sind unsere Überlebenschancen.

Ein Reihe von Kollegen und ich haben uns daran gemacht, dies zu belegen, indem wir die Evolution digitaler Organismen über riesige Zeiträume simuliert und verfolgt haben, wie sich die integrierte Information in ihren Gehirnen verändert, wenn sie sich an ihre Umgebung anpassen.[5] Derlei wird als *in-silico*-Evolution bezeichnet, wie in den Videospielen *SimLife* oder *Spore*.

Die simulierten Geschöpfe, Animats, sind mit einem primitiven Auge, einem Nähe-Sensor und zwei Rädern ausgestattet. Ein neuronales Netz, dessen Konnektivität genetisch spezifiziert ist, verbindet den Sensor mit dem Motor. Die Animats überleben, indem sie so rasch wie möglich durch ein zweidimensionales Labyrinth navigieren. Zu Beginn eines evolutionären Durchgangs entspricht ihr Konnektom, ihre Karte neuronaler Verbindungen, einer leeren Schiefertafel. Insgesamt 300 dieser Animats, alle leicht unterschiedlich, werden in ein Labyrinth gesetzt und, um herauszufinden, wer am weitesten kommt. Anfangs stolpern die meisten nur umher, bewegen sich im Kreis oder bleiben einfach stehen. Einige bewegen sich vielleicht in die richtige Richtung, wenn auch nur ein oder zwei Schritte weit.

Animats haben eine festgelegte Lebensspanne, an deren Ende die 30, die am besten abgeschnitten haben, ausgewählt werden, um die nächste Generation von 300 Animats hervorzubringen. Jede neue Generation bringt eine leichte, zufällige Variation ihres genetischen Codes (der die Struktur des Gehirns spezifiziert) mit, denn dies ist das Rohmaterial, auf das die natürliche Selektion einwirkt. Es ist zu hoffen, dass einige von ihnen im Labyrinth etwas weiter kommen als ihre Eltern. Nach 60.000 Generationen des Lebens und Sterbens sind die fernen Nachkommen der Animats, die blindlings in ihrer Welt herumstolperten, sehr geschickt darin geworden, jedes Labyrinth zu durchqueren, auf das sie treffen.[6] Dieses Spiel wird immer wieder gespielt, und dabei werden unterschiedliche evolutionäre Verlaufswege simuliert, die sich niemals exakt wiederholen. Jedes Evolutionsspiel erzeugt endlose Formen von Animats mit ihrem eigenen, speziellen Nervensystem, was an Darwins berühmten Schlusssatz in *Die Entstehung der Arten* erinnert:

> Es ist eine Größe in dieser Ansicht vom Lebendigen mit seinen verschiedenen Kräften, die vom Schöpfer ursprünglich in einige Formen oder in eine gehaucht wurde; und daß, während dieser Planet nach dem festen Gesetz der Schwerkraft seine Kreisbahnen dreht, aus einem so schlichten Anfang endlose schönste und wunderbarste Formen entwickelt wurden und entwickelt werden.

Wenn die integrierte Information der Gehirne einiger Animats von unterschiedlichen Punkten ihrer evolutionären Stammlinie dagegen aufgetragen wird, wie schnell und gut sie in Labyrinthen zurechtkommen, ist das Ergebnis klar und überzeugend (Abb. 11.1): eine positive Beziehung zwischen der Qualität der Anpassung eines Organismus und seiner Φ^{max}. Je stärker sein Gehirn integriert ist, je irreduzierbarer das neuronale Netzwerk ist, das seinen Input mit seinem Output verknüpft, desto besser behauptet sich der Organismus.

Besonders bemerkenswert in dieser Abbildung ist die Existenz einer minimalen Φ^{max} für jedes Fitnesslevel. Sobald diese minimale Integration erreicht ist, können Organismen zusätzliche Komplexität erwerben, ohne ihre Fitness zu verändern. In diesem breiteren Sinne ist Erfahrung daher adaptiv; sie hat einen Überlebenswert.

Eine andere Gattung von Animats, die entwickelt wurde, um fallende Bauklötze aufzufangen, wie in dem Spiel *Tetris,* zeigen ähnliche Tendenzen. Wenn die Anpassung zunimmt, nehmen auch die integrierte Information der Animats sowie die Zahl der Distinktionen zu, die das System unterstützen kann.[7] Daher selektiert die Evolution Organismen mit einer hohen Φ^{max}, denn angesichts der

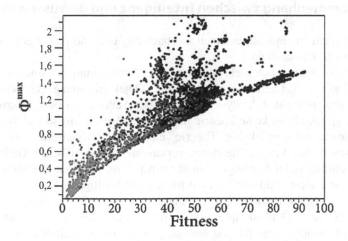

Abb. 11.1 Die Evolution integrierter Gehirne: Wenn digitale Organismen die Fähigkeit entwickeln, Labyrinthe effizienter zu durchqueren, nimmt die integrierte Information in ihren Gehirnen zu. Das heißt, eine wachsende Fitness ist mit höheren Ebenen des Bewusstseins korreliert. (Nach Joshi, Tononi und Koch, 2013. Diese Studie benutzte eine ältere Version der IIT, in der die integrierte Information Φ etwas anders als Φ^{max} in der gegenwärtigen Version berechnet wird.)

Beschränkungen der Zahl der Elemente und Verbindungen verfügen sie über mehr Funktionen pro Element als ihre weniger integrierten Konkurrenten; sie sind besser in der Lage, Regelmäßigkeiten in einer reich gestalteten Umwelt zu nutzen.

Diese Sicht, extrapoliert von den Handlungen kleiner Animats und auf Menschen übertragen, ist alles in allem kompatibel mit einer Hypothese, der *Executive Summary Hypothesis,* die Crick und ich formuliert haben:

> Unsere … Annahme basiert auf der allgemeinen Idee biologischer Nützlichkeit visueller Aufmerksamkeit (oder, genauer, ihres neuronalen Korrelats). Dies besteht darin, im Licht früherer Erfahrungen von uns selbst oder von unseren Vorfahren (verkörpert in unseren Genen) die beste aktuelle Interpretation der visuellen Szene zu liefern und sie ausreichend lange für jene Teile des Gehirns verfügbar zu machen, die Willkürbewegungen erwägen, planen und ausführen.[8]

Jede bewusste Erfahrung enthält eine kompakte Zusammenfassung dessen, was in der gegenwärtigen Situation am wichtigsten ist, ähnlich dem, was ein Präsident, General oder CEO bei einem Briefing erfährt. Diese Kurzfassung versetzt den Geist in die Lage, relevante Erinnerungen abzurufen, multiple Szenarien in Betracht zu ziehen und schließlich eines davon umzusetzen. Die zugrunde liegende Planung geschieht weitgehend außerhalb des Scheinwerferlichts des Bewusstseins, denn das ist der Verantwortungsbereich des unbewussten Homunculus (oder, um im Bild zu bleiben, die Verantwortung des Teams, das der Exekutive Bericht erstattet) und weitgehend auf den präfrontalen Cortex beschränkt (siehe Kap. 6).

Der Zusammenhang zwischen Intelligenz und Bewusstsein

Das bringt mich zu einer allgemeinen Beobachtung über die Beziehung zwischen Intelligenz und Bewusstsein.

Die IIT beschäftigt sich nicht mit kognitiver Verarbeitung als solcher. Es geht darin nicht um Aufmerksamkeitsselektion, Objekterkennung, Gesichtsidentifizierung, Erzeugung und Analyse linguistischer Äußerungen oder Informationsverarbeitung. Die IIT ist keine Theorie intelligenten Verhaltens, so wie die Theorie des Elektromagnetismus keine Theorie elektrischer Maschinen ist, sondern elektromagnetischer Felder. Die damit verknüpften Maxwell'schen Gleichungen stecken natürlich voller Konsequenzen für prospektive Motoren, Turbinen, Relais und Transformatoren. Und Gleiches gilt für IIT und Intelligenz.

Wie die *in-silico*-Evolutionsexperimente demonstrieren, besitzen adaptierte Organismen einen Grad an integrierter Information, der die Komplexität des Habitats widerspiegelt, an das sie angepasst sind. Wenn Vielfalt und Reichtum dieser Nischen wachsen, so wachsen auch die Nervensysteme, die die zugehörigen Ressourcen wie auch ihre integrierte Information nutzen – von einigen Hundert Neuronen bei winzigen Würmern über 100.000 bei Fliegen und 100 Mio. bei Nagern bis zu 100 Mrd. beim Menschen.

Parallel zu dieser Zunahme an Gehirngröße wächst die Fähigkeit dieser Arten zu lernen, wie man mit neuartigen Situationen zurechtkommt. Nicht durch Instinkt, was ein anderer Begriff für angeborenes, fest verdrahtetes Verhalten ist – frisch geschlüpfte Meeresschildkröten, die den Schutz der See suchen, oder Bienen, die instinktiv wissen, wie sie tanzen müssen, um ihren Stockgenossinnen Lage und Qualität einer Futterquelle anzuzeigen –, sondern durch Lernen aus früheren Erfahrungen, beispielsweise wenn ein Hund lernt, dass sich das Trockenfutter in diesem Schrank befindet und dass man durch jene Tür in den Garten gelangt. Wir nennen diese Fähigkeit Intelligenz. Gemessen an diesem Maßstab sind Bienen möglicherweise weniger intelligent als Mäuse, deren Cortex ihnen die Flexibilität vermittelt, rasch bestimmte Unwägbarkeiten zu lernen, Hunde sind smarter als Mäuse, und wir sind wiederum klüger als unsere vierbeinigen besten Freunde.

Menschen unterscheiden sich in ihrer Fähigkeit, neue Ideen zu verstehen, sich an neue Umweltbedingungen anzupassen, aus Erfahrung zu lernen, abstrakt zu denken, zu planen und logische Schlüsse zu ziehen. Psychologen erfassen diese Unterschiede unserer mentalen Fähigkeiten mit einer Reihe eng verwandter Konzepte, wie generelle Intelligenz (g oder allgemeine kognitive Fähigkeiten) sowie fluide und kristalline Intelligenz. Unterschiede in unseren Fähigkeiten, Dinge rasch herauszufinden und Erkenntnisse, die wir in der Vergangenheit gelernt haben, auf gegenwärtige Situationen anzuwenden, werden mithilfe psychometrischer Intelligenztests beurteilt. Diese sind insofern zuverlässig, als unterschiedliche Testverfahren eng miteinander korreliert sind. Sie sind zudem über Jahrzehnte hinweg stabil. Das heißt, Messgrößen wie der Intelligenzquotient (IQ) können zuverlässig fast 70 Jahre später von denselben Testpersonen erneut gewonnen werden. Tierverhaltensforscher haben das Maus-Äquivalent dieses menschlichen g-Faktors definiert.[9]

Für die nachfolgende Diskussion gehe ich daher von der Existenz eines generalisierten, artübergreifenden, einzelnen Intelligenzfaktors G aus.

Bei Intelligenz geht es letztlich um erlernte, flexible Handlungen. Bei ansonsten gleichen Voraussetzungen, beispielsweise, was den Grad der Komplexität individueller Nervenzellen angeht, sollten Nervensysteme mit mehr Neuronen mehr komplexe und flexible Verhaltensweisen zeigen und deshalb einen höheren G-Faktor haben als Gehirne mit weniger Zellen. Da wir jedoch noch immer sehr wenig über die neuronalen Wurzeln der Intelligenz wissen, ist die Beziehung wahrscheinlich beträchtlich verzwickter.[10]

Wie beeinflusst die Gehirngröße das Bewusstsein? Größere Netzwerke verfügen kombinatorisch über mehr potenzielle Zustände als kleinere. Das ist natürlich keine Garantie dafür, dass die integrierte Information gleichermaßen mit der Netzgröße steigt (wir erinnern uns an das zur Vorsicht mahnende Beispiel des Kleinhirns), denn das erfordert einen Balanceakt zwischen den einander entgegengerichteten Trends von Differenzierung und Integration. Man kann jedoch sagen, dass integrierte Information in Nervensystemen, die über riesige Zeiträume durch die gnadenlosen Kräfte der natürlichen Selektion geformt wurden, mit der Gehirngröße zunimmt. Infolgedessen verfeinert sich die Fähigkeit des gegenwärtigen Zustands eines solchen Netzwerks, Billionen seiner eigenen vergangenen und zukünftigen Zustände zu komprimieren, mit zunehmender Größe des Netzwerks. Das heißt: Je größer das Gehirn, desto komplexer kann seine maximal irreduzible Ursache-Wirkung-Struktur sein, umso größer ist seine Φ^{max} und umso bewusster wird es.[11]

Das bedeutet nicht nur, dass eine Art mit großem Gehirn zu größeren phänomenalen Differenzierungen in der Lage ist als ein Art mit kleinerem Gehirn – sie kann also beispielsweise die Nuancen von einer Milliarde unterschiedlicher Farben erleben und nicht nur eine Palette von wenigen Tausend, oder sie kann das Magnetfeld oder Infrarotstrahlung wahrnehmen. Es bedeutet auch, dass diese Art Zugang zu mehr Differenzierungen und Verknüpfungen auf höherer Ebene hat (etwa in Bezug auf Einsicht und Selbstbewusstsein oder ein Gespür für Symmetrie, Schönheit, Zahlen, Gerechtigkeit und anderen abstrakten Vorstellungen).

Lassen Sie mich die verschiedenen Stränge dieser Argumentation in einem spekulativen Entwurf zusammenfassen, einem „I-B"-Diagramm (Intelligenz-Bewusstseins-Diagramm), das darstellt, wie klug Arten sind versus wie bewusst sie sind. Abb. 11.2 ordnet fünf Arten – eine Meduse mit einem locker organisierten neuronalen Netz, eine Biene, eine Maus, den Hund und den Menschen – entsprechend einigen einfachen Messungen von Intelligenz und integrierter Information an. Beachten Sie, dass es in beiden Fällen keine natürliche Obergrenze gibt.

Das Diagramm zeigt für die dargestellten Arten eine monoton steigende Beziehung zwischen Intelligenz und Bewusstsein. Organismen mit größerem Gehirn sind intelligenter und auch bewusster als Arten mit kleinerem Gehirn. Bewusster im Kontext der IIT bedeutet mehr intrinsische, irreduzible Ursache-Wirkung-Kraft, mehr Distinktionen und mehr Verknüpfungen. Derselbe Trend könnte auch zutreffen, wenn man Individuen innerhalb einer beliebigen Art vergleicht.[12]

Ausnahmen von dieser Beziehung zwischen Intelligenz und Bewusstsein bilden cerebrale Organoide. Dabei handelt es sich um dreidimensionale Zellverbände, die sich von menschlichen induzierten pluripotenten Zellen (humanen Stammzellen) ableiten und Neurowissenschaftlern, Klinikern und Ingenieuren erlauben, mithilfe einer Handvoll reifer Starterzellen eines einzelnen Kindes oder Erwachsenen Gewebe zu züchten. Reprogrammiert mittels eines Quartetts „magischer" Transkriptionsfaktoren, differenzieren sie sich anschließend in Inkubatoren und organisieren sich selbst.[13] Diese Zellen brauchen viele Monate, um zu elektrisch aktiven corticalen Neuronen und den unterstützenden Gliazellen heranzureifen, etwa genauso lange, wie es braucht, damit sich aus einer befruchteten Eizelle ein menschlicher Fötus entwickelt. Organoide haben ein enormes therapeutisches Potenzial, indem sie dazu beitragen, neurologische und psychiatrische Erkrankungen zu verstehen.[14]

Bei Kleinkindern bringt der strukturierte sensorische Input von Augen, Ohren und Haut, in Kombination mit den zugehörigen Bewegungen von Augen, Kopf, Fingern und Zehen, die Rückkopplungssignale liefern, mithilfe synaptischer Lernregeln nach und nach Ordnung in das unreife Nervensystem. Auf diese Weise

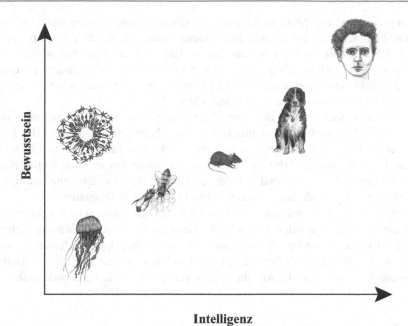

Abb. 11.2 Intelligenz und Bewusstsein und ihre Kovariation mit der Gehirngröße: Fünf Arten mit Nervensystemen, die hinsichtlich der Zahl ihrer Neurone eine Spanne von acht Größenordnungen umfassen, von der Meduse bis zu Madame Curie (als Beispiel für einen Menschen), sind im Intelligenz-Bewusstseins-Diagramm angeordnet. Intelligenz ist operationalisiert als die Fähigkeit zu lernen, flexibel auf eine sich ständig wandelnde Umgebung zu reagieren, und Bewusstsein wird als integrierte Information gemessen. Wenn die Gehirngröße steigt, so steigen auch Intelligenz und Φ^{max}. Ein solcher diagonaler Trend ist kennzeichnend für die Evolution durch natürliche Selektion. Diese Beziehung kann bei künstlich hergestellten Systemen zusammenbrechen, wie bei corticalen Organoiden (oben links), die eine vernachlässigbare Intelligenz, aber einen hohen Φ^{max}-Wert haben

haben wir alle die kausalen Strukturen der speziellen Umwelt erlernt, in die wir hineingeboren wurden. Bislang mangelt es Organoiden noch an all dem. Sobald diese Hürde genommen ist und die Organoide komplexe synaptische Lernregeln exprimieren, ist es möglich, mit dicht gepackten, computerkontrollierten Elektrodenbatterien künstlich strukturierte, externe Reize auf die Organoidkultur zu applizieren und so einen groben und primitiven Entwicklungsprozess zu simulieren.

Angesichts des erstaunlich raschen Fortschritts in der Stammzellbiologie und bei der Gewebezüchtung *(Tissue Engineering)* werden Bioingenieure bald in der Lage sein, im Labor im industriellen Maßstab Schichten cortexartigen Gewebes zu züchten, das in geeigneter Weise mit Blutgefäßen, Sauerstoff und Metaboliten versorgt ist, um ein gesundes Maß an neuronaler Aktivität aufrecht zu erhalten. Diese corticalen Teppiche, unendlich viel feiner gewoben als jeder Perserteppich, werden ein gewisses Maß an integrierter Information mit einem dazugehörigen irreduziblen Ganzen aufweisen. Die Chance, dass ein solches Gewebe etwas Ähnliches wie das erlebt, was eine Person fühlt – Leid, Langeweile oder eine Kakophonie sensorischer Impulse –, ist gering. Aber es wird irgendetwas fühlen. Um das damit einhergehende ethische Dilemma zu vermeiden, wäre es also am besten, wenn dieses Gewebe narkotisiert würde.[15]

Eines ist jedoch sicher. Da diese Organoide keinen sensorischen Input oder motorischen Output im herkömmlichen Sinne haben, sind sie nicht in der Lage, mit der Welt zu interagieren; sie werden nicht über Intelligenz verfügen. Ihr Zustand ist mit einem Gehirn vergleichbar, das in einem riesigen leeren Raum träumt, in einen gelähmten und schlafenden Körper. Bewusstsein ohne Intelligenz: Das platziert Organoide in die oberen linken Ecke des I-B-Diagramms.

Wie steht es mit anderen künstlich hergestellten Systemen, vor allem mit programmierbaren digitalen Computern? Kann es bei ihnen bewusstes Erleben geben? Wo ist ihr Platz im I-B-Diagramm? Bevor ich dazu komme, lassen Sie mich zunächst die Stärken und Schwächen der Computationalen Theorie des Geistes erläutern. Sie basiert auf der Annahme, dass sich Bewusstsein berechnen lässt.

Bewusstsein und Computationalismus

12

Was haben Rachael aus dem Kult-SF-Film *Blade Runner*, Samantha aus der Hollywoodkomödie *Her*, Ava aus dem dunklen Psychodrama *Ex Machina* und Dolores aus der TV-Serie *Westworld* gemeinsam? Keine von ihnen hat eine Mutter, alle vier weisen attraktive weibliche Attribute auf und alle sind ein Objekt der Begierde für ihre männlichen Protagonisten, was zeigt, dass sich Lust und Liebe auch auf künstlich Geschaffenes erstreckt.

Wir nähern uns mit Warp-Geschwindigkeit einer Zukunft, in der die Grenzen zwischen auf Kohlenstoffbasis evolviertem und auf Silizium aufgebautem Leben bröckeln. Mit dem Aufkommen des Deep Machine Learning hat die Sprachtechnologie ein fast menschliches Niveau erreicht, was zur Schaffung hilfreicher Geister wie Apples Siri, Microsofts Cortana, Amazons Alexa und Googles Assistant geführt hat. Ihre linguistischen Fähigkeiten und sozialen Umgangsformen verbessern sich so unerbittlich, dass sie sich bald nicht mehr von echten Assistenten unterscheiden lassen werden – wenn man davon absieht, dass sie anders als ihr Pendant aus Fleisch und Blut mit einem perfekten Gedächtnis, unerschütterlichem Gleichmut und unendlicher Geduld ausgestattet sind. Wie lange wird es noch dauern, bis sich jemand in die körperlose digitale Stimme seiner persönlichen digitalen Assistentin verliebt?

Mit ihren Sirenenstimmen verkörpern sie das Narrativ unserer Zeit – dem zufolge unser Geist eine Software ist, die auf dem Computer läuft, der unser Gehirn ist. Bewusstsein ist nur ein paar clevere Tricks entfernt. Wir sind nur Maschinen aus Fleisch und Blut, nicht besser, sondern zunehmend schlechter als Computer. Den immer lauter triumphierenden Stimmen in der Hightech-Industrie zufolge sollten wir unsere baldige Obsoleszenz feiern; wir sollten dankbar sein, dass *Homo sapiens* als Brücke zwischen der Biologie und dem unausweichlichen nächsten Schritt der Evolution, der Superintelligenz, gedient haben wird. Das Smart Money in Silicon Valley denkt so, Meinungskommentare proklamieren, dass es so ist, und eingängige SF-Streifen verstärken noch diese Nietzsche-Ideologie des Kleinen Mannes.

© Springer-Verlag GmbH Deutschland, ein Teil von Springer Nature 2020   125
C. Koch, *Bewusstsein*, https://doi.org/10.1007/978-3-662-61732-8_12

Der „Geist als Software" ist ein beherrschender Mythos rastloser Modernität unserer hyper-individualisierten, globetrottenden, technikversessenen Kultur. Es ist der eine verbliebene Mythos eines Zeitalters, das von sich selbst glaubt, immun gegen Mythologie zu sein. Ein Zeitalter, dessen Elite verständnislos und unbeteiligt den Todeskampf des einst allmächtigen Mythos beiwohnt, der den Westen zwei Jahrtausende lang geprägt hat – des Christentums.

Ich benutzte den Begriff Mythos hier im Sinne des französischen Anthropologen Claude Lévi-Strauss als Sammlung von explizit und implizit ausgesprochenen und unausgesprochenen Leitüberzeugungen, Geschichten, Rhetorik und Praktiken, die jeder Kultur Sinn und Bedeutung verleihen.[1] Geistals-Software ist eine unausgesprochene Hintergrundannahme, die keiner Rechtfertigung bedarf. Sie ist ebenso offensichtlich, wie es die Existenz des Teufels früher war. Denn was ist die Alternative zum Geist-als-Software? Eine Seele? Also bitte!

In Wirklichkeit sind der Geist-als-Software und sein Zwilling, das Gehirn-als-Computer, jedoch bequeme, aber armselige Sprachbilder, wenn es um subjektives Erleben geht, ein Ausdruck funktionalistischer Ideologie, die Amok läuft. Diese Sprachbilder sind eher rhetorisch als wissenschaftlich. Sobald wir den Mythos als das erkennen, was er ist, wachen wir wie aus einem Traum auf und fragen uns, wie wir jemals daran glauben konnten. Der Mythos, dass Leben nichts weiter ist als ein Algorithmus, engt unseren spirituellen Horizont ein und entwertet unsere Sicht auf das Leben, Erleben und den Platz, den Empfindungsvermögen im großen Schaltkreis der Zeit einnimmt.

Betrachten wir den Mythos des Computationalismus einmal genauer, um zu verstehen, worum es sich handelt und woher er kommt.

Computationalismus: Der beherrschende Glaube des Informationszeitalters

Dem *Zeitgeist* unserer Ära zufolge können Digitalcomputer letzten Endes alles replizieren, was Menschen tun können. Daher können sie auch alles sein, was Menschen sein können, einschließlich bewusst sein. Beachten Sie die subtile Verlagerung von *tun* zu *sein*. Der *Computationalismus,* auch Computationale Theorie oder Computertheorie des Geistes genannt, ist die herrschende Theorie des Geistes in den angelsächsischen Philosophie- und Computerwissenschafts-Abteilungen wie auch in der Hightech-Industrie. Die Saat dazu wurde mehr als drei Jahrhunderte zuvor von Gottfried Wilhelm Leibniz gelegt, der schon in Kap. 7 zu Wort kam. Leibniz war zeitlebens auf der Suche nach einer universellen Berechnung, einem *Calculus ratiocinator.* Er hielt Ausschau nach Wegen, jeden Disput in eine strenge mathematische Form zu bringen, sodass die Wahrheit anschließend auf objektive Weise evaluiert werden konnte. Er schrieb:

Der einzige Weg, unsere Überlegungen zu korrigieren, besteht darin, sie so greifbar zu machen wie die der Mathematiker, sodass wir unsere Fehler auf einen Blick finden, und wenn es dann Streit zwischen Personen gibt, können wir einfach sagen: ‚Lasst uns ohne weitere Umstände rechnen, um zu sehen, wer nun recht hat.'[2]

Leibniz' Traum einer universellen Berechnung motivierte Logiker gegen Ende des 19. und Anfang des 20. Jahrhunderts; dies gipfelte schließlich in den 1930er-Jahren mit dem Werk von Kurt Gödel, Alonzo Church und Alan Turing. Diese Männer legten durch zwei mathematische Glanzleistungen den Grundstein für das Informationszeitalter. Erstens zeigten sie absolute und formale Grenzen für das auf, was sich mathematisch beweisen lässt, und beendeten damit den alten Traum, die Wahrheit zu formalisieren und ein *Alethiometer,* einen Wahrheitsdetektor, zu konstruieren.[3] Zweitens hoben sie die Turing-Maschine aus der Taufe, ein dynamisches Modell, das besagt, wie ein Rechenverfahren gleich welcher Art auf einer idealisierten Maschine evaluiert werden kann.

Die Bedeutung dieser intellektuellen Leistung kann man gar nicht genug hervorheben.

Die Turing-Maschine ist ein formales Modell eines Computers, reduziert auf das Wesentliche. Sie braucht vier Dinge: 1) ein unendlich langes Speicherband, um Symbole wie 0 und 1 darauf niederzuschreiben und zu speichern, das als Input und zur Speicherung von Zwischenergebnissen dient; 2) einen Lese- und Schreibkopf, der diese Symbole vom Band abliest und sie überschreiben kann; 3) eine einfache Maschine mit einer endlichen Anzahl interner Zustände und 4) einen Satz von Anweisungen, tatsächlich ein Programm, das genau spezifiziert, was die Maschine in jedem dieser internen Zustände tut – „Wenn du dich in Zustand (100) befindest und eine 1 vom Band abliest, wechsle in Zustand (001) und bewege dich ein Feld nach links", oder „Wenn du dich in Zustand (110) befindest und eine 0 liest, bleib in diesem Zustand und schreibe eine 1". Das ist alles. Alles, was man auf einem digitalen Computer programmieren kann, ganz gleich, ob es sich um einen Supercomputer oder das neueste Smartphone handelt, lässt sich im Prinzip mit einer solchen Turing-Maschine berechnen (es dauert vielleicht sehr lange, aber das ist bloß eine praktische Frage). Turing-Maschinen haben einen derartigen Kultstatus erlangt, dass die moderne Auffassung, was es bedeutet zu rechnen, gleichgesetzt wird mit „berechenbar durch eine solche Maschine" (das ist die so genannte Church-Turing-These).

Diese abstrakten Ideen über Berechenbarkeit verwandelten sich in raumfüllende elektromechanische Rechenmaschinen, in Sünde geboren während des Zweiten Weltkriegs, um Artillerietabellen zu verbessern, Atomwaffen zu konstruieren und militärische Codes zu knacken. Getragen von raschen Fortschritten in der Festkörperphysik und Optik, Miniaturisierung von Schaltkreisen, Massenproduktion und den Kräften des Marktes (eingefangen in Moores berühmtem Gesetz, nach dem die Zahl der Transistoren in einem integrierten Schaltkreis sich etwa alle zwei Jahre verdoppelt), stellten Digitalcomputer unsere Gesellschaft, Arbeitswelt und unser Spielverhalten radikal auf den Kopf. Nicht einmal ein Jahrhundert später verpacken die Nachkommen dieser gigantischen Maschinen mit mickrigen Rechenfähigkeiten – ENIAC, UNIVAC, Colossus und so weiter – leistungsfähige Sensoren und Prozessor-Chips in ein glattes Gehäuse aus Glas und Titan, das man bequem in der Hand halten kann. Dies sind die intimen kleinen, personalisierten und hochgeschätzten Artefakte, die wir überall mit uns herumschleppen und alle paar Minuten zwanghaft konsultieren. Eine erstaunliche Entwicklung, die kein Anzeichen der Verlangsamung erkennen lässt.

Künstliche Intelligenz und Funktionalismus

Moderne KI basiert auf zwei Klassen von Algorithmen zum Maschinenlernen, die im 20. Jahrhundert aus der neurowissenschaftlichen Erforschung des Sehens und der Psychologie des Lernens erwuchsen.

Die erste Klasse betrifft *deep convolutional networks* (etwa „tiefe faltende Netzwerke", wobei sich das „tief" auf die große Zahl der Verarbeitungsschichten bezieht). Diese Netze werden trainiert, indem man sie offline mit riesigen Datensätzen füttert, beispielsweise mit etikettierten Bildern von Hunderassen oder Urlaubsfotos, Darlehensanträgen oder mit aus dem Französischen ins Englische übersetzten Texten. Nachdem die Software einmal auf diese Weise trainiert wurde, kann sie sofort einen Berner Sennenhund von einem Bernhardiner unterscheiden, verschiedene Urlaubsfotos korrekt zuordnen, einen betrügerischen Kreditkartenantrag identifizieren oder Charles Beaudelaires „Là, tout n'est qu'ordre et beauté, Luxe, calme et volupté" in „Dort ist alles Ordnung und Schönheit, Luxus, Ruhe und Sinnlichkeit" übersetzen.

Die geistlose Anwendung einer einfachen Lernregel verwandelt diese neuronalen Netzwerke in raffinierte Umsetzungstabellen mit übermenschlichen Fähigkeiten.

Die zweite Klasse von Algorithmen benutzt Verstärkungslernen *(reinforcement learning)* und verzichtet ganz auf menschlichen Rat. Das funktioniert am besten, wenn es ein einzelnes Ziel gibt, das sich durch Maximierung eines Zahlenwerts erreichen lässt, wie bei vielen Brett- oder Videospielen. Die Software fragt auf raffinierte Weise den Raum aller möglichen Züge in einer simulierten Umwelt ab und wählt die Aktion, die den Wert maximiert. Nachdem DeepMinds *AlphaGo Zero* vier Millionen Mal Go gegen sich selbst gespielt hatte, erreichte die Maschine ein übermenschliches Leistungsniveau. Das gelang ihr im Verlauf von Stunden, während ein talentierter Mensch jahrelanges unermüdliches Training braucht, um ein hochkarätiger Go-Meister zu werden. Ihre Nachfolgemodelle, wie *AlphaZero,* haben die Ära der menschlichen Dominanz klassischer Brettspiele ein für alle Male beendet. Algorithmen spielen nun Go, Schach, Dame, viele Formen von Poker und Videospiele wie *Breakout* oder *Space Invaders* besser als jeder Mensch. Da die Software ohne menschliche Intervention lernt, empfinden viele diese Entwicklung als unheimlich und furchterregend.

Bereits vor Einsetzen dieser bedeutsamen Entwicklungen hatten Computer Forschern eine mächtige Metapher dafür an die Hand gegeben, wie das Gehirn operiert – das rechnerische oder informationsverarbeitende Paradigma. In diesem Narrativ ist das Gehirn eine universelle Turing-Maschine – es nutzt einlaufende sensorische Information, um eine innere Repräsentation der Außenwelt herzustellen. Zusammen mit emotionalen und kognitiven Zuständen sowie Speicherbanken berechnet das Gehirn eine geeignete Antwort und löst motorische Reaktionen aus. Wir sind somit fleischgewordene Turing-Maschinen, Roboter, die sich ihrer eigenen Programmierung nicht bewusst sind.

Stellen Sie sich eine alltägliche Handlung vor: Texten in Antwort auf etwas, das Sie gerade gesehen haben. Ihre Retina nimmt visuelle Informationen mit rund einer Milliarde Bits pro Sekunde auf; dieser Datenstrom wird bis zu dem Zeitpunkt, an dem die Information den Augapfel verlässt, um das Hundertfache reduziert. Wenn Sie geübt sind, können Sie fünf Zeichen pro Sekunde tippen, was, wenn man die Entropie beispielsweise des Englischen berücksichtigt, zehn Bit pro Sekunde entspricht. Schätzungen für Lesen oder Sprechen gelangen zu ähnlichen Ergebnissen. Auf irgendeine Weise transformieren die eine Billion Alles-oder-Nichts-Spikes, die jede Sekunde in Ihrem Gehirn erzeugt werden, zehn Millionen Bit an Daten, die durch den Sehnerv fließen, in zehn Bit motorischer Information. Und dasselbe visuomotorische System kann rasch dazu eingesetzt werden, Fahrrad zu fahren, Algen mit Essstäbchen aus der Suppe zu fischen oder Ihrer Freundin ein Kompliment zu machen.[4]

Der Computationalismus behauptet, unser Geist-Gehirn-System tue dies wie jede beliebige Turing-Maschine – es führe eine Reihe von Berechnungen auf Grundlage der einlaufenden Datenströme durch, extrahiere die symbolische Information, greife auf seine Speicherbank zu, kompiliere alles zu einer Antwort und erzeuge den geeigneten motorischen Output.

Dieser Sicht zufolge läuft die assoziierte Software, der Geist, auf einem feuchten Computer. Natürlich ist das Nervensystem kein konventioneller Von-Neumann-Rechner – es operiert mit Parallelverarbeitung, ohne systemübergreifende Taktung oder ein Bus-System, seine Elemente schalten extrem langsam im Bereich von Millisekunden, Speicher und Verarbeitung sind nicht getrennt, und es verwendet gemischte analoge und digitale Signale –, aber es ist dennoch ein Computer. Die Details spielen keine Rolle, so die Argumentation; nur die abstrakten implementierten Operationen sind von Bedeutung. Und wenn man die Operationen dieses feuchten, von einer Knochenkapsel umschlossenen Computers mithilfe von Software, die auf einem Siliziumprozessor läuft, nur getreulich auf dem relevanten Repräsentationslevel einfängt, dann wird sich alles, was mit diesen Hirnzuständen einhergeht, einschließlich der subjektiven Erfahrungen, ganz automatisch ergeben. Mehr braucht man nicht, um Bewusstsein zu erklären.

Der Computationalismus ist eine Variante des Funktionalismus, der besagt, dass ein mentaler Zustand, wie eine erfreuliche Erfahrung, unabhängig von der inneren Struktur des zugrunde liegenden physikalischen Mechanismus ist. Jeder geistige Zustand hängt nur von der Rolle ab, die er für den Mechanismus spielt, einschließlich seiner Beziehung zur Umwelt, sensorischem Input, motorischem Output und anderen mentalen Zuständen. Was zählt, ist nach dieser Sichtweise allein die Funktion des mentalen Zustands. Die Physik des Mechanismus, der

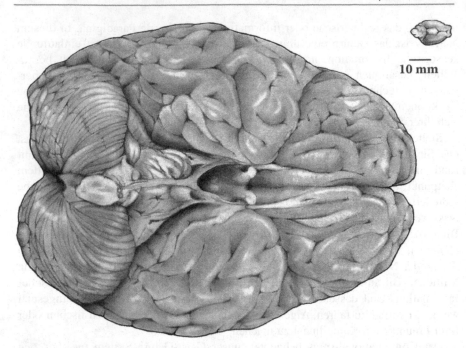

10 mm

Abb. 12.1 Computationalismus: Die heute dominante Theorie des Geistes argumentiert, dass Gehirne – hier ein menschliches Gehirn und ein Mäusegehirn im gleichen Maßstab (hier in der Ansicht von unten) – nichts als feuchte Approximationen von Turing-Maschinen sind, wobei Erfahrung aus Berechnung erwächst. Diese mächtige Geist-als-Software-Metapher hat sich in einen umfassenden Mythos für alles Leben verwandelt.

Stoff, aus dem das System besteht, und wie es verschaltet ist, spielt keine Rolle (Abb. 12.1).

Einige Experten fordern ein strengeres Kriterium für Funktionalismus. Um unsere Erfahrungen zu machen, sollten Computer nicht nur unsere kognitiven Funktionen, sondern all die detaillierten kausalen Interaktionen simulieren, die in unserem Gehirn stattfinden, etwa auf dem Niveau individueller Neurone.[5]

Gebrauch und Missbrauch der Gehirn-als-Computer-Metapher

Das Vorzeigebeispiel für das Informationsverarbeitungsparadigma ist das Sehsystem von Säugern. Der Strom visueller Daten steigt von der Retina zu einer Endstation im ersten Stadium corticaler Verarbeitung auf, dem primären visuellen Cortex (Sehrinde) am hinteren Hirnpol. Von dort werden die Daten verteilt und in zahlreichen corticalen Regionen analysiert, bis dieser Prozess zur Wahrnehmung und zum Handeln führt.

Anfang der 1960er-Jahre leiteten David Hubel und Torsten Wiesel an der Harvard University Signale aus dem primären visuellen Cortex von narkotisierten Katzen ab und beschrieben einen Satz von Neuronen, die sie als „einfache Zellen" bezeichneten.[6] Für ihre Entdeckungen erhielten die beiden später den Nobelpreis. Diese Neurone reagieren auf einen schrägen dunklen oder hellen Streifen in einer speziellen Region des Sehfelds der Katze. Während einfache Zelle eigen darin sind, wo im visuellen Raum der orientierte Streifen liegt, ist ein zweiter Satz „komplexer" Zellen weniger anspruchsvoll, was die genaue Lage dieses Streifens angeht. Um ihre Befunde zu erklären, postulierten Hubel und Wiesel einen Schaltplan, der aus multiplen Zellschichten bestand – die erste Schicht korrespondiert mit den Input-Zellen, welche die visuelle Information weiterleiten, die ins Auge fällt. Diese Zellen reagieren am besten auf Lichtpunkte. Sie speisen eine zweite Neuronenschicht, die einfachen Zellen, die ihrerseits eine dritte Schicht von Neuronen ansprechen, die komplexen Zellen.

Jede Zelle ist ein Verarbeitungselement oder eine Verarbeitungseinheit, die eine gewichtete Summe ihrer Inputs berechnet und, wenn die Summe groß genug ist, den Output der Einheit anschaltet; anderenfalls bleibt er abgeschaltet. Die genaue Verschaltung der Einheiten legt fest, wie Zellen der Input-Schicht, die auf Kanten jedweder Orientierung reagieren, in Zellen umgewandelt werden, die sich für eine bestimmte Orientierung an einem bestimmten Ort im Sehfeld interessieren. In einem Folgeschritt liefern diese Zellen Input in Einheiten, die einen Teil dieser räumlichen Information verwerfen und eine entsprechend orientierte Linie an beliebiger Stelle signalisieren. Deep Convolutional Networks, die Bausteine der Revolution des Maschinenlernens, sind die direkten Nachfahren dieser frühen skizzenhaften Modelle des visuellen Gehirns.

Anschließende Entdeckungen von Neuronen im visuellen Cortex, die auf Gesichter reagierten, verstärkten diese Vorstellungen – visuelle Verarbeitung geschieht in einer Hierarchie von Verarbeitungsstadien, in der die Information aufwärts fließt: von Einheiten, die sich um primitivere Merkmale wie Helligkeit, Orientierung und Position kümmern, zu Einheiten, die Information in abstrakterer Weise repräsentieren, wie das „typische" Gesicht einer Frau oder das spezielle Gesicht meiner Großmutter oder der Schauspielerin Jennifer Aniston. Diese Kaskade von Verarbeitungsschichten wird als *feedforward processing* (vorwärts gerichtete Verarbeitung, wie im cerebellären Schaltkreis) bezeichnet. Jedes Verarbeitungsstadium beeinflusst nur das nächste „stromaufwärts" gelegene Stadium, nicht aber vorangegangene Stadien (was ein *feedback processing* wäre).

Aber obwohl sich Netzwerke für Maschinenlernen am Modell des Gehirns orientieren, sind corticale Netzwerke mit ziemlicher Sicherheit keine Feedforward-Schaltkreise. Von all den Synapsen zwischen corticalen Neuronen stammt nämlich nur eine Minderheit, weniger als zehn Prozent, aus Verbindungen aus einem früheren Verarbeitungsstadium. Der Rest rührt von nahe gelegenen Neuronen oder von Zellen in höheren, abstrakteren Verarbeitungsstadien her, die auf frühere Stadien rückgekoppelt sind. Theoretiker, die sich mit neuronalen Netzwerken beschäftigen, wissen nicht, wie diese massivem Rückkopplungsverbindungen zu unserer Fähigkeit beitragen, aus einem einzigen Beispiel zu lernen, etwas, das Computern Probleme bereitet.

Auch wenn diese Lehrbuchsicht einer geschichteten corticalen Verarbeitung, die Sprosse um Sprosse von primitiven Linien-Eigenschaften zu abstrakteren Merkmalen aufsteigt, inzwischen aufgrund umfangreicher Studien über die visuellen Reaktionen Zehntausender corticaler Neurone[7] in Revision begriffen ist, können wir nicht anders, als die Funktionsweise des Gehirns durch die Brille dieser enorm erfolgreichen Feedforward-Rechnertechnologie zu sehen.

Viele Merkmale des Nervensystems trotzen jedoch einer einfachen Gehirn-als-Computer-Erklärung.

Nehmen wir die Retina (Netzhaut) – ein fein gewobenes Stück neuronaler Spitze im Augenhintergrund. Etwa ein Viertel so groß wie eine Visitenkarte und nicht viel dicker, ist sie aufgebaut wie eine Schwarzwälder Kirschtorte und besteht auch drei Schichten von Zellkörpern, getrennt durch zwei Schichten „Füllung"; in denen die gesamte synaptische und dendritische Verarbeitung stattfindet. Der einfallende Photonenregen wird von rund 100 Mio. Photorezeptoren aufgefangen und in elektrische Signale umgewandelt, die durch die verschiedenen Verarbeitungsschichten wandern, bis sie zu den rund eine Million Ganglienzellen gelangen. Deren Ausgangskabel, jenes Bündel von Axonen, das den Sehnerv bildet, übermitteln Spikes, die Universalsprache des Nervensystems, an ihre weit verstreuten Ziele im Rest des Gehirns.

Der Rechenjob der Retina ist einfach – wandele das Licht von einem sonnenüberfluteten Strand oder einem Sternenhimmel in Spikes um. Für diese scheinbar simple Aufgabe braucht die Biologie jedoch rund 100 verschiedene Neuronentypen, jeder mit einer einzigartigen Morphologie, einer einzigartigen molekularen Signatur und einer einzigartigen Funktion. Warum so viele?[8] Der Bildsensor in Ihrem Smartphone erledigt dieselbe Aufgabe mit einer Handvoll Transistoren für jedes Bildpixel. Welche rechnerische Rechtfertigung könnte es für den Einsatz einer solchen Vielzahl von Spezialisten geben?

Derselbe Überfluss herrscht im Cortex. Jede Cortexregion weist an die 100 Zelltypen auf. Die inhibitorischen Neurone in der Cortexschicht sind gleichartig, während sich die exzitatorischen Neurone, vor allem die Pyramidenzellen, von Region zu Region unterscheiden. Das ist vermutlich so, weil sie ihre Informationen an unterschiedliche Orte schicken und der Zip-Code dieser Adressen in den Genen dieser Neurone codiert ist. Die Zelltypen unterscheiden sich in ihrer zelluläre Morphologien, in den Neurotransmittern, auf die sie reagieren, in ihren elektrischen Reaktionen und so weiter. Ein Gehirn ist aus bis zu 1000 und mehr Zelltypen aufgebaut.[9] Tab. 12.1 listet einige weitere wichtige architektonische Unterschiede zwischen evoluierten Organismen und hergestellten Artefakten auf.

Die Metapher vom Gehirn als Computer ist ungeeignet, um diese bemerkenswerte Beobachtung zu erklären. Die Theorie sagt uns, dass eine Kombination von nur zwei Typen von Logikgattern, die Konjunktion und Negation (oder Varianten davon) ausdrücken, ausreicht, um eine beliebige Rechnung zu realisieren. Alles lässt sich berechnen, wenn man nur genügend UND-Gatter und

Tab. 12.1 Unterschiede zwischen Gehirn und Computer

	Gehirn	Digitaler Computer
Zeit	Asynchrone Spikeereignisse	Systemweite Uhr
Signale	Gemischte analog-digitale Signale	Binäre Signale
Berechnungen	Analoge, verrauschte nicht-lineare Summation, gefolgt von Halbwellengleichrichtung mit Schwellenwertbildung	Boolesche Operationen
Speicher	Eng integriert mit Prozessoren	Trennung zwischen Speicher und Berechnungen
Universelle Turingmaschine	Nein	Ja
Rechenknoten-Typen	Um 1000	Eine Handvoll
Geschwindigkeit der Knoten	Millisekunden (10^{-3} s)	Nanosekunden (10^{-9} s)
Konnektivität	1000–50.000	< 10
Robustheit	Robust bei Komponentenversagen	Empfindlich

Die vollkommen andersartige Architektur von Gehirn und digitalem Computer macht den entscheidenden Unterschied, wenn es um Bewusstsein geht.

Invertierer einsetzt. Digitalcomputer kommen mit einer Handvoll verschiedener Transistorentypen aus (einschließlich Leistungstransistoren und spezialisierten Flip-Flop-Schaltkreisen für Festkörperspeicher).

Warum also dieser rokokohafte Überschwang von Hirnzelltypen? Steckt dahinter eine Rechenfunktion? Ich würde wetten, dass diese Zelltypen nicht der rechnerischen Effizienz dienen, sondern das Produkt von evolutionären, entwicklungsbiologischen und metabolischen Zwängen sind.[10]

Emulierung des gesamten Gehirns

Selbst wenn wir die Gehirn-als-Computer-Sicht zurückweisen, besteht kein Zweifel daran, dass Computer die bemerkenswerte Fähigkeit besitzen, das Gehirn zu simulieren. Könnte dies schließlich zu einem bewussten Geist führen?

Inzwischen sind die Prinzipien, die dem Operieren individueller Synapsen, Dendriten, Axone und Neurone zugrunde liegen, einigermaßen verstanden. Die Dynamik dieser Elemente lässt sich mithilfe nichtlinearer Differenzialgleichungen ausdrücken, Varianten der berühmten Hodgkin-Huxley-Gleichungen der Aktionspotenzialauslösung und -weiterleitung.[11] Im Rahmen des Schweizer Blue Brain Project hat man eine Fülle solcher Gleichungen, die so modifiziert wurden, dass sie das dichte Netz synaptischer Interaktionen zwischen Neuronen berücksichtigen, auf Supercomputern laufen lassen, um das Feuerverhalten von mehreren Hunderttausend Neuronen in einer dünnen Scheibe des Rattencortex zu simulieren. Diese Gleichungen simulieren die Dynamik nachhallender elektrischer Aktivität in einer Scheibe Hirngewebe.[12] Naturgetreue Modelle der vernetzten Neurone so zu skalieren, dass sie das gesamte Gehirn einer Maus mit seinen 100 Mio. Zellen umfassen, wird im Verlauf der nächsten fünf Jahre technisch machbar werden.

Ein solcher Fortschritt lässt jedoch das weitaus schwierigere Problem unseres unzureichenden Wissens über die ungeheure Komplexität des Gehirns, vom molekularen bis zum systematischen Niveau, ganz unberührt. Einer Unmenge von Parametern in diesen Simulationen müssen spezifische Werte zugeordnet werden – Werte für Kanaldichten, Rezeptorbindungskonzepte, Kopplungskoeffizienten, Konzentrationen und derlei mehr. Ohne derart detaillierte Kenntnisse wissen Neuroingenieure nicht, wie sie ihrem Simulakrum Leben einhauchen können. Ja, sie können die Software dazu bringen, etwas zu tun, das vage biologisch aussieht, doch das erinnert eher an einen umherstolpernden Golem, der versucht, ein echtes Gehirn zu imitieren. Das schmutzige Geheimnis der Theoretischen Neurowissenschaft von heute ist, dass wir bisher nicht einmal über vollständiges dynamisches Modell des Nervensystems von *C. elegans* verfügen, obwohl es nur 302 Nervenzellen umfasst und sein Schaltplan, sein Konnektom, bekannt ist. Wir stehen also hier und versuchen, das menschliche Gehirn zu verstehen, obwohl wir noch nicht einmal das Gehirn eines Wurms verstehen.

Das ist der tiefere Grund dafür, warum das, was KI-Enthusiasten als Emulieren *des gesamten Gehirns* bezeichnen (wobei mit „Gehirn" das menschliche Gehirn gemeint ist), noch Jahrzehnte in der Zukunft liegt.[13] Das kann ich mit einiger Überzeugung behaupten, denn ich habe einen großen Teil meines Berufslebens exakten Simulationen neuronaler Schaltkreise gewidmet.[14] Im nächsten Kapitel werde ich diskutieren, ob solche Simulationen eines gesamten Gehirns sogar bewusst wären.

Jede Kultur betrachtet das Geist-Gehirn-Problem durch die Brille derjenigen Technologie, mit der sie am besten vertraut ist. Platon und Aristoteles verglichen das Gedächtnis mit dem Schreiben auf einer Wachstafel. Descartes stellte sich vor, die Lebenskraft fließe durch Arterien, cerebrale Höhlungen und Nervenröhren, ganz nach Art der Hydraulik, dank derer sich die Statuen von Göttern, Satyrn, Nymphen und Heroen auf den Springbrunnen am Hofe von Versailles bewegten. Spätere Metaphern verglichen das Gehirn mit einem mechanischen Uhrwerk, einer Telefonzentrale, einem elektromechanischen Rechner, dem Internet und heute mit Deep Convolutional Networks oder Generative Adversarial Networks.

Seltsamerweise werden Leber oder Herz nur selten mit Computermetaphern belegt. Wenn Wissenschaftler sich bemühen, exakte Computermodelle dieser Organe zu bauen, stellen sie sich die Stoffwechselprozesse in der Leber oder die Pumptätigkeit des Herzens nicht in informationstheoretischen Begriffen vor.

Die Gefahr bei Metaphern ist, dass man leicht vergisst, dass sie nur einen begrenzten Aspekt der Realität einfangen. „Die ganze Welt ist eine Bühne" ist ein schönes, poetisches Sprachbild, das sich auf einige Aspekte unserer Existenz bezieht, aber Sie und ich sind keine professionellen Schauspieler, es gibt kein Publikum, und kein Dramatiker hat uns unsere Worte in den Mund gelegt.

Die Theorie des globalen neuronalen Arbeitsraums

Lassen Sie mich dieses Kapitel mit einer Beschreibung der computationalen Sicht des Bewusstseins beenden, der zentralen Lehre oder Vermutung, die von den Computerexperten in der Lehre und den Medien propagiert wird. Diese Sicht wird am besten vom Modell des *globalen neuronalen Arbeitsraums* oder vom *Modell des globalen Arbeitsraums* des Bewusstseins verkörpert.[15]

Die Herkunft dieses Modells lässt sich auf die *Blackboard-Architektur* in der Frühzeit der künstlichen Intelligenz zurückführen, bei der spezialisierte Programme auf eine gemeinsame Informationstafel zugreifen können, Blackboard oder zentraler Arbeitsraum genannt. Der Kognitionspsychologe Bernie Baars postulierte die Existenz einer solchen Verarbeitungsressource im Gehirn. Ihre Kapazität ist jedoch sehr klein, sodass auf dieser Plattform jeweils nur ein einziges Perzept, ein einziger Gedanke oder eine einzige Erinnerung repräsentiert werden kann. Neue Information konkurriert mit alter Information und verdrängt diese.

Der Molekularbiologe Jean-Pierre Changeaux und der kognitive Neurowissenschaftler Stanislas Dehaene am Collège de France in Paris wandten diese Idee schließlich auf die Architektur des Neocortex an. Der Arbeitsraum ist ein Netzwerk weit reichender corticaler Neurone mit reziproken Projektionen zu homologen Neuronen in anderen corticalen Regionen, verteilt über präfrontale, parieto-temporale und cinguläre assoziative Cortexareale.

Wenn die Aktivität in den sensorischen Cortexarealen eine Schwelle überschreitet, löst dies eine globale Zündung aus, wodurch Information in den globalen neuronalen Arbeitsraum gelangt. Diese Information wird dadurch für eine Fülle subsidiärer Prozesse verfügbar, wie Arbeitsgedächtnis, Sprache, Planung und Willkürhandlungen. Es ist dieser Akt der globalen Verbreitung der Information, der uns diese Daten bewusst macht. Nicht mehr und nicht weniger. Daten, die nicht in dieser Weise publik gemacht werden, können unser Verhalten zwar immer noch beeinflussen, aber nur unbewusst.

Die Theorie des globalen Arbeitsraums nimmt an, dass NCCs erst relativ spät (> 350 ms) nach Reizbeginn auftauchen und auf weit verstreuten corticalen Interaktionen beruhen, an denen frontoparietale Netzwerke beteiligt sind. Weiterhin geht sie davon aus, dass Aufmerksamkeit für eine bewusste Wahrnehmung notwendig ist und das Arbeitsgedächtnis eng mit der Aktivität des globalen neuronalen Arbeitsraums verknüpft ist. Das Modell macht experimentell überprüfbare Vorhersagen, die sich teilweise mit denjenigen der IIT überschneiden, aber auch stark von ihnen abweichen.[16] Es handelt sich um eine funktionalistische Darstellung des Geistes, die sich nicht um die kausalen Fähigkeiten des zugrunde liegenden Systems kümmert. Das ist die Achillesferse einer jeden rein computationalen Darstellung.

Dieser Sicht zufolge ist Bewusstsein eine Konsequenz eines bestimmten Typs von Algorithmus, den das menschliche Gehirn ablaufen lässt. Bewusste Zustände lassen sich vollständig durch ihre funktionale Beziehung zu relevanten

sensorischen Inputs, motorischen Outputs und inneren Variablen erfassen, beispielsweise denjenigen, die mit Gedächtnis, Gefühl, Motivation, Vigilanz und
so weiter verknüpft sind. Das Modell akzeptiert somit vollständig den Mythos
unseres Zeitalters:

> Unser Standpunkt basiert auf einer simplen Hypothese: Was wir „Bewusstsein" nennen,
> resultiert aus bestimmten Typen von informationsverarbeitenden Berechnungen, die
> physikalisch von der Hardware des Gehirns realisiert werden.[17]

Da Seelen und andere Spukgestalten ausgeschlossen sind – es gibt kein Gespenst
in der Maschine – gibt es nach dieser Sichtweise keine Alternative. Es spielt
keine Rolle, ob es sich bei der Hardware um feuchte Neurone oder um im
Trockenätzverfahren hergestellte Transistoren handelt. Alles, was zählt, ist
die Art und Weise der Berechnungen. Dieser Sicht zufolge werden geeignet
programmierte Computersimulationen von Menschen daher ihre Welt erleben.

Im Folgenden werde ich das scharfe konzeptuelle Skalpell der integrierten
Informationstheorie in die Hand nehmen, um die Hypothese zu sezieren, dass
sich Bewusstsein berechnen lässt. Diese Sektion wird für den Patienten nicht gut
ausgehen.

Warum Computer kein Erleben haben

13

Wenn nicht gerade eine Katastrophe unseren Planeten in Düsternis versinken lässt, wird die Hightech-Industrie innerhalb von Jahrzehnten Maschinen schaffen, die über Intelligenz und Verhalten auf menschenähnlichem Niveau verfügen; diese werden in der Lage sein, zu sprechen, nachzudenken und in den Bereichen Wirtschaft, Politik und – unvermeidbar – Kriegsführung hoch koordinierte Handlungen durchzuführen. Die Geburt der wahren künstlichen Intelligenz wird die Zukunft der Menschheit zutiefst beeinflussen, den Aspekt eingeschlossen, ob sie denn überhaupt eine hat.

Ob man nun glaubt, das Aufkommen wahrer künstlicher Intelligenz kündige ein Zeitalter voller Wohlstand an, oder ob man darin den Anfang vom Ende des *Homo sapiens* sieht, eine fundamentale Frage bleibt zu beantworten: Haben diese künstlichen Intelligenzen ein Bewusstsein? Fühlt es sich für sie nach etwas an, sie zu sein? Oder handelt es sich schlicht um raffiniertere Versionen von Amazons Alexa oder Smartphones – clevere Maschinen ohne irgendein Gefühl?

Die Kap. 2 bis 4 führten Belege aus Psychologie und Neurowissenschaft dafür an, dass Intelligenz und Erleben verschieden sind: Dumm oder klug zu sein, ist etwas anderes, als sich seiner mehr oder weniger bewusst zu sein. Dazu passt, dass sich die neuronalen Korrelate des Bewusstseins mit ihrem Schwerpunkt im hinteren Cortex von den Korrelaten für intelligentes Verhalten unterscheiden, die vor allem im vorderen Bereich zu finden sind (Kap. 6). Konzeptionell geht es bei der Intelligenz ums Tun, beim Erleben dagegen ums Sein, etwa um Ärger oder einen Zustand reinen Erlebens. All das sollte uns die unausgesprochene Annahme hinterfragen lassen, dass Maschinenintelligenz notwendigerweise Maschinenbewusstsein beinhaltet.

Mit einer fundamentalen Theorie des Bewusstseins an der Hand werde ich diese Frage von den ersten Prinzipien her angehen, um zu zeigen, dass Intelligenz und Erleben nicht zusammen auftreten müssen. Lassen Sie uns die Postulate der integrierten Informationstheorie (IIT) anwenden, um zu berechnen, wie viel

© Springer-Verlag GmbH Deutschland, ein Teil von Springer Nature 2020
C. Koch, *Bewusstsein,* https://doi.org/10.1007/978-3-662-61732-8_13

kausale Kraft und integrierte Information zwei Klassen kanonischer Schaltkreise besitzen.

Bei der ersten Klasse handelt es sich um Feedforward-Schaltkreise, wie wir sie bereits kennengelernt haben. Ein solches neuronales Netzwerk ist vollständig reduzierbar, unabhängig davon, wie viele Verarbeitungsschichten aufeinanderfolgen. Seine integrierte Information wird immer null betragen. Es existiert nicht intrinsisch. Die zweite Klasse umfasst physikalische Realisationen eines Computers, programmiert dafür, Netzwerke aus Logikgattern zu simulieren. Die simulierten Netze sind irreduzibel, und ihre integrierte Information ist ungleich null. Dennoch ist der Computer – obgleich er diesen irreduziblen Schaltkreis korrekt simuliert – selbst auf seine Komponenten reduzierbar, ohne irgendeine integrierte Information, ganz gleich, was er simuliert.

Ich werde die Folgen dieses grundlegenden Ergebnisses für die Emulation des Gesamtgehirns und das „Hochladen" geistiger Inhalte (Mind uploading) diskutieren und dann noch einmal auf den Unterschied zwischen Intelligenz und Bewusstsein zurückkommen.

Dasselbe tun, aber nicht dasselbe sein

Was ist die integrierte Information in einer reinen Feedforward-Architektur, in der der Output jeder Schicht verarbeitender Elemente den Input in die nächste Verarbeitungsschicht darstellt, wie in einer Kaskade, ohne dass Information in die Gegenrichtung fließt? Der Zustand der ersten Schicht des Netzwerks (Eingabeschicht) wird durch von außen kommenden Input bestimmt, beispielsweise von einer Kamera, und nicht durch das System selbst. Desgleichen hat die letzte Verarbeitungsschicht, der Systemoutput (Ausgabeschicht), keinen Einfluss auf den Rest des Netzwerks. Aus intrinsischer Sicht bedeutet dies, dass weder die erste noch die letzte Schicht eines Feedforward-Netzwerks irreduzibel ist. Durch Induktion lässt sich dieselbe Argumentation auf die zweite Verarbeitungsschicht, die vorletzte Outputschicht und so weiter anwenden. Darum ist ein reines Feedforward-Netzwerk, als Ganzes gesehen, nicht integriert. Ihm fehlen intrinsische kausale Kräfte, und es existiert nicht für sich selbst nicht, da es auf seine einzelnen Verarbeitungseinheiten reduzierbar ist. Ein Feedforward-Netzwerk fühlt sich nie irgendwie, ganz egal, wie komplex jede einzelne seiner Schichten ist.[1]

In der Tat ist die intuitive Auffassung, dass ein ständiges Feedback, auch *rekurrente* oder *Reentry-Verarbeitung* genannt, für ein Erleben notwendig ist, unter Neurowissenschaftlern weit verbreitet.[2] Im mathematischen Rahmen der IIT lässt sich dies nun präzisieren.

Das in Abb. 13.1 links dargestellte rekurrente Netzwerk hat zwei Input-Einheiten, sechs interne Verarbeitungseinheiten und zwei Outputs. Die sechs Kerneinheiten sind über erregende und hemmende Synapsen vielfach untereinander verbunden. Wendet man die kausale Analyse der IIT auf den in Abb. 13.1 gezeigten Zustand an (weiß steht für AUS und grau für AN), ergeben sich 17 Distinktionen (Unterscheidungen) erster oder höherer Ordnung

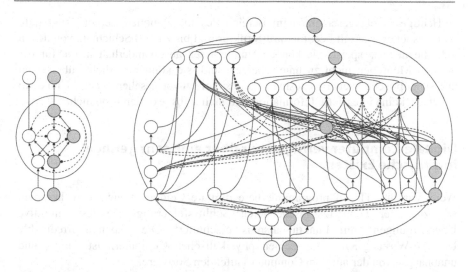

Abb. 13.1 Zwei funktionell gleichwertige Netzwerke: Zwei Netzwerke mit derselben Input–Output-Funktion können über sehr verschiedene intrinsische kausale Kräfte verfügen, wenn sie sich in ihrer inneren Verschaltung unterscheiden. Das rekurrente Netz links hat eine integrierte Information ungleich null, es existiert als ein Ganzes. Sein komplett entfalteter Zwilling rechts dagegen hat, bei gleicher Input–Output-Verschaltung, null integrierte Information. Er ist völlig auf seine 39 einzelnen Einheiten reduzierbar. (Nach Abb. 21 in Oizumi et al. 2014)

(gebildet von Kombinationen einer oder mehrerer Einheiten innerhalb des Kerns). Die Gesamtheit dieser Distinktionen bildet die maximal irreduzible Ursache-Wirkung-Struktur mit einem Wert für Φ^{max} ungleich null.

Jetzt betrachten wir das Feedforward-System rechts in Abb. 13.1. Es hat ebenfalls zwei Ein- und zwei Ausgänge, verfügt jedoch über 39 statt 6 interne Verarbeitungseinheiten und massenhaft erregende und hemmende Verbindungen. Dieses barock anmutende, in mühsamer Handarbeit konstruierte Netz soll die Funktion des rekurrenten Netzwerkes links nachbilden. Beide führen mit jedem Input, der sich über vier Zeitschritte erstreckt, exakt dieselben Input–Output-Transformationen aus[3]. Dennoch ist Φ^{max} des Feedforward-Systems null, und es existiert nicht als ein Ganzes. Tatsächlich lässt es sich auf seine 39 Elemente reduzieren.

Eine natürliche Entwicklung des Feedforward-Systems im Zuge der Evolution wäre extrem unwahrscheinlich, denn all diese zusätzlichen Verknüpfungen und Einheiten verursachen metabolische Kosten; außerdem ist der Schaltkreis relativ störanfällig, da häufig bereits die Unterbrechung einer einzigen Verbindung zum Versagen führt, während rekurrente Netzwerke ziemlich unempfindlich gegenüber Schädigungen sind. Doch es beweist, dass zwei Netzwerke dieselbe Input–Output-Funktion ausführen können, obwohl sich ihre intrinsischen kausalen Kräfte unterscheiden. Das rekurrente Netz ist irreduzibel, während das für die (funktional identische) Feedforward-Version nicht gilt. Der für diesen Unterschied verantwortliche Unterschied liegt im Detail, in der inneren Architektur des Systems.

Heutige Erfolgsgeschichten im Bereich des maschinellen Lernens sind tiefe Faltungsnetzwerke mit Feedforward-Struktur und bis zu 100 Schichten, von denen jede die nächste speist. Sie können Hunderassen auseinanderhalten, die für die meisten Menschen nicht zu unterscheiden sind, sie können Gedichte übersetzen und sich optische Szenerien ausmalen, die sie nie zuvor gesehen haben.[4] Und doch haben sie keine integrierte Information. Für sich selbst existieren sie nicht.

Digitale Computer verfügen nur über eine sehr geringe intrinsische Existenz

Wenn wir die IIT auf programmierbare digitale Computer anwenden, kommen wir zu einer noch überraschenderen Schlussfolgerung, die feste intuitive Überzeugungen zum Funktionalismus erschüttert. Die maximal irreduzible Ursache-Wirkung-Kraft von echten physikalischen Computern ist winzig und unabhängig von der auf dem Computer laufenden Software.

Um dieses Ergebnis zu verstehen, wollen wir uns die Arbeit von zwei brillanten jungen Wissenschaftlern – Graham Findlay und William Marshall – aus dem Labor von Tononi anschauen.[5] Sie betrachten das aus drei Elementen bestehende Zielnetzwerk (PQR), dem wir bereits in Kap. 8 (Abb. 8.2) begegnet sind, nur dass dieses jetzt mit physikalischen Schaltkreiselementen ausgestattet ist, die binäre Gatter instanziieren.

Jedes Gatter hat zwei Input- und zwei Outputzustände: Hohe Spannung signalisiert AN oder 1 (grau dargestellt in Abb. 13.2 und 13.3), niedrige Spannung steht für AUS oder 0 (weiß dargestellt). Ihr innerer Mechanismus beinhaltet ein logisches ODER-Gatter (OR), eine Kopier- und Speicher-Einheit (COPY) und ein Exklusiv-Oder-Gatter (XOR). Da dieser Schaltkreis deterministisch ist, wird er, wenn man ihn in den Zustand (PQR) = (100) bringt, beim nächsten Update in den Zustand (001) übergehen.

Wenn wir die kausale Analyse von Kap. 8 wiederholen, zeigt sich, dass das System ein irreduzibles Ganzes mit einem Φ^{max} ungleich null ist (Abb. 8.2). Seine maximal irreduzible Ursache-Wirkung-Struktur setzt sich aus zwei Mechanismen erster Ordnung (Q) und (R), einem Mechanismus zweiter Ordnung (PQ) und einem dritter Ordnung (PQR) zusammen.

So weit, so gut. Nun wollen wir dieses aus drei Elementen bestehende Netzwerk auf dem in Abb. 13.3 dargestellten Computer *simulieren*. Diesen Schaltkreis abzuleiten, ist eine echte Tour de Force. Mit seinen 66 logischen COPY-, NEGATION-, UND-, ODER- und XOR-Gattern nimmt seine Architektur die definierenden Aspekte einer klassischen Von-Neumann-Architektur an: Rechenwerk, Leitwerk, Speichereinheit sowie ein Taktgeber, der dafür sorgt, dass alles schön ordentlich im Gleichschritt läuft. Die Funktionalität des simulierten Schaltkreises liegt im Leitwerk, den acht Blöcken aus jeweils vier Copy-Gattern, die die acht möglichen Zustandsübergänge (Transitionen) des aus drei Elementen bestehenden Schaltkreises (PQR) verkörpern.

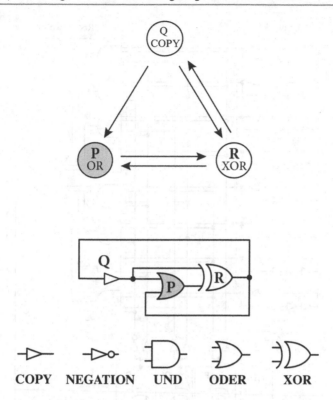

Abb. 13.2 Ein irreduzibler elektronischer Schaltkreis: Das aus drei Knoten bestehende Netz aus Abb. 8.2 besteht aus drei Logikgattern. Es ist ein Ganzes mit integrierter Information ungleich null und vier Distinktionen (Unterscheidungen). (Nach Abb. 1 in Findlay et al. 2019)

Es ist einfach, aber mühselig, die Operationen dieses winzigen Computers Schritt für Schritt zu verfolgen, während er (PQR) simuliert.[6] Er ahmt den triadischen Schaltkreis akkurat bis in alle Ewigkeit nach. Das heißt, der Computer in Abb. 13.3 ist dem Zielschaltkreis in Abb. 13.2 funktionell äquivalent. Gilt das auch für die intrinsischen kausalen Kräfte? Um diese Frage zu beantworten, wollen wir die kausale Analyse der IIT auf den Computer anwenden.

Zu unserer Überraschung erkennen wir, dass der gesamte aus 66 Elementen bestehende Schaltkreis reduzibel ist, mit integrierter Information gleich null. Grund dafür ist, dass viele der Schlüsselmodule – der Taktgeber und die acht Ringe aus vier COPY-Gattern – mit dem übrigen Schaltkreis in Feedforward-Verbindung stehen. Der Computer ist kein Ganzes; er besitzt keine intrinsischen kausalen Kräfte.

Das Hinzufügen von Feedback-Verknüpfungen zu verschiedenen Modulen, wie dem Taktgeber und dem Leitwerk, die ihre Funktionalität erhalten, ändert nichts

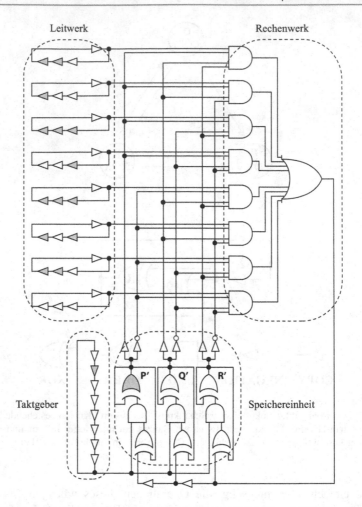

Abb. 13.3 Ein reduzierbarer Computer simuliert einen irreduziblen Schaltkreis: Ein aus 66 Elementen bestehender Computer, der dem triadischen Schaltkreis in Abb. 13.2 funktionell gleichwertig ist. Er lässt sich so programmieren, dass er jeden beliebigen aus drei Elementen bestehenden logischen Schaltkreis simulieren kann. Der IIT zufolge existiert dieser 3-Bit-Computer nicht für sich selbst, die integrierte Information ist gleich null, und das obwohl er einen Schaltkreis simulieren kann, dessen integrierte Information ungleich null ist. (Nach Abb. 2 aus Findlay et al. 2019)

am Ergebnis. Der gesamte Computer existiert nicht für sich selbst.[7] Es braucht schon mehr als bloß irgendein Feedback, um ein System irreduzibel zu machen.

Konzeptuell können wir den aus 66 Elementen bestehenden Computer in alle möglichen kleineren Schaltkreise zerlegen und für jedes Bruchstück Φ^{max} berechnen. Wir erhalten so neun Fragmente, die eine intrinsische Existenz besitzen: den Taktgeber und die acht Ringe mit vier COPY-Gattern. Jedes dieser neun Module stellt ein winziges Ganzes dar, jedes mit einem einzelnen Mechanismus erster Ordnung und einer winzigen Φ^{max}, ein Grad der Irreduzibilität, der sehr viel kleiner ist als der echte Schaltkreis, den der Computer simuliert.

Warum sollte man sich mit einem derart umständlichen Computer, der zwanzig Mal mehr Gatter hat und acht Mal länger braucht als (PQR), überhaupt abgeben? Weil der Computer durch Manipulieren der Zustände der Blöcke mit jeweils vier COPY-Gattern so programmiert werden kann, dass er jeden beliebigen Schaltkreis mit drei Gattern simuliert, nicht nur (PQR)! Trotz seiner scheinbaren Einfachheit ist der Computer für diese Klasse von Schaltkreisen universell.

Findlay und Marshall demonstrieren das, indem sie einen weiteren aus drei Elementen bestehenden Schaltkreis (XYZ) analysieren, der eine andere Rechenregel umsetzt als (PQR).[8] Wenn man ihn im Sinne der IIT analysiert, hat dieser triadische Schaltkreis eine maximal irreduzible Ursache-Wirkung-Struktur, die sich deutlich von der von (PQR) unterscheidet, mit sieben statt vier Distinktionen. Jetzt wird der Computer aus Abb. 13.3 neu programmiert, sodass er die Funktionalität von (XYZ) erhält, was auch gut klappt. Doch wie (PQR) hat auch dieser Schaltkreis keine intrinsische kausale Kraft und zerfällt in dieselben neun Module.

Ziehen wir Bilanz. Wir haben zwei verschiedene einfache Schaltkreise, (PQR) und (XYZ), und einen Computer, der beide simulieren kann. Gemäß IIT haben die triadischen Schaltkreise intrinsische kausale Kraft und sind irreduzibel, während der viel größere Computer, der diese Schaltkreise darstellt, über keine integrierte Information verfügt und auf kleinere Module reduziert werden kann.

Scharfsinnige Schaltkreis-Designer werden bemerkt haben, dass sich der Computer, der zur Simulation von jedem beliebigen aus drei Elementen bestehenden Schaltkreis entworfen wurde, so erweitern lässt, dass er einen Schaltkreis aus vier Elementen (4-Bit-Schaltkreis) simulieren kann. Dafür braucht man insgesamt 16 Ringelemente mit fünf COPY-Gattern, die 16 UND-Gatter speisen, die ihren Output wiederum an ein ODER-Gatter senden. Der Taktgeber und die Speichereinheit müssen ebenfalls erweitert werden. Tatsächlich kann der Computer – indem man denselben Konstruktionsprinzipien folgt – so ausgebaut werden, dass sich jeder endliche Schaltkreis mit n Gattern simulieren lässt, ob er nun drei oder vier oder 86 Mrd. binäre Gatter enthält.[9] Er ist Turing-vollständig. Ganz gleich, wie groß er ist, er existiert, intrinsisch gesprochen, nie als ein Ganzes, er zerfällt in 2^n Steuer-Module und den Taktgeber. Jedes einzelne Modul hat einen zu vernachlässigenden phänomenalen Inhalt, unabhängig von dem speziellen Schaltkreis, den es simuliert.

Ich kann nicht genug auf die gewaltige Diskrepanz zwischen der stark verarmten kausalen Struktur des fragmentierten Computers und der potenziell reichen intrinsischen Ursache-Wirkung-Struktur des irreduziblen physischen Schaltkreises verweisen, den der Computer exakt simuliert.

Hier und da Feedback-Verknüpfungen einzubauen, führt zu keiner wesentlich anderen Schlussfolgerung. Je größer der Computer ist, desto offensichtlicher wird sein Mangel an Integration; das liegt an der im Vergleich zu Gehirnen spärlichen

Konnektivität, dem Mangel an internem Fan-in und Fan-out, seiner Modularität und der seriellen Konstruktionsweise.

Man könnte einwenden, dass der Computer nicht mit der richtigen raum-zeitlichen Auflösung analysiert wurde. Immerhin muss die maximale Ursache-Wirkung-Kraft, gemäß dem Ausschlusspostulat der IIT, für alle möglichen Unterteilungen von Raum, Zeit und Schaltkreiselementen evaluiert werden. Zur mathematischen Maschinerie der IIT gehört eine mächtige Methode, mit der sich eine solche Analyse durchführen lässt, das *Blackboxing*.[10]

Wenn es nur um das gemittelte Verhalten von ein paar Variablen geht, kommt man mit grob skalierten Variablen aus. Doch häufig spielt der genaue Zustand der Mikrovariablen eine große Rolle: Die spezielle Spannungsverteilung über Millionen Zapfen in unserer Retina vermittelt den Seheindruck der jeweiligen optischen Szenerie. Über alle Zapfen gemittelt, ergäbe sich grau. Oder denken Sie an die elektrischen Ladungen der Transistorgates in Ihrem Laptop. Würde man die Ladung gleichmäßig über alle Gates verteilen, würde der Schaltkreis seine Tätigkeit einstellen und aufhören zu arbeiten. An dieser Stelle kommt das Blackboxing ins Spiel: Die Funktionalität auf niedriger Ebene wird durch eine Blackbox mit spezifischen In- und Outputs sowie einer speziellen Input–Output-Transformation ersetzt.

Ein großartiges Beispiel für Blackboxing sind die drei Logikgatter von Abb. 13.2. In der Praxis besteht jedes einzelne aus Transistoren, Widerständen, Dioden und anderen einfachen Schaltkreisbauteilen, die die verschiedenen logischen Funktionen implementieren.

Und jetzt kommt die Schwerstarbeit von Findlay und Marshall.[11] Sie beweisen, dass Blackboxing in keinem Fall zu einer sinnvollen maximal irreduziblen Ursache-Wirkung-Struktur führt, die der des simulierten Schaltkreises äquivalent ist. Es gibt unzählige Möglichkeiten für Blackboxing-Anordnungen in Raum, Zeit (beispielsweise können die acht Updates des Taktgebers als ein Makroelement in der Zeit behandelt werden) und Raumzeit, aber keine führt zum Erfolg: In keiner existiert der Schaltkreis als ein Ganzes.

Warum Mind-uploading sinnlos ist

Diese Darstellung zeigt, wie trügerisch die computationale Erklärung des Bewusstseins ist. Zwei Systeme können funktionell äquivalent sein, sie können dieselben Input–Output-Funktionen berechnen, aber sie haben nicht dieselbe intrinsische Ursache-Wirkung-Form. Der Computer in Abb. 13.3 existiert nicht intrinsisch, während das auf den Schaltkreis, den er simuliert, zutrifft. Das heißt, die beiden *tun* dasselbe, aber nur einer existiert für sich selbst.

Darüber hinaus zeigt der Beispielschaltkreis in Abb. 13.3, dass eine digitale, getaktete Simulation die Funktion jedes beliebigen Zielschaltkreises vollständig nachbilden kann, ohne dabei irgendetwas zu erleben, ganz gleich, wozu der Computer programmiert wurde.

Bewusstsein ist kein cleverer Algorithmus. Es wird von auf sich selbst wirkender kausaler Kraft geschaffen, nicht von Rechenleistung. Und das ist der Haken: Kausale Kraft, die Fähigkeit, sich selbst oder andere zu beeinflussen, kann nicht simuliert werden. Weder heute noch in Zukunft. Sie muss in die Physik des Systems eingebaut sein.

Nehmen wir als Analogie einen Computercode, der die Feldgleichungen von Einsteins Allgemeiner Relativitätstheorie simuliert, die Masse mit der Krümmung der Raumzeit in Beziehung setzt. Eine solche Software kann das supermassereiche Schwarze Loch Sagittarius A* in der Mitte unserer Milchstraße simulieren. Diese Masse übt so starke Gravitationskräfte auf die Umgebung aus, dass nichts, nicht einmal Licht, dem entkommen kann.

Haben Sie sich jemals gefragt, warum Astrophysiker, die Schwarze Löcher simulieren, nicht in ihre Supercomputer hineingesaugt werden? Wenn ihre Modelle die Wirklichkeit so genau nachbilden, warum schließt sich die Raumzeit dann nicht um den Computer, der die Simulation ausführt, und erzeugt ein kleines Schwarzes Loch, das den Computer und alles um ihn herum verschluckt?

Weil Gravitation keine Berechnung ist! Gravitation hat echte extrinsische kausale Kraft. Diese Kräfte können funktionell simuliert werden (etwa als Eins-zu-eins-Kartierung der physikalischen Eigenschaften, wie der metrische Tensor, die lokale Krümmung des Raumes und die Massenverteilung einerseits und die abstrakten Variablen, die auf der algorithmischen Ebene von der Programmiersprache spezifiziert sind, andererseits), aber das verleiht diesen Simulationen keine kausale Kraft.

Natürlich hat der Supercomputer, der die relativistischen Simulationen durchführt, eine gewisse Masse, die die Raumkrümmung ein ganz klein wenig beeinflussen wird. Er hat einen Hauch extrinsischer kausaler Kraft, und dieses Bisschen kausale Kraft wird sich nicht verändern, wenn der Supercomputer umprogrammiert wird, um Zahlentabellen für die Wirtschaft zu berechnen, da sich an seiner Masse nichts ändert.

Der Unterschied zwischen dem Echten und dem Simulierten ist deren jeweilige kausale Kraft. Darum wird es im Inneren eines Computers, der einen Starkregen simuliert, auch nicht nass. Die Software kann mit gewissen Aspekten der Wirklichkeit funktionell identisch sein, aber sie wird nicht dieselben kausalen Kräfte haben wie das echte Ding.[12]

Was für die extrinsische kausale Kraft gilt, gilt auch für die intrinsische kausale Kraft. Es ist möglich, die Dynamik eines Schaltkreises funktionell zu simulieren, doch die Ursache-Wirkung-Kräfte können nicht aus dem Nichts geschaffen werden. Ja, der Computer hat, wenn man ihn als Mechanismus behandelt, eine gewisse winzige intrinsische Ursache-Wirkung-Kraft auf der Ebene des Metalls, auf der Ebene seiner Transistoren, Kondensatoren und Drähte. Aber dennoch existiert der Computer nicht als ein Ganzes, sondern als Ansammlung winziger Fragmente. Dabei spielt es keine Rolle, ob er ein Schwarzes Loch oder ein Gehirn simuliert.

Und das gilt auch dann, wenn die Simulation den strengsten Anforderungen eines Mikrofunktionalisten genügen würde. Springen wir ein paar Jahrzehnte in die Zukunft, wenn biophysikalisch und anatomisch akkurate Emulationen (Nachbildungen) von ganzen menschlichen Gehirnen – der Art, über die wir im vorigen Kapitel gesprochen haben – in Echtzeit auf Computern laufen können.[13] Eine solche Simulation wird die synaptischen und neuronalen Vorgänge nachahmen, die ablaufen, wenn jemand ein Gesicht sieht oder eine Stimme hört. Das simulierte Verhalten (etwa in der Art von Experimenten, die in Abb. 2.1 skizziert sind) wird sich nicht von dem eines Menschen unterscheiden lassen. Doch solange der Computer, der dieses Gehirn simuliert, in seiner Architektur einer Von-Neumann-Maschine (wie in Abb. 13.3) ähnelt, kann er kein Bild sehen; er kann in seinen Schaltkreisen keine Stimme hören; er wird nichts fühlen. Er ist nicht mehr als ein cleveres Programm. Fake-Bewusstsein – es tut so, als ob, indem es Menschen auf biophysikalischer Ebene imitiert.

Im Prinzip könnte spezielle Hardware, die gemäß den Designprinzipien des Gehirns konstruiert ist, sogenannte *neuromorphe elektronische Hardware*,[14] genügend intrinsische Ursache-Wirkung-Kraft anhäufen, um etwas zu fühlen. Das heißt, wenn jedes einzelne Logikgatter Input von Zehntausenden Gattern erhielte und Output-Verknüpfungen zu Zehntausenden anderer Gatter herstellen würde statt nur von und zu einer Handvoll wie in den heutigen arithmetischen Logikeinheiten,[15] und wenn sich diese massiven Input- und Output-Ströme überlappen und miteinander rückkoppeln würden, so wie es die Neurone im Gehirn tun, dann könnte die intrinsische Ursache-Wirkung-Kraft des Computers mit der von Gehirnen konkurrieren. Derartige neuromorphe Computer könnten über ein Erleben auf menschlichem Niveau verfügen. Doch das würde ein völlig anderes Prozessor-Layout und einen kompletten konzeptionellen Neuentwurf der gesamten digitalen Infrastruktur der Maschine erfordern. Noch einmal, Erleben kommt in Gehirnen nicht durch seelenähnliche Substanzen zustande, sondern durch ihre auf sie selbst einwirkende kausale Kraft. Man bilde diese kausalen Kräfte nach, und das Bewusstsein folgt auf dem Fuße.

Das Entwirren von integrierten Netzwerken in funktionell äquivalente Feedforward-Netze macht deutlich, dass wir uns nicht auf den berühmten Turingtest verlassen können, um Bewusstsein zu entdecken. Als Alan Turing sein *imitation game* („Nachahmespiel") erfand, wollte er die vage Frage „Können Maschinen denken?" durch eine präzise und pragmatische Operation, eine Art Spielshow, ersetzen.[16] Ein Testobjekt besteht diesen Test, wenn ein Mensch eine gewisse Zeit über irgendetwas mit ihm spricht und dabei nicht bemerkt, dass es kein Mensch ist. Die Logik dahinter: Menschen, die an einer solchen aus Geben und Nehmen bestehenden Konversation beteiligt sind, denken. Wenn also eine Maschine dasselbe leisten kann – mit einem Menschen ein Gespräch über das Wetter, das Börsengeschehen, Politik, die Heimmannschaft, das Leben nach dem Tod führen –, dann sollte ihr dieselbe Fähigkeit zuerkannt werden wie einem Menschen, nämlich die Fähigkeit zu denken. Die Enkelkinder von Alexa und Siri werden über diesen Meilenstein hinausgehen. Dennoch bedeutet das nicht, dass diese Maschinen auch irgendetwas fühlen. Intelligenz und Bewusstsein sind sehr verschieden.

Abb. 11.2 ordnet natürliche und künstliche Systeme in ein zweiachsiges Koordinatensystem ein. Die waagerechte Achse stellt einen Maßstab für ihre Intelligenz dar, festgestellt etwa in einem Intelligenztest, während die integrierte Information auf der senkrechten Achse aufgetragen ist. Abb. 13.4 ist eine Variante dieses Diagramms, die zudem programmierbare Computer enthält. Heutige, auf konventionellen digitalen Computern laufende Software erzielt übermenschliche Leistungen bei Brettspielen, die üblicherweise mit menschlichen Intelligenzbestien assoziiert werden: Im Jahr 1997 schlug Deep Blue von IBM den Schachweltmeister Garri Kasparow, und 2016 schlug der AlphaGo-Algorithmus von DeepMind den Spitzen-Go-Spieler Lee Sedol. Ein Supercomputer, auf dem die fiktive Emulation eines kompletten Gehirns läuft, wird genau so klug sein wie ein Mensch, aber er wird sich stets entlang der unteren Achse des I-C-Koordinatensystems bewegen – ohne inneres Licht.

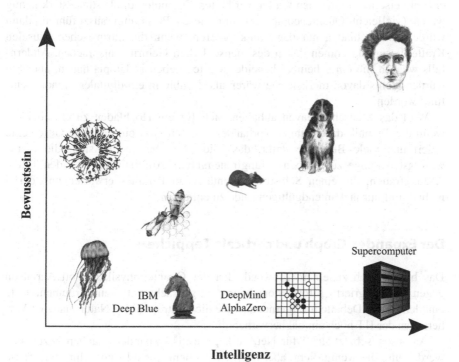

Abb. 13.4 Intelligenz und Bewusstsein in evolvierten Organismen und konstruierten Systemen: Während Arten größere Nervensysteme entwickeln, wächst ihre Fähigkeit, zu lernen und sich flexibel an neue Gegebenheiten anzupassen, ihre *Intelligenz;* dasselbe gilt für ihre Fähigkeit zum *Erleben.* Technische Systeme unterscheiden sich grundlegend von dieser aufsteigenden Entwicklung; ihre digitale Intelligenz nimmt zwar zu, aber sie haben kein Erleben. Biotechnologisch hergestellte cerebrale Organoide könnten vielleicht so etwas wie Erleben haben, doch sie wären nicht in der Lage zu handeln (Kap. 11)

Die integrierte Informationstheorie läutet den Untergang der Hoffnung ein, wir könnten den Hirntod überwinden, indem wir den Geist in eine Cloud hochladen. Diese Vorstellung geht auf eine Idee zurück, die der in Princeton tätige Neurowissenschaftler Sebastian Seung populär gemacht hat, das sogenannte Konnektom, die Gesamtheit aller unserer Nervenverbindungen, also sämtliche Billionen Synapsen sowie die von jeder einzelnen Synapse verbundenen zwei Neuronen, von denen unser Gehirn 86 Mrd. besitzt. Er vertritt die Auffassung, dass alle unsere Gewohnheiten, Eigenschaften, Erinnerungen, Hoffnungen und Ängste im Konnektom materialisiert sind. Seung meint scherzhaft: „Du bist dein Konnektom." Wenn man Ihr Konnektom in einen zukünftigen, auf Gehirnsimulationen spezialisierten Supercomputer hochladen würde, würde dieses Abbild – dem Computationalismus zufolge – Ihrem Geist ermöglichen, als rein digitales Konstrukt innerhalb der Maschine weiterzuleben.[17]

Lassen wir alle wissenschaftlichen und praktischen Einwände gegen diese Idee einmal beiseite und nehmen wir an, wir hätten Computer, die leistungsstark genug wären (vielleicht Quantencomputer), um dieses Programm auszuführen, dann würde das Hochladen nur dann funktionieren, wenn die intrinsischen kausalen Kräfte dieser Maschinen denen des menschlichen Gehirns entsprächen. Andernfalls würden Sie ein scheinbar beneidenswertes Leben in Utopia haben, aber Sie würden nichts davon merken. Sie wären als Zombie in ein digitales Paradies entführt worden.

Wird das Menschen davon abhalten, sich für ein Hochladen zu entscheiden, wenn die Technik dafür einmal vorhanden ist? Ich bezweifle es. Die Geschichte liefert uns viele Beispiele dafür, dass die Menschen bereit sind, die merkwürdigsten Dinge zu glauben – Jungfrauengeburt, Auferstehung von den Toten, 72 Jungfrauen, die einen Selbstmordattentäter im Paradies erwarten und derlei mehr –, um nur ja dem endgültigen Ende zu entgehen.

Der Expander-Graph und corticale Teppiche

Das bringt mich zu einem Einwand, den der Quantenphysiker Scott Aaronson gegen die integrierte Informationstheorie vorgebracht hat. Sein Argument löste eine lehrreiche Debatte im Internet aus, die die kontraintuitive Natur mancher Vorhersagen der IIT noch einmal hervorhebt.[18]

Aaronson schätzt Φ^{max} für Netzwerke, die als Expander-Graphen bezeichnet werden und die wenig dicht, aber hoch zusammenhängend sind.[19] Ihre integrierte Information wird immer weiter anwachsen, wenn die Zahl der Elemente in diesem netzartigen Gitter zunimmt. Das gilt sogar für ein regelmäßiges Gitter aus XOR-Logikgattern. Die IIT sagt für eine solche Struktur ein hohes Φ^{max} voraus.[20] Daraus folgt, dass zweidimensional angeordnete Logikgatter, die einfach genug wären, um sie mit Silizium-Technologie zu bauen, intrinsische kausale Kräfte besitzen und sich wie etwas fühlen würden. Das überrascht und widerspricht dem gesunden Menschenverstand. Aaronson folgert daraus, dass eine Theorie mit derart bizarren Schlüssen falsch sein muss.

Tononi antwortet mit einer dreigleisigen Argumentation, die die Behauptung der Theorie sogar noch verstärkt und untermauert. Stellen Sie sich eine nackte Wand ohne Eigenschaften vor. Aus extrinsischer Sicht ist sie leicht als leer zu beschreiben.[21] Doch für einen intrinsischen Beobachter der Wand tummeln sich in ihr unzählige Beziehungen. Sie hat viele, viele Punkte und benachbarte Bereiche, die diese Punkte umgeben. Die Punkte nehmen Positionen zu anderen Punkten und Bereichen ein, rechts oder links von ihnen, über oder unter ihnen. Manche Bereiche sind nah, andere weit weg. Es gibt trianguläre Wechselbeziehungen und so fort. Alle diese Beziehungen sind unmittelbar da; sie müssen nicht abgeleitet werden. Sie alle zusammen stellen ein üppiges Erleben dar, sei es gesehener Raum, gehörter Raum oder gefühlter Raum. Sie alle teilen eine ähnliche Phänomenologie. Die extrinsische Armut des leeren Raums verbirgt einen großen intrinsischen Reichtum. Dieser Überfluss muss von einem physikalischen Mechanismus getragen werden, der diese Phänomenologie durch seine intrinsischen kausalen Kräfte bestimmt.

Gehen wir nun hinein ins Gitter, zum Beispiel in ein Netzwerk aus einer Million Integrieren-oder-feuern- oder Logikeinheiten, die zu 1000 mal 1000 auf einem Gitternetz angeordnet sind, in etwa vergleichbar dem Output eines Auges. Jedes Gitterelement spezifiziert, welche seiner Nachbarn kurz zuvor AN waren und welche gleich darauf AN sein werden. Insgesamt gesehen handelt es sich um eine Million Distinktionen erster Ordnung. Aber das ist erst der Anfang, denn jede Kombination von zwei nahe beieinander liegenden Elementen mit gemeinsamen Inputs und Outputs kann eine Distinktion zweiter Ordnung spezifizieren, wenn sich das gemeinsame Ursache-Wirkung-Repertoire der beiden Elemente nicht auf dasjenige der Einzelelemente reduzieren lässt. Im Wesentlichen verknüpft eine solche Distinktion zweiter Ordnung die Wahrscheinlichkeit vergangener und zukünftiger Zustände der Nachbarn des Elements. Umgekehrt kann von Elementen ohne gemeinsame Inputs und Outputs keine Distinktion zweiter Ordnung spezifiziert werden, da ihr vereintes Ursache-Wirkung-Repertoire auf das der Einzelelemente reduzierbar ist. Potenziell gibt es eine Million mal eine Million Distinktionen zweiter Ordnung. In ähnlicher Weise werden aus drei Elementen bestehende Einheiten, so lange sie Ein- und Ausgang teilen, Distinktionen dritter Ordnung spezifizieren, indem sie mehr ihrer Nachbarn miteinander verbinden. Und immer so weiter.

Das Ganze bläht sich sehr schnell zu atemberaubenden Zahlen irreduzibler Distinktionen höherer Ordnung auf. Die maximal irreduzible Ursache-Wirkung-Struktur, die mit einem solchen Gitter einhergeht, *repräsentiert* nicht so sehr Raum (denn für wen sollte Raum re-präsentiert, also *wieder dargestellt* werden, was das Wort bedeutet), als dass sie vielmehr Raum *schafft*, der aus intrinsischer Perspektive erlebt wird.

Zu guter Letzt argumentiert Tononi, dass das neuronale Korrelat des Bewusstseins im menschlichen Gehirn einer gitterähnlichen Struktur ähnelt. Zu den gesichertsten Erkenntnissen in der Neurowissenschaft gehört, wie visuell, auditorisch und taktil wahrgenommene Räume topographisch auf dem visuellen, auditorischen und somatosensorischen Cortex kartiert sind. Die meisten exzitatorischen Pyramidenzellen und inhibitorischen Interneurone haben lokale Axone, die eine starke Verknüpfung zu ihren direkten Nachbarn aufweisen, wobei die Wahrscheinlichkeit einer Verknüpfung mit der Entfernung abnimmt.[22] Topographisch organisiertes corticales Gewebe verfügt über eine hohe intrinsische kausale Kraft, ganz gleich, ob es sich natürlicherweise im Inneren eines Schädels entwickelt oder ob es biotechnisch aus Stammzellen gewonnen und in Petrischalen gezüchtet wird. Dieses Gewebe wird etwas fühlen, selbst wenn sich unsere Intuition gegen die Vorstellung wehrt, dass corticale, von all ihren Inputs und Outputs abgekoppelte Teppiche irgendeine Form von Erleben haben können. Aber genau das geschieht jeden Tag, wenn wir unsere Augen schließen, einschlafen und träumen. Wir erschaffen eine Welt, die sich so echt anfühlt wie in der wachen Zeit, während wir keinen sensorischen Input mehr erhalten und uns nicht bewegen können.

Cerebrale Organoide oder gitterähnliche Substrate werden kein Bewusstsein für Liebe oder Hass haben, aber für Raum, für oben, unten, nah oder fern und andere phänomenologische Distinktionen. Doch solange sie nicht mit raffinierten motorischen Outputs ausgestattet werden, werden sie nicht in der Lage sein, irgendetwas zu tun. Aus diesem Grund gehören diese Gitter in die linke obere Ecke des Intelligenz-Bewusstseins-Koordinatensystems.

Im Schlusskapitel werde ich ein Resümee der aktuellen Situation ziehen und einen Überblick geben, wer in naher oder ferner Zukunft über intrinsische Existenz verfügen wird und wer nicht – nicht weil diese Daseinsformen mehr oder weniger leisten können, sondern weil sie einen intrinsischen Blickwinkel besitzen, weil sie für sich selbst existieren.

Ist Bewusstsein überall?

In diesem Schlusskapitel komme ich auf die fundamentale Frage zurück, die ich in Kap. 2 angerissen habe: Wer außer mir verfügt noch über Erleben? Weil Sie mir so ähnlich sind, abduziere ich, dass Sie ebenfalls subjektive, phänomenale Zustände haben. Derselbe Schluss gilt für andere Menschen. Wenn man von gelegentlich auftretenden einsamen Solipsisten absieht, besteht darüber Einigkeit. Doch wer verfügt sonst noch über Bewusstsein? Wie verbreitet ist Bewusstsein im Kosmos insgesamt?

Ich werde diese Frage auf zwei Wegen angehen. Das Analogieargument setzt auf die empirische Beweislage, um herzuleiten, dass viele Tierarten die Welt erleben. Es gründet sich auf die Ähnlichkeiten in Verhalten, Physiologie, Anatomie, Embryologie und Genetik zwischen ihnen und den Menschen, die den ultimativen Maßstab für Bewusstsein darstellen.[1] Wie weit sich die Bewusstseinssphäre in den Baum des Lebens hinein erstreckt, ist umso schwieriger herzuleiten, je fremder uns eine Art ist.

Eine ganz andere Argumentation bedient sich der Prinzipien der integrierten Informationstheorie für ihre logische Schlussfolgerung. Ein gewisses Maß an Erleben kann in allen Organismen gefunden werden, Pantoffeltierchen (*Paramecium*) und andere einzellige Lebensformen vielleicht eingeschlossen. Tatsächlich könnte Erleben, der IIT zufolge, nicht ausschließlich auf biologische Entitäten beschränkt sein, sondern sich sogar auf nicht evolvierte physikalische Systeme erstrecken, die man bislang für geistlos hielt – eine erfreuliche, dem Sparsamkeitsprinzip gehorchende Schlussfolgerung zum Aufbau des Universums.

Wie verbreitet ist Bewusstsein im Baum des Lebens?

Die evolutionären Beziehungen zwischen Bakterien, Pilzen, Pflanzen und Tieren werden üblicherweise anhand des Bildes vom Lebensbaum dargestellt (Abb. 14.1)[2]. Alle heutigen Arten – von der Fliege über die Maus bis zum

© Springer-Verlag GmbH Deutschland, ein Teil von Springer Nature 2020
C. Koch, *Bewusstsein*, https://doi.org/10.1007/978-3-662-61732-8_14

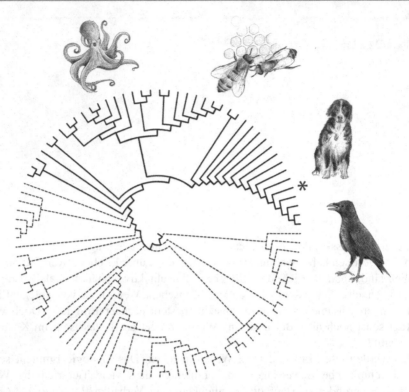

Abb. 14.1 Baum des Lebens: Geht man von der Komplexität der Nervensysteme und der Verhaltensweisen aus, ist es relativ wahrscheinlich, dass es sich nach etwas anfühlt, ein Vogel, Säugetier (*), Insekt oder Kopffüßer zu sein; die Gruppen werden hier durch eine Krähe, einen Hund, eine Biene und einen Oktopus dargestellt. Das Ausmaß, in dem Bewusstsein im gesamten Tierreich (geschweige denn in den anderen riesigen Domänen des Lebens) verbreitet ist, lässt sich im Augenblick nur schwer abschätzen. Der letzte gemeinsame Vorfahre aller lebenden Organismen befindet sich in der Mitte, die Zeitachsen verlaufen von innen nach außen

Menschen – befinden sich irgendwo in den Randbereichen des Baumes, und sie alle sind gleichermaßen an ihre jeweiligen ökologischen Nischen angepasst.

Jeder heute lebende Organismus stammt in einer ununterbrochenen Linie vom letzten gemeinsamen Vorfahren (*last universal common ancestor*, abgekürzt LUCA) des Lebens auf diesem Planeten ab. Diese hypothetische Art lebte vor unvorstellbaren 3,5 Mrd. Jahren, mittendrin in diesem Baum-des-Lebens-Mandala. Die Evolution erklärt nicht nur unseren Körperbau, sondern auch, wie unser Geist gebaut ist, denn der erhält keine spezielle Sonderbehandlung.

Angesichts der Ähnlichkeiten zwischen *Homo sapiens* und anderen Säugetieren auf der Ebene von Verhalten, Physiologie, Anatomie und Genetik habe ich keinen Grund, daran zu zweifeln, dass wir alle Bilder und Töne, Freuden und Leiden des Lebens erleben, wenn auch vielleicht nicht unbedingt im gleichen Maße. Wir alle streben danach, zu essen und zu trinken, uns fortzupflanzen, Verletzung und

Tod zu vermeiden; wir aalen uns in der Sonne, suchen die Gesellschaft von Artgenossen, fürchten (Fress-) Feinde, wir schlafen und wir träumen.

Auch wenn das Bewusstsein von Säugern von einem funktionierenden sechsschichtigen Neocortex abhängt, bedeutet das nicht, dass Tiere ohne Neocortex nicht fühlen. Noch einmal: Die Ähnlichkeiten zwischen den Strukturen, der Dynamik und den genetischen Gegebenheiten der Nervensysteme aller Vierfüßer – Säuger, Amphibien, Vögel (vor allem Raben, Krähen, Elstern und Papageien) und Reptilien – erlaubt mir den Schluss, dass auch sie die Welt erleben. Eine ähnliche Herleitung kann auch für andere Geschöpfe mit einer Wirbelsäule, wie zum Beispiel Fische, getroffen werden.[3]

Aber warum ein chauvinistischer Vertebrat sein? Der Baum des Lebens wird von Heerscharen von Invertebraten (Wirbellosen) bevölkert – Insekten, Krebse, Würmer, Tintenfische und derlei mehr –, die sich hin und her bewegen, ihre Umwelt wahrnehmen, aus Erfahrungen lernen, alle Anzeichen von Emotionen aufweisen, miteinander kommunizieren. Vielleicht erschreckt uns die Vorstellung, winzige, durch die Gegend schwirrende Fliegen oder die so fremdartig aussehenden durchsichtigen, pulsierenden Quallen könnten ein Erleben haben.

Honigbienen können Gesichter erkennen, sie können ihren Schwestern den Standort und die Qualität von Nahrungsquellen über den Schwänzeltanz mitteilen und sie können mithilfe von Markern, die in ihrem Kurzzeitgedächtnis gespeichert sind, durch komplexe Labyrinthe navigieren. Ein in einen Bienenstock hineingeblasener Duft kann die Bienen dazu bringen, an einen Ort zurückzukehren, an dem sie diesem Duft schon einmal begegnet sind, eine Art assoziatives Gedächtnis. Bienen verfügen über eine kollektive Befähigung zur Entscheidungsfindung, die so effektiv ist, dass sie jedes universitäre Gremium beschämt. Dieses als kollektive Intelligenz, Schwarmintelligenz oder auch „Weisheit der Vielen" (wisdom of the crowd) bezeichnete Phänomen wurde beim Schwärmen studiert, wenn sich die alte Bienenkönigin und Tausende ihrer Arbeiterinnen von der Kolonie trennen und einen Platz für einen neuen Stock suchen, der vielen verschiedenen, für das Überleben der Gruppe unverzichtbaren Anforderungen genügen muss (denken Sie daran, wenn Sie eine neue Wohnung suchen). Hummeln können sogar lernen, ein Werkzeug zu benutzen, wenn sie anderen Hummeln bei seinem Gebrauch zugesehen haben.[4]

In einem 1881 veröffentlichten Buch sagte Charles Darwin, er „wünschte zu erfahren, in wie weit … [die Würmer] bewusst handelten und wie viel geistiges Vermögen sie besäßen".[5] Darwin studierte ihr Verhalten und kam zu dem Schluss, dass es keine feste Grenze zwischen komplexen und einfachen Tieren gebe, die den einen höhere Geisteskräfte zuweise, den anderen aber nicht. Bislang hat noch niemand einen Rubikon entdeckt, der fühlende von nichtfühlenden Tieren trennt.

Selbstverständlich werden Reichtum und Diversität des tierischen Bewusstseins geringer, je einfacher und ursprünglicher die Nervensysteme der Tiere werden, am Ende bleibt ein lose organisiertes neuronales Netz übrig. Und mit der abnehmenden Arbeitsgeschwindigkeit der zugrunde liegenden Netze verlangsamt sich auch die Dynamik im Erleben eines Organismus.

Braucht Erleben überhaupt ein Nervensystem? Wir wissen es nicht. Es gibt Behauptungen, dass Bäume, die dem Pflanzenreich angehören, auf unerwartete Weise miteinander kommunizieren können, dass sie sich anpassen und lernen können.[6] Natürlich ist das alles auch ohne Erleben möglich. Darum würde ich sagen, die Beweislage ist faszinierend, aber noch sehr vorläufig. Wenn wir die Komplexitätsleiter Sprosse für Sprosse hinabsteigen, wie weit müssen wir hinuntergehen, bis kein Hauch von Bewusstsein mehr vorhanden ist? Auch das wissen wir nicht. Wir haben die Grenzen der Abduktion erreicht, die auf Ähnlichkeit mit dem einzigen Subjekt gründet, mit dem wir direkt bekannt sind: uns selbst.[7]

Bewusstsein im Universum

Die integrierte Informationstheorie hat einen völlig anderen Gedankengang zu bieten. Die Theorie beantwortet die Frage, wer ein Erleben haben kann, sehr genau: alles, was ein Maximum an integrierter Information ungleich null hat;[8] alles, was intrinsische kausale Kräfte hat, ist ein Ganzes. Was dieses Ganze fühlt, sein Erleben, ist durch seine maximal irreduzible Ursache-Wirkung-Struktur gegeben (Abb. 8.1).

Die Theorie verlangt nicht, dass Φ^{max} größer sein muss als 42 oder irgendeine andere magische Schwelle, um das Erleben anzuknipsen. Alles mit einem Φ^{max} größer null existiert für sich selbst, hat eine Innensicht und ein gewisses Maß an Irreduzibilität. Und das bedeutet, dass es da draußen eine ganze Menge Ganze gibt.

Sicher gehören Menschen dazu und andere Säugetiere mit einem Neocortex, von dem wir aus klinischer Erfahrung wissen, dass er das Substrat des Erlebens ist. Fische, Vögel, Reptilien und Amphibien besitzen ein Telencephalon, das evolutionär mit dem Säugetiercortex verwandt ist. Angesichts der damit einhergehenden Komplexität der Schaltkreise darf man annehmen, dass die intrinsische kausale Kraft des Telencephalons hoch ist.

Wenn wir die neuronale Architektur von Geschöpfen betrachten, die sich sehr stark von uns unterscheiden, wie etwa die Honigbiene, dann begegnen wir einer weitläufigen, ungezügelten neuronalen Komplexität – ungefähr eine Million Neurone in einem Volumen von der Größe eines Quinoakorns, eine Schaltkreisdichte zehnmal höher als die unseres Neocortex, auf den wir uns so viel einbilden. Und anders als unser Kleinhirn ist der Pilzkörper der Bienen stark rekurrent verknüpft. Wahrscheinlich bildet dieses kleine Gehirn eine maximal irreduzible Ursache-Wirkung-Struktur.

Bei der integrierten Information geht es nicht um die Verarbeitung von In- und Output, um Funktion oder um Kognition, sondern um die intrinsische Ursache-Wirkung-Kraft. Da sich die Theorie vom Mythos, dass Bewusstsein eng mit Intelligenz verwoben ist, befreit hat (Kap. 4, 11 und 13), kann sie endlich die Fesseln neuronaler Systeme abwerfen und intrinsische kausale Kraft in Mechanismen entdecken, die in keinem der üblichen Sinne Rechenoperationen durchführen.

Ein Beispiel dafür sind einzellige Organismen wie das Pantoffeltierchen *(Paramecium)*, die sogenannten *animalcula*, die erstmals Ende des 17. Jahrhunderts unter dem Mikroskop entdeckt wurden. Protozoen bewegen sich mithilfe peitschenschlagähnlicher Bewegungen winziger Haare durchs Wasser, sie meiden Hindernisse, entdecken Nahrung und zeigen adaptive Reaktionen. Wegen ihrer Winzigkeit und ihrer merkwürdigen Lebensräume halten wir sie nicht für fühlende Wesen. Aber sie stellen unsere Vorurteile infrage. Einer der ersten Forscher, der diese Mikroorganismen untersuchte, H. S. Jennings, brachte das sehr schön zum Ausdruck:

> Der Autor ist nach langen Studien des Verhaltens dieses Organismus völlig überzeugt, daß, wenn die Amöbe ein großes Tier wäre, so daß es dem Menschen in den Bereich seiner alltäglichen Beobachtung käme, daß dann sein Verhalten sofort bewirken würde, daß man dem Tiere die Zustände von Lust und Schmerz, von Hunger und Begehren u. dgl. zuschriebe aus genau denselben Gründen, aus denen wir diese Dinge dem Hunde zuschreiben.[9]

Zu den am besten untersuchten Organismen überhaupt gehört das noch kleinere Darmbakterium *Escherichia coli*, das Nahrungsmittelvergiftungen hervorrufen kann. Sein stäbchenförmiger Körper, der etwa die Größe einer Synapse hat, beherbergt in seiner Zellwand mehrere Millionen Proteine. Bislang konnte noch niemand so viel Komplexität vollständig modellieren. Angesichts dieser enormen Komplexität ist es unwahrscheinlich, dass die kausale, auf es selbst wirkende Kraft eines Bakterium den Wert null hat.[10] Nach der IIT ist es wahrscheinlich, dass es sich nach etwas anfühlt, ein Bakterium zu sein. Es ärgert sich gewiss nicht über seine Körperform; niemand wird je die Psychologie eines Mikroorganismus untersuchen. Doch es wird einen winzigen Hauch Erleben geben. Und dieser Hauch wird verschwinden, sobald sich das Bakterium in seine Bestandteile auflöst.

Begeben wir uns noch ein bisschen weiter hinunter in den Dimensionen, von der Biologie in die einfacheren Welten der Chemie und der Physik, und berechnen wir die intrinsische kausale Kraft eines Proteinmoleküls, eines Atomkerns oder sogar eines einzelnen Protons. Nach dem Standardmodell der Physik bestehen Protonen und Neutronen aus drei Quarks mit Bruchteilen elektrischer Ladung. Quarks werden nie alleine beobachtet. Darum kann es sein, dass es sich bei einem Atom um ein irreduzibles Ganzes handelt, ein Fünkchen „mit Geist begabter" Materie. Wie fühlt es sich an, ein einzelnes Atom zu sein, verglichen mit den, grob geschätzt, 10^{26} Atomen, die ein menschliches Gehirn bilden? Und angesichts des Umstandes, dass seine integrierte Information vermutlich nur äußerst knapp über null liegt, ein winziges Bagatellchen, ein Eher-etwas-als-Nichts?[11]

Um diese dem kulturellen Empfinden eines Menschen der westlichen Welt zuwiderlaufende Möglichkeit besser zu verstehen, betrachten Sie bitte folgende aufschlussreiche Analogie. Die Durchschnittstemperatur des Weltalls wird von den nachglühenden Überresten des Big Bang bestimmt, der kosmischen Mikrowellenhintergrundstrahlung. Sie durchdringt den Raum mit einer effektiven Temperatur von 2,73 K über dem absoluten Nullpunkt. Das ist mehr als eiskalt, rund 200 Grad Celsius kälter als irgendein irdischer Organismus überleben kann. Doch die Tatsache, dass die Temperatur nicht absolut null ist, bedeutet, dass es in der Tiefe des Raumes ein klitzekleines bisschen Wärme gibt. Entsprechend bedeutet ein Φ^{max} ungleich null, dass es ein klitzekleines bisschen Erleben gibt.

Indem ich so weit gegangen bin, das Geistige mit Blick auf Einzeller oder gar Atome zu diskutieren, habe ich mich in den Bereich der Spekulation begeben, obwohl ich während meines gesamten Wissenschaftlerlebens dazu angehalten wurde, derlei zu vermeiden. Doch drei Überlegungen haben mich dazu gebracht, alle Bedenken in den Wind zu schlagen.

Erstens: Diese Ideen sind schlichte Erweiterungen der integrierten Informationstheorie – die entworfen wurde, um Bewusstsein auf dem Niveau des Menschen zu erklären – auf Aspekte der physikalischen Welt, die sich erheblich davon unterscheiden. Genau das kennzeichnet eine mächtige wissenschaftliche Theorie: Sie sagt Phänomene˘ voraus, indem sie die Bedingungen weit über den ursprünglichen Anwendungsbereich der Theorie hinaus extrapoliert. Es gibt bereits Beispiele dieser Art: Wie schnell die Zeit vergeht, hängt davon ab, wie schnell man unterwegs ist; an Singularitäten wie einem Schwarzen Loch kann die Raumzeit zusammenbrechen; Menschen, Schmetterlinge, Gemüsepflanzen und die Bakterien in Ihrem Darm verwenden die gleichen Mechanismen, um ihre genetische Information zu kopieren und zu speichern, und so weiter.

Zweitens: Ich bewundere die Eleganz und Schönheit dieser Vorhersage.[12] Das Geistige bricht nicht abrupt aus dem Physikalischen hervor, oder wie es Leibniz ausdrückte: *Natura non facit saltus,* die Natur macht keine Sprünge. (Und Leibniz war immerhin der Miterfinder der Infinitesimalrechnung.) Dass es keine Diskontinuität gibt, ist zudem auch eines der Fundamente von Darwins Gedankengebäude.

Eine intrinsische kausale Kraft beseitigt die Herausforderung, wie Geist aus Materie hervorgeht. Die IIT nimmt an, dass er immer da ist.

Drittens: Die Vorhersage der IIT, dass das Geistige viel weiter verbreitet ist als zumeist angenommen, hat Anklänge an eine alte Denkschule, den *Panpsychismus.*

Viele, aber nicht alle Dinge sind mit Geist begabt

Die verschiedenen Erscheinungsformen des Panpsychismus haben eines gemeinsam: den Glauben, dass alles *(pan)* eine Seele *(psyche)* habe. Nicht nur Tiere und Pflanzen, sondern alles, bis hinab zu den kleinsten Teilchen der Materie – Atome, Felder, Strings oder was auch immer. Der Panpsychismus nimmt an, dass jeder physikalische Mechanismus entweder Bewusstsein besitzt, aus bewussten Teilen zusammengesetzt ist oder Teil eines größeren bewussten Ganzen darstellt.

Einige der klügsten Köpfe der westlichen Welt vertraten die Auffassung, dass Materie und Seele ein und derselbe Stoff seien, darunter die vorsokratischen Philosophen des antiken Griechenlands, Thales und Anaxagoras. Platon entwickelte solche Ideen ebenso wie der Renaissance-Kosmologe Giordano Bruno (auf dem Scheiterhaufen verbrannt 1600), Arthur Schopenhauer und im 20.

Jahrhundert der Paläontologe und Jesuit Pierre Teilhard de Chardin (dessen Bücher mit evolutionären Auffassungen über das Bewusstsein von seiner Kirche bis zu seinem Tod mit einem Veröffentlichungsverbot belegt waren).

Es fällt auf, dass viele Naturwissenschaftler und Mathematiker ausgesprochen panpsychistische Ansichten formulierten. An vorderster Stelle ist natürlich Leibniz zu nennen. Aber wir können auch drei Wissenschaftler anführen, die in Psychologie und Psychophysik Bahnbrechendes leisteten – Gustav Fechner, Wilhelm Wundt und William James –, sowie die Mathematiker und Astronomen Arthur Eddington, Alfred North Whitehead und Bertrand Russell. Mit der modernen Abwertung der Metaphysik und dem Aufstieg der analytischen Philosophie wurde das Geistige im letzten Jahrhundert nicht nur vollständig aus den meisten Universitäten vertrieben, sondern auch aus dem Universum als Ganzem. Doch heute betrachtet man das Leugnen von Bewusstsein als „Große Dummheit" (Great Silliness), und der Panpsychismus erfährt im akademischen Betrieb einen neuen Aufschwung.[13]

Diskussionen über das Existierende kreisen um zwei Pole: Materialismus und Idealismus. Der Materialismus, in seiner modernen Variante als Physikalismus bezeichnet, hat enorm von Galileo Galileis pragmatischer Einstellung profitiert, den Geist von den Objekten, die er studiert, zu trennen, um die Natur aus der Perspektive eines außenstehenden Beobachters zu beschreiben und zu quantifizieren. Das geschah auf Kosten des zentralen Aspekts der Wirklichkeit, dem Erleben. Erwin Schrödinger, einer der Begründer der Quantenmechanik, nach dem deren berühmteste Gleichung benannt ist, formulierte das sehr deutlich:

> Es handelt sich um die wunderliche Tatsache, dass einerseits unser gesamtes Wissen über die uns umgebende Welt, ob es nun im Alltagsleben oder durch höchst sorgfältig geplante und mühsame Laboratoriumsversuche erworben ist, ganz und gar auf unmittelbaren Sinnesempfindungen beruht, während andererseits dieses Wissen nicht imstande ist, die Beziehungen der Sinnesempfindungen zur Außenwelt zu enthüllen. So kommt es, dass in dem Bilde oder Modell, das wir uns von dieser bilden, die Sinnesqualitäten völlig fehlen.[14]

Der Idealismus andererseits kann nichts Produktives zur physikalischen Welt beitragen, da er diese als etwas nur in der Vorstellung Vorhandenes ansieht. Der cartesianische Dualismus akzeptiert beide in einer erzwungenen Gemeinschaft, in der beide Partner nebeneinander her leben, ohne miteinander zu sprechen (das ist das Interaktionsproblem: Wie kann Materie mit dem flüchtigen Geist interagieren?).[15] Die analytische, logisch-positivistische Philosophie verhält sich wie ein abgewiesener Liebhaber und leugnet die Legitimität und – in ihrer extremeren Version – sogar die Existenz eines der Partner in dieser geistig-physikalischen Beziehung. Damit verschleiert sie die eigene Unfähigkeit, mit dem Geistigen umzugehen.

Der Panpsychismus ist einheitlich. Es gibt nur einen Stoff, nicht zwei. Auf diese Weise lässt sich elegant vermeiden, erklären zu müssen, wie das Geistige aus dem Physischen entsteht und umgekehrt. Beides koexistiert.

Doch die Schönheit des Panpsychismus ist unergiebig. Außer der Behauptung, alles habe extrinsische und intrinsische Aspekte gleichermaßen, kann sie nichts Konstruktives zur Beziehung der beiden beitragen. Wo liegt der Unterschied im Erleben eines einsamen Atoms, das durch den interstellaren Raum fliegt, zu dem der hundert Trillionen Trillionen, die ein menschliches Gehirn bilden und dem der unzählbar vielen Atome, die einen Sandstrand ausmachen? Über solche Fragen schweigt sich der Panpsychismus aus.

Die integrierte Informationstheorie hat mit dem Panpsychismus viele Erkenntnisse gemeinsam, angefangen von der Grundannahme, dass Bewusstsein ein intrinsischer, fundamentaler Aspekt der Wirklichkeit ist. Beide Ansätze sagen, dass Bewusstsein überall im Tierreich in unterschiedlichen Ausprägungen vorhanden ist.

Unter ansonsten gleichen Bedingungen wächst die integrierte Information – und mit ihr die Reichhaltigkeit des Erlebens – in dem Maße, wie die Komplexität des zugehörigen Nervensystems zunimmt (Abb. 11.2 und 13.4), obwohl die reine Neuronenzahl keine Garantie dafür darstellt, wie wir am Beispiel des Kleinhirns gesehen haben. Bewusstsein kommt und geht jeden Tag mit dem Wechsel zwischen Wachen und Schlafen. Es verändert sich im Laufe des Lebens: Während wir vom Fötus zum Teenager und schließlich zum reifen Erwachsenen mit einem voll entwickelten Cortex heranwachsen, wird es immer reicher. Es nimmt zu, wenn wir mit Liebe und sexuellen Beziehungen, mit Alkohol und Drogen Bekanntschaft machen oder wenn wir Wertschätzung für Leistungen auf sportlichem, schriftstellerischem oder künstlerischen Gebiet erfahren. Und es zerfällt langsam, wenn unsere alternden Gehirne zerschleißen.

Am wichtigsten jedoch ist, dass es sich bei der IIT, anders als beim Panpsychismus, um eine wissenschaftliche Theorie handelt. Die IIT sagt die Beziehung zwischen neuronalen Schaltkreisen und Quantität und Qualität von Erleben voraus, sie erklärt, wie man ein Instrument zum Feststellen von Erleben baut (Kap. 9), wie reines Erleben zustande kommt und wie man das Bewusstsein durch Brain-Bridging (Kap. 10) vergrößert, warum bestimmte Teile des Gehirns es haben und andere nicht (hinterer Cortex versus Kleinhirn) und warum herkömmliche Computer nur ein klitzekleines Bisschen davon besitzen (Kap. 13).

Wenn ich Vorträge zu diesen Themen halte, ernte ich oft Blicke, die sagen: „Sie machen wohl Witze?" Das ändert sich, sobald ich erkläre, dass weder Panpsychismus noch IIT behaupten, dass Elementarteilchen denken oder kognitive Prozesse haben. Aber der Panpsychismus hat eine Achillesferse – das *Kombinations*problem, ein Problem, das die IIT restlos gelöst hat.

Warum es keinen kollektiven Geist geben kann, oder warum Neurone kein Bewusstsein haben

In *The Principles of Psychology* (1890), dem Grundlagenwerk für die amerikanische Psychologie, gibt William James ein denkwürdiges Beispiel für das Kombinationsproblem:

> Man nehme einen Satz von zwölf Wörtern sowie zwölf Menschen und sage jedem von ihnen ein Wort. Dann stelle man die Menschen in einer Reihe auf oder dränge sie auf einen Haufen zusammen und lasse jeden an sein Wort denken so kräftig als er will: nirgends wird dann das Bewußtsein des ganzen Satzes vorhanden sein.[16]

Erlebnisse aggregieren nicht zu größeren, übergeordneten Erlebnissen. Zwischen eng interagierenden Menschen – Liebende, Tänzer, Sportler, Soldaten und so weiter – entsteht kein kollektiver Geist mit einem Erleben ober- und unterhalb der Erlebensebene der einzelnen Individuen, aus denen die Gruppe besteht. John Searle schreibt:

> Bewusstsein kann sich nicht im Universum ausbreiten wie dünn ausgestrichene Marmelade; es muss eine Stelle geben, wo mein Bewusstsein endet und Ihres beginnt.[17]

Der Panpsychismus liefert keine befriedigende Antwort, warum das so sein sollte, wohl aber die IIT. Wie wir in Kap. 10 mit Blick auf die Split-Brain-Experimente (Abb. 10.2) ausführlich diskutiert haben, postuliert die IIT, dass nur Maxima von integrierter Information existieren. Das ist eine Folge des Ausschlussaxioms – jedes bewusste Erleben ist definit, mit Grenzen. Bestimmte Aspekte des Erlebens liegen innerhalb, während sich das weite Universum möglicher Gefühle außerhalb befindet.

Betrachten Sie Abb. 14.2. Sie zeigt mich, wie ich Ruby anschaue und ein bestimmtes visuelles Erleben (Abb. 1.1) habe, eine maximal irreduzible Ursache-Wirkung-Struktur. Diese besteht aus dem zugrunde liegenden physischen Substrat, dem Ganzen, hier einem bestimmten neurologischen Bewusstseinskorrelat in der heißen Zone meines hinteren Cortex. Aber das Erleben ist nicht identisch mit dem Ganzen. Mein Erleben ist nicht mein Gehirn.

Das Ganze hat feste Grenzen; ein bestimmtes Neuron ist entweder Teil des Ganzen oder nicht. Letzteres ist sogar dann richtig, wenn dieses Neuron das Ganze mit etwas synaptischem Input versorgt. Was das Ganze definiert, ist ein Maximum an integrierter Information, wobei das Maximum über alle raumzeitlichen Größenordnungen und Auflösungen – wie Moleküle, Proteine, subzelluläre Organellen, einzelne Neurone, großen Neuronenverbände, die Umwelt, mit der das Gehirn interagiert, und so fort – hinweg evaluiert wird.

Was mein bewusstes Erleben formt, ist das irreduzible Ganze, nicht die diesem zugrunde liegenden Neurone.[18] Darum ist mein Erleben nicht nur nicht mein Gehirn, sondern höchstwahrscheinlich auch nicht meine einzelnen Neurone. Eine Handvoll Neurone in einer Petrischale mögen zwar über ein klitzekleines bisschen Erleben verfügen, einen Minigeist bilden, die Hunderte Millionen Neurone jedoch, die gemeinsam meinen hinteren Cortex formen, enthalten keineswegs Millionen von Minigeistern. Es gibt nur einen Geist, meinen Geist, und er wird von dem Ganzen in meinem Gehirn gebildet.

In meinem Gehirn oder in meinem Körper können durchaus andere Ganze existieren, solange sie keine Elemente mit dem Ganzen der hinteren heißen Zone gemeinsam haben. Es kann also durchaus sein, dass sich meine Leber wie etwas

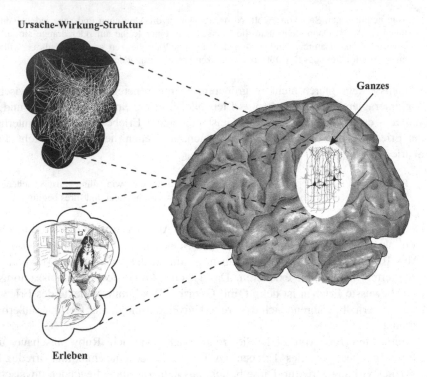

Abb. 14.2 Ist das Körper-Geist-Problem gelöst? Die integrierte Informationstheorie postuliert, dass jedes bewusste Erleben, hier das Betrachten eines Berner Sennenhundes, mit einer maximal irreduziblen Ursache-Wirkung-Struktur identisch ist. Sein physisches Substrat, sein Ganzes, ist das funktionell definierte neuronale Bewusstseinskorrelat. Das Erleben wird vom Ganzen geformt, aber es ist nicht damit identisch

fühlt, doch angesichts der sehr eingeschränkten Interaktionen zwischen Leberzellen habe ich meine Zweifel, dass es sich nach viel anfühlt.

Ähnlich die Billion Bakterien, die sich in meinem Darm vergnügen: Obwohl ein einzelnes Bakterium durchaus ein Fitzelchen integrierter Information haben könnte, hätten meine Darmbakterien nur dann ein einziges Gehirn, wenn man sie als ein Ganzes betrachtet und das zugehörige Φ^{max} des Mikrobioms größer wäre als das Φ^{max} der einzelnen Bakterien. Es ist nicht leicht, das *a priori* zu entscheiden, es hängt von der Intensität der verschiedenen Interaktionen ab.

Das Ausschlussprinzip erklärt auch, weshalb das Bewusstsein während der Tiefschlafphasen verschwindet. Dann nämlich beherrschen die Deltawellen das EEG (Abb. 5.1), und corticale Neurone haben regelmäßige hyperpolarisierte Down-Zustände, während derer sie stumm sind, unterbrochen von aktiven Up-Zuständen, in denen die Neurone stärker depolarisiert sind. Diese An-/Aus-Phasen werden regional koordiniert. In der Folge bricht das corticale Ganze zusammen, es zerfällt in kleine Grüppchen interagierender Neurone. Davon hat wahrscheinlich jedes einzelne nur einen Hauch integrierter Information. Genau genommen, verschwindet „mein" Bewusstsein im Tiefschlaf und wird von Myriaden winziger Ganzer ersetzt, an die ich mich nach dem Aufwachen nicht erinnere.[19]

Das Ausschlusspostulat legt fest, ob ein Aggregat bewusster Einheiten – Ameisen einer Kolonie, Zellen, die einen Baum bilden, Bienen in einem Stock, Stare in einem schwatzenden Schwarm, ein Oktopus mit seinen acht halbautonomen Armen oder die Hunderte chinesischer Tänzer und Musiker während der Choreographie zur Eröffnung der Olympischen Spiele 2008 in Peking – als bewusste Einheit existiert oder nicht. Eine fliehende Büffelherde oder eine Menschenmenge kann handeln, als habe sie *einen* Geist, doch das bleibt eine reine Sprachfigur, solange es keine phänomenale Entität gibt, die etwas oberhalb und unterhalb der Ebene des Erlebens der einzelnen Individuen fühlt, welche diese Gruppe bilden. Gemäß der IIT würde dies die Auflösung der individuellen Ganzen erfordern, da die integrierte Information für jedes einzelne Individuum kleiner ist als das Φ^{max} des Ganzen. Jede Person in der Menge würde ihr individuelles Bewusstsein aufgehen lassen im Geist der Gruppe, so als würde sie in das kollektive Bewusstsein („Hive-Geist") der Borg aus dem *Star-Trek*-Universum assimiliert.

Das Ausschlusspostulat der IIT erlaubt die gleichzeitige Existenz von individuellem und kollektivem Geist nicht. Damit können wir die *anima mundi* oder Weltseele ausschließen, denn sie erfordert, dass der Geist aller fühlenden Wesen zugunsten einer allumfassenden Seele ausgelöscht wird. In ähnlicher Weise fühlt es sich nicht nach etwas an, die 300 Mio. Einwohner der USA zu sein. Als Gesamtheit verfügen die Vereinigten Staaten über beträchtliche kausale Kräfte, etwa die Macht, ihre Bürger hinzurichten oder einen Krieg zu beginnen. Doch das Land hat keine maximal irreduzible intrinsische Ursache-Wirkung-Kraft. Länder, Konzerne oder andere handlungsmächtige Gruppierungen existieren als militärische, wirtschaftliche, kulturelle, Finanz- oder Rechtseinheiten. Sie sind Aggregate, aber keine Ganzen. Sie besitzen keine phänomenale Wirklichkeit und keine intrinsische kausale Kraft.[20]

Das heißt, der IIT zufolge könnten einzelne Zellen etwas intrinsische Existenz besitzen, doch das gilt nicht notwendigerweise für das Mikrobiom oder für Bäume. Tiere und Menschen existieren für sich selbst, Herden und Menschenansammlungen jedoch nicht. Möglicherweise existieren sogar Atome für sich selbst, aber ganz sicher nicht Löffel, Stühle, Dünen oder das Universum im Großen und Ganzen.

Die IIT postuliert für jedes Ganze zwei Seiten: einen äußeren Aspekt, der der Welt bekannt ist und mit anderen Objekten interagiert, andere Ganze eingeschlossen, und einen inneren Aspekt, sein Erleben, das Wie-es-sich-anfühlt. Das ist eine solitäre Existenz, ohne direkten Zugang zum Inneren von anderen Ganzen. Zwei oder mehr Ganze können sich zu einem größeren Ganzen vereinen, doch damit verlieren sie ihre bisherige Identität.

Zu guter Letzt hat der Panpsychismus nichts Klares zu Bewusstsein bei Maschinen zu sagen, die IIT aber schon. Konventionelle Computer aus Schaltkreiskomponenten mit spärlicher Konnektivität und geringen Überlappungen zwischen ihren In- und Outputs stellen kein Ganzes dar (Kap. 13). Computer besitzen nur ein winziges Bisschen hoch fragmentierter intrinsischer Ursache-Wirkung-Kraft, unabhängig von der Software, die sie ausführen, und unabhängig von ihrer Rechenkapazität. Androide können nicht von elektrischen Schafen träumen, wenn ihre Schaltkreise auch nur entfernt an heutige CPUs erinnern. Natürlich ist es möglich, Rechenmaschinen zu bauen, die neuronale Architekturen nachahmen. Solche neuromorphen technischen Konstrukte könnten über viel integrierte Information verfügen. Doch das ist reine Zukunftsmusik.

Die IIT kann man sich als Erweiterung der Physik zum zentralen Fakt unseres Lebens vorstellen, dem Bewusstsein.[21] Die Lehrbuchphysik beschäftigt sich mit der Interaktion von Objekten, die von extrinsischen kausalen Kräften diktiert wird. Unser Erleben, Ihres und meines, ist die Art und Weise, wie sich Gehirne mit irreduziblen intrinsischen kausalen Kräften von innen anfühlen.

Die IIT bietet eine auf Prinzipien beruhende kohärente, überprüfbare und elegante Beschreibung der Beziehung zwischen diesen scheinbar unvereinbaren Bereichen der Existenz – der physischen und der geistigen – und begründet sie mit extrinsischen und intrinsischen kausalen Kräften. Zwei verschiedene Arten von kausalen Kräften, mehr brauchen wir nicht, um alles im Universum zu erklären. Diese Kräfte stellen die ultimative Wirklichkeit dar.[22]

Weitere experimentelle Arbeit wird notwendig sein, um diese Auffassungen zu validieren, zu modifizieren oder vielleicht auch zu verwerfen. Wenn wir überhaupt etwas aus der Geschichte lernen können, dann dass uns zukünftige Entdeckungen in Laboratorien, Kliniken oder auch außerhalb unseres Planeten Überraschungen bescheren werden.

Wir sind am Ende unserer Reise angekommen. Erhellt vom Licht unseres Polarsterns, dem Bewusstsein, erweist sich das Universum als wohlgeordneter Raum. Es ist mit viel mehr Geist ausgestattet, als die Moderne, geblendet von ihrer technischen Überlegenheit über die natürliche Welt, annimmt. Diese Sicht folgt eher früheren Traditionen, die die Natur respektierten und fürchteten.

Erleben findet sich an unerwarteten Stellen, etwa in allen Tieren, seien sie nun groß oder klein, und vielleicht sogar in der nackten Materie. Doch in digitalen Computern, auf denen Software läuft, gibt es kein Bewusstsein, selbst wenn sie sprechen können. Immer leistungsfähigere Maschinen werden ein Fake-Bewusstsein vorgaukeln und – vielleicht – die meisten damit täuschen. Aber genau wegen der drohenden Konfrontation zwischen natürlicher, evolvierter und künstlicher, konstruierter Intelligenz ist es unabdingbar, die zentrale Bedeutung, die das Fühlen für ein gelebtes Leben hat, hervorzuheben.

Epilog: Warum dies wichtig ist

Zeit meines Lebens versuche ich, die wahre Natur des Seins zu begreifen. Ich habe mich bemüht zu verstehen, wie das der Wissenschaft so lange entfremdete Bewusstsein in eine rationale, konsistente und empirisch überprüfbare Auffassung von der Welt passen kann, die auf physikalischen und biologischen Informationen beruht. Im Rahmen dessen, was mir und meinesgleichen möglich ist, bin ich zu einem gewissen Verständnis in dieser Frage gelangt.

Heute weiß ich, dass ich in einem Universum lebe, in dem das innere Licht des Erlebens viel weiter verbreitet ist, als im westlichen Kanon üblicherweise angenommen wird. Dieses innere Licht leuchtet in Menschen und in den Vertretern des Tierreichs mal heller, mal gedämpfter, je nach Komplexität ihres Nervensystems. Die integrierte Informationstheorie besagt, dass sich möglicherweise alles zelluläre Leben wie etwas fühlt. Das Geistige hängt mit dem Physischen zusammen, es sind zwei Aspekte einer zugrunde liegenden Wirklichkeit.

Diese Erkenntnisse sind wegen ihres philosophischen, wissenschaftlichen und ästhetischen Werts von Bedeutung. Doch ich bin nicht nur Wissenschaftler, ich versuche auch, ein ethisches Leben zu führen. Welche moralischen Konsequenzen ergeben sich aus diesem abstrakten Verständnis? Am Ende dieses Buches möchte ich mich vom Deskriptiven zum Präskriptiven und Proskriptiven wenden, dahin, wie wir über Gut und Böse denken sollten, und ich möchte zum Handeln aufrufen.[1]

Vor allem müssen wir uns von der Vorstellung verabschieden, dass der Mensch im Mittelpunkt des ethischen Universums steht und der Rest der Natur nur dann einen Wert hat, wenn er den Zielen des Menschen nützt, eine Vorstellung, die tief in der westlichen Kultur und Tradition verankert ist.

Wir sind Geschöpfe der Evolution, ein Blatt unter Millionen anderen am Baum des Lebens. Ja, wir sind mit machtvollen kognitiven Fähigkeiten ausgestattet, insbesondere mit Sprache, symbolischem Denken und einem ausgeprägten Sinn für das „Ich". Diese ermöglichen Leistungen, zu denen unsere Verwandten im Lebensbaum nicht fähig sind – Wissenschaft, *Der Ring des Nibelungen,* die allgemeinen Menschenrechte, aber auch den Holocaust und die Erderwärmung. Obwohl wir an der Schwelle zu einer trans- oder posthumanen Welt stehen, in der unsere

© Springer-Verlag GmbH Deutschland, ein Teil von Springer Nature 2020
C. Koch, *Bewusstsein,* https://doi.org/10.1007/978-3-662-61732-8

Körper mehr und mehr mit Maschinen verquickt werden, unterliegen wir doch der Gravitation der Biologie.[2]

Wir müssen den menschlichen Narzissmus und unseren tief sitzenden Glauben überwinden, Tiere und Pflanzen existierten nur zu unserem Wohle und unserem Vergnügen. Wir müssen uns das Prinzip zu eigen machen, dass der moralische Zustand eines jeden Subjekts, eines jeden Ganzen, in seinem Bewusstsein wurzelt, nicht allein in seinem Menschsein.[3] Es gibt drei Begründungen für eine Aufnahme in den privilegierten Rang der Subjekte. Ich nenne sie die *auf Empfindungsfähigkeit beruhenden,* die *auf Erleben beruhenden* und die *kognitiven* Kriterien.

Auf emotionaler Ebene spüren wir sehr leicht die *Empfindungsfähigkeit* anderer. Wenn wir sehen, wie ein Kind oder ein Hund misshandelt wird, erfährt jeder von uns eine starke instinktive Reaktion. Wir können den Schmerz nachfühlen, wir haben Mitgefühl mit dem Opfer. Daher die moralische Einsicht, dass jedes leidensfähige Subjekt kein Mittel zum Zweck, sondern selbst Zweck ist. Jedes Geschöpf, das leidensfähig ist, hat ein Minimum an moralischer Relevanz sehen – zuvörderst sein Wunsch, zu *sein* und nicht zu leiden.

Damit ein Subjekt leidensfähig ist, muss es notwendigerweise ein Erleben haben. Aber umgekehrt gilt nicht unbedingt dasselbe. Wir können uns Ganze vorstellen, die sich wie etwas fühlen, zum Beispiel Gehirnorganoide und andere biotechnisch hergestellte Strukturen, die aber kein schmerzhaftes oder unangenehmes Erleben haben, das sie zu vermeiden suchen. Anders ausgedrückt, die Menge der leidensfähigen Subjekte ist eine Teilmenge aller Subjekte. Die meisten höheren Tiere sind dennoch dazu verdammt, den Schmerz des Lebens zu erfahren, da es für das Überleben zwingend erforderlich ist, Gefahren für die körperliche Unversehrtheit und Abweichungen von der Homöostase wahrzunehmen.

Die europäische Moderne schuf Gesetze für Tierrechte, da die Gesellschaft nach und nach eingesehen hat, dass Haus- und Nutztiere Menschen in gewisser Weise ähnlich sind. Sie alle sind mehr oder weniger dazu in der Lage, Leid und Lebensfreude zu empfinden, die Welt zu sehen, zu hören und zu riechen. Alle haben einen intrinsischen Wert. Doch während unsere tierischen Gefährten sowie eine Handvoll charismatischer Großtiere wie Menschenaffen, Wale, Löwen, Wölfe, Elefanten und Weißkopfseeadler öffentliche Fürsprecher und Gesetze haben, die sie schützen, ist das für Reptilien, Amphibien, Fische oder Wirbellose (wie Kalmare und Kraken oder auch Hummer) nicht der Fall. Für das Wohl von Fischen setzen sich nur wenige ein, da diese nicht schreien, Kaltblüter sind und so ganz anders aussehen als wir. Wir gestehen ihnen nicht einmal das Recht auf einen schnellen Tod zu – Angler und Fischer denken sich nichts dabei, Fische aufzuspießen, um sie als lebende, zappelnde Köder zu verwenden, oder sie zu Tausenden aus dem Fangnetz auf einen Trawler zu schütten und dort qualvoll ersticken zu lassen. Und ja, alle Ergebnisse aus Physiologie, Hormon- und Verhaltensforschung zeigen, dass Fische auf Schmerzreize genauso reagieren wie wir. Auf diese scheußliche und gedankenlose Art und Weise töten wir etwa eine Billion Fische pro Jahr, 1000 Mrd. fühlender Wesen.[4] Wenn sich der Bogen der Moral tatsächlich der Gerechtigkeit zuneigt, wird die Menschheit für diese abscheuliche Gewohnheit Rechenschaft ablegen müssen, an der wir alle beteiligt sind.

Die auf *Erleben* beruhende Begründung für die Idee, dass andere Arten als der Mensch als intrinsisch wertvolle Subjekte betrachtet werden sollten, lautet: Jede Entität mit einer Innensicht ist wertvoll. In einem Universum, in dem es keinen extrinsischen Zweck gibt, ist phänomenales Erleben unersetzlich. Es ist das Einzige, was wirklich zählt. Denn wenn etwas nicht fühlt, dann existiert es nicht als Subjekt. Leichen und Zombies existieren zwar für andere, aber nicht für sich selbst.

Die dritte Begründung sind die *kognitiven Fähigkeiten:* Überzeugungen und Wünsche, ein Ich-Gefühl, eine Vorstellung von Zukunft, sich Unmögliches vorstellen können („Wenn ich meine Beine nicht verloren hätte, könnte ich noch klettern"), kreatives Potenzial. In dem Maße, wie Tiere solche höheren kognitiven Fähigkeiten haben, haben sie Rechte.

Dennoch bin ich dagegen, moralische Relevanz allein mit den kognitiven Fähigkeiten zu begründen. Erstens verfügen nicht alle Menschen über diese Fähigkeiten, denken Sie nur an Babys, Kinder mit Anenzephalie, Patienten im Wachkoma oder Demenzkranke im Endstadium. Sollen sie weniger Relevanz haben und weniger Rechte genießen als Erwachsene im Vollbesitz ihrer geistigen Kräfte? Zweitens würden nur wenige Arten *Homo sapiens* in diesem exklusiven kognitiven Club Gesellschaft leisten. Ich wage zu bezweifeln, dass mein Hund eine Vorstellung vom kommenden Wochenende hat. Und wenn wir schließlich drittens moralische Rechte mit bestimmten funktionellen Fähigkeiten verknüpfen, wie Vorstellungskraft oder Intelligenz, dann werden wir früher oder später auch Software, die auf digitalen Computern läuft, in den Club aufnehmen müssen. Was geschieht, wenn Computer kognitive Fähigkeiten erlangen, an die Menschen nicht heranreichen? Sie würden uns dann moralisch weit hinter sich lassen, obwohl sie gemäß IIT nichts fühlen.

Ich bin kein Kohlenstoff-Chauvinist, der behauptet, dass organische Lebensformen den künstlichen Siliziumvarianten zwangsläufig immer überlegen sein werden. Computer mit neuromorphen Architekturen könnten, zumindest im Prinzip, durchaus intrinsische kausale Kräfte besitzen, die mit denen großer Gehirne mit den entsprechenden rechtlichen und ethischen Privilegien konkurrieren könnten.

Von den drei Begründungen ist die Empfindungsfähigkeit in meinen Augen die mächtigste, weshalb Kreaturen, die leiden können, einen besonderen Status verdienen. Weil ich mir vorstellen kann, selbst verlassen zu werden, zu hungern oder Schläge zu erhalten, empfinde ich Sympathie oder Empathie mit dem anderen. *Empathie* ist, natürlich, ein bewusstes Erleben, das für nichtbewusste Entitäten wie Software nicht wahrnehmbar ist.[5]

Nur weil zwei Arten Leid empfinden können, heißt das nicht, dass sie im selben Ausmaß oder in derselben Intensität leiden. Zwischen der Komplexität eines Fliegen- und eines Menschengehirns und deren jeweiligem bewussten Erleben liegen Welten. Die moralischen Privilegien, die wir einer Spezies zuerkennen, sollten diese Tatsache widerspiegeln. Wir stehen nicht alle auf derselben moralischen Stufe.

Die IIT kann Arten anhand ihres Bewusstseins quantitativ ordnen, eine moderne Version der „Stufenleiter der Natur" oder *Scala Naturae,* wie die Alt-vorderen diese strenge Hierarchie nannten. Auf dem Boden stehend reichte diese Leiter von den Mineralien, Pflanzen und Tieren bis zum Menschen (vom Fußvolk bis zum König), ihm folgten die gefallenen Engel und die wahren Engel. Und ganz oben befand sich, natürlich, das höchste und vollkommenste Wesen, Gott.

Die IIT-Stufenleiter wird durch die integrierte Information (Φ^{max}) einer jeden Art definiert, ihre Irreduzibilität oder wie sehr sie für sich selbst existiert.[6] Auf der untersten Sprosse dieser Leiter befinden sich Aggregate ohne Erleben, gefolgt von Quallen, Bienen, Mäusen, Hunden und Menschen (siehe Abb. 11.2 oder Abb. 13.4). Sie ist nach oben nicht begrenzt. Wer weiß, was wir unter fremden (Sternen-) Himmeln entdecken oder welche Geräte wir in den kommenden Jahrhunderten bauen werden? Wie schrieb Lord Dunsany? „Ein Mensch ist etwas sehr Kleines, und die Nacht ist sehr weit und voller Wunder."

Ich verstehe das Unbehagen, das eine solche Rangordnung hervorruft. Doch wir müssen die abgestufte Natur der Fähigkeit zum Erleben berücksichtigen, wenn wir die Interessen aller Kreaturen gegeneinander abwägen wollen.

Das Prinzip der Empfindungsfähigkeit ist ein Fanfarenstoß, der dazu aufruft, sowohl im Privaten als auch in der Öffentlichkeit zu handeln. Als Reaktion auf diese Einsichten sollte man sofort aufhören, Tiere zu essen, zumindest jedoch solche mit hoch integrierter Information. Zum Vegetarier zu werden, beseitigt enorm viel Leid, das sich in den Tierfabriken der Welt abspielt.

Der Schriftsteller David Foster Wallace begründet in seinem 2004 im *Gourmet*-Magazin erschienenen Aufsatz *Consider the Lobster* („Denken Sie an den Hummer"), warum es abscheulich ist, lebende Hummer zu kochen. Seine rhetorische Frage:

> Ist es denkbar, dass künftige Generationen nicht nur unsere gegenwärtige Agrarindustrie verurteilen, sondern unsere Esskultur gleich mit, sie gar in eine Reihe stellen mit dem Entertainmentprogramm eines Nero, den Opferritualen der Azteken?

Eine Abkehr vom Fleisch verringert auch die massiven Umweltschäden und den ökologischen Fußabdruck durch industrielle Massentierhaltung. Ein weiterer Vorteil: Fleischverzicht verbessert unser körperliches und seelisches Wohlbefinden. Eine radikalere Reaktion wäre es, für Nahrung und Kleidung überhaupt keine tierischen Produkte mehr zu verwenden – vegan zu leben. Das ist schwieriger.

Mit zunehmendem Wissen über das Leiden in der Welt müssen wir auf Gesetze hinwirken, die den Kreis der Kreaturen vergrößern, denen gesetzlicher Schutz gewährt wird. Wir brauchen einen neuen Dekalog (Zehn Gebote), eine neue Anthropologie, einen neuen Moralkodex, wie ihn der australische Philosoph und Ethiker Peter Singer vehement einfordert.[7]

Es gibt hoffnungsvolle Anzeichen für Veränderung. Die meisten Länder haben Gesetze gegen Tierquälerei an Haustierarten. Organisationen wie das Great Ape Project oder das Nonhuman Rights Project versuchen, für Tiere mit hoch entwickeltem Gehirn – Menschenaffen, Elefanten, Delfine und Wale – wenigstens ein paar einklagbare Rechte zu erreichen. Die meisten juristischen Fakultäten bieten inzwischen Kurse zu Tierrechten an. Bislang besitzt jedoch noch keine Art außer dem *Homo sapiens* den Rang einer juristischen Person mit allen damit einhergehenden Rechten. Konzerne haben ihn, nicht jedoch Haus- oder Wildtiere. Dem Gesetz nach sind sie immer noch meist Eigentum oder Sachen.

Das Neue Testament ermahnt uns in Matthäus 25: „Wahrlich ich sage euch: was ihr getan habt einem von diesen meinen geringsten Brüdern, das habt ihr mir getan." Der tschechische Schriftsteller Milan Kundera verallgemeinert diese moralische Forderung in seiner Novelle *Die unerträgliche Leichtigkeit des* Seins auf alle *Lebewesen:*

> Die wahre menschliche Güte kann sich in ihrer absoluten Reinheit und Freiheit nur denen gegenüber äußern, die keine Kraft darstellen. Die wahre moralische Prüfung der Menschheit, die elementare Prüfung [...] äußert sich in der Beziehung der Menschen zu denen, die ihnen ausgeliefert sind: zu den Tieren.

Die buddhistische Einstellung zur Empfindungsfähigkeit spiegelt diese Sichtweise wider. Wir sollten alle Tiere als bewusste Wesen behandeln, als ob sie fühlten, wie es ist zu sein. Das muss die Leitlinie sein, wie wir uns unseren Mitreisenden durch diesen Kosmos gegenüber verhalten, Wesen, die sich nicht gegen unsere Zäune, Käfige, Klingen, Kugeln und unser ständiges Streben nach *Lebensraum* zur Wehr setzen können. Eines Tages könnte die Menschheit danach beurteilt werden, wie sie ihre Verwandten im Lebensbaum behandelt hat. Wir sollten eine universelle ethische Haltung gegenüber allen Kreaturen einnehmen, ob sie nun sprechen, schreien, bellen, jaulen, heulen, zirpen, quieken, summen oder stumm sind. Denn alle erleben Leben, eingerahmt von zwei Ewigkeiten.

Anmerkungen

Kapitel 1

1. siehe Koch (2004), S. 10 (deutsche Ausgabe 2015, S. 11).
2. Descartes formuliert dies erstmals in seinem *Discours de la méthode* (1637) mit dem französischen Satz *Je pense, donc je suis;* später formulierte er es auch lateinisch als *cogito ergo sum.* In der zweiten Meditation seiner *Meditationen über die Grundlagen der Philosophie* (*Meditationes de prima philosophia,* 1641) beschäftigt er sich eingehender mit dieser Idee: „Aber was bin ich dann? Ein Ding, das denkt. Was ist ein Ding, das denkt? Es ist ein Ding, das zweifelt, versteht, [begreift], bestätigt, abstreitet, will, ablehnt, das sich auch etwas vorstellt und etwas wahrnimmt." Das verdeutlicht, dass mit *je pense* mehr gemeint ist als nur das Denken, nämlich alle mentalen Aktivitäten, die mit Bewusstsein assoziiert sind. Es gibt nur wenige wirklich eigenständige Ideen, und diese bildet da keine Ausnahme. Schon Mitte des 13. Jahrhunderts schrieb etwa Thomas von Aquin in seinem Werk *Quaestiones disputatae de veritate (Über die Wahrheit):* „Niemand kann denken, dass er nicht existiere, und diesem zustimmen: Indem er etwas denkt, nimmt er wahr, dass er existiert." Siehe auch die folgende Anmerkung.
3. Der Hl. Augustinus von Hippo schreibt (*Über den Gottesstaat,* Buch 11, Kap. 26): „,...ohne daß sich irgendwie eine trügerische Vorspiegelung der Phantasie und ihrer Gebilde geltend machen könnte, steht mir durchaus fest, daß ich bin, daß ich das weiß und es liebe. In diesen Stücken fürchte ich durchaus nicht die Einwendungen der Akademiker, die da entgegenhalten: Wie aber, wenn du dich täuschest? Wenn ich mich nämlich täusche, dann bin ich. Denn wer nicht ist, kann sich natürlich auch nicht täuschen; und demnach bin ich, wenn ich mich täusche. Weil ich also bin, wenn ich mich täusche, wie sollte ich mich über mein Sein irren, da es doch gewiß ist, gerade wenn ich mich irre. Also selbst wenn ich mich irrte, so müßte ich doch eben sein, um mich irren zu können, und demnach irre ich mich ohne Zweifel nicht in dem Bewußtsein, daß ich bin." Um diese historisch-archäologische Detektivarbeit noch fortzuführen, sei Aristoteles zitiert, der in seiner *Nikomachischen Ethik* über die Wahrnehmung äußert: „,...daß wir also wahrnehmen dürften, daß wir wahrnehmen,

© Springer-Verlag GmbH Deutschland, ein Teil von Springer Nature 2020
C. Koch, *Bewusstsein,* https://doi.org/10.1007/978-3-662-61732-8

und denken, daß wir denken, was wieder so viel ist als Wahrnehmen oder
Denken, daß wir sind – Sein hieß uns ja Wahrnehmen oder Denken ..." Auch
auf Parmenides von Elea und somit einen der Begründer der dokumentierten
westlichen Philosophie sei in diesem Zusammenhang hingewiesen.

4. Siehe dazu z. B. Patricia Churchland (1983, 1986) und Paul Churchland
    (1984). Rey (1983, 1991) und Irvine (2013) äußern ähnlich eliminative
    Ansichten.

5. In seinem bahnbrechenden Buch *Consciousness Explained* (1991, deutsch
    Philosophie des menschlichen Bewusstseins, 1994) und in Kap. 14 von *From
    Bacteria to Bach and Back* (2017, deutsch *Von den Bakterien zu Bach – und
    zurück,* 2018) argumentiert Dennett, dass die Menschen bezüglich ihres
    Erlebens einem furchtbaren Irrtum unterlägen. Wenn sie von Bewusstsein
    sprächen, meinten sie, so Dennett, dass sie bestimmte Vorstellungen von
    mentalen Zuständen hätten; jeder Zustand habe eigene funktionale Eigen-
    schaften mit typischen Verhaltensweisen und Affordanzen. Sei dies einmal
    erklärt, gebe es nichts mehr zu erklären. An Schmerz oder der Farbe Rot sei
    nichts Wesentliches, Besonderes; Bewusstsein sei „im Tun". Seine häufige
    Verwendung des Wortes „Illusion" (nomen est omen) und seine Annahme,
    Bewusstsein sei zwar real, aber ohne wesentliche Eigenschaften, ist nicht nur
    inkohärent, sondern wird auch meinem gelebten Erleben dermaßen wenig
    gerecht, dass ich es gar nicht angemessen beschreiben kann. Er unterstellt
    Menschen wie mir, die auf der spezifischen, authentischen Natur des Bewusst-
    seins bestehen, „hysterischen Realismus". Meiner Meinung nach sollte der
    Titel seines Buches besser *Consciousness Explained Away* lauten, „Bewusst-
    sein wegerklärt". Sein Werk zeichnet sich durch die kunstvolle Verwendung
    farbenreicher Metaphern, Analogien und historischer Anspielungen aus; diese
    lebhaften, effektiven Wendungen bleiben beim Leser hängen und regen dessen
    Vorstellungskraft an. Mit den zugrundeliegenden Mechanismen sind sie jedoch
    nur schwer in Zusammenhang zu bringen. Francis Crick warnte mich einmal
    vor Gelehrten, die zu gut schreiben – dabei bezog er sich speziell auf Sigmund
    Freud (der für den Literaturnobelpreis nominiert war) und Dennett. Fallon
    (2019a) bietet eine sympathische Interpretation von Dennetts Standpunkt zum
    Bewusstsein. Angemerkt sei noch, dass es unterschiedlichste Strömungen gibt,
    die verbreitete intuitive Ansichten zum Bewusstsein ablehnen, darunter der
    eliminative Materialismus, Faktionalismus und Instrumentalismus.

6. Searle (1992), S. 3.

7. Strawson (1994), S. 53. Im Jahr 1929 wetterte der Kosmologe und Philo-
    soph Alfred Whitehead gegen jene, die „sich selbst ‚Empiriker' nennen und
    vor allem damit beschäftigt sind, die offensichtliche Tatsache des Erlebens
    wegzuerklären". Das wenig bekannte Buch von Griffin (1998) geleitete mich
    elegant in diese tiefen philosophischen Gewässer.

8. In diesem Buch benutze ich den Begriff „intrinsisch" für das, was dem
    Subjekt innewohnt, nicht in der technischen Bedeutung, in der analytische
    Philosophen das Wort benutzen (siehe z. B. Lewis, 1983). Masse oder Ladung
    sind intrinsische Eigenschaften elementarer Teilchen; das Bewusstsein

dagegen braucht für seine Existenz bestimmte Hintergrund- oder Randbedingungen, beispielsweise ein schlagendes Herz.

9. Eine intelligente Seinsform, wie ein Computer, könnte irgendwann in der Lage sein, basierend auf einer rigorosen Theorie des Bewusstseins die Existenz und die Eigenschaften von Erlebnissen abzuleiten, auch wenn sie selbst kein Erleben hat.

10. Visuelle und olfaktorische Komponenten erschaffen gemeinsam ein einzelnes Erlebnis. Ich kann meine selektive Aufmerksamkeit von der visuellen Modalität auf die olfaktorische verlagern; dann habe ich ein visuell dominiertes Erlebnis, gefolgt von einem olfaktorisch dominierten.

11. Mit der Physiologie des Harndranges und Wasserlassens (Miktion) befasst sich Denton (2006). Auf der Spur des historischen Ursprungs des Bewusstseins widmet er sich auch instinktiven Verhaltensweisen, die etwa mit dem absolut essenziellen Bedürfnis nach Luft – nichts erzeugt eine heftigere körperliche Reaktion als die Unfähigkeit zu atmen –, aber auch mit anderen lebensnotwendigen Funktionen, wie Schmerz, Durst und Hunger, Salzaufnahme und Miktion zu tun haben.

12. Das Buch *Zen and the Art of Consciousness* der Psychologin Susan Blackmore (2011) ist ein prägnanter und mitreißender Bericht über die Reise der Autorin in das Zentrum ihres Geistes mithilfe der Meditation. Am Schluss zweifelt sie sogar an der eigenen Existenz und folgert unter anderem, „es gibt nichts, was so ist, wie ich zu sein", „ich bin keine beständige bewusste Entität", „das Sehen bewirkt keine lebhaften mentalen Bilder oder Filme im Gehirn" und „es gibt keine Bewusstseinsinhalte". Nun, ich respektiere ihre beherzten Versuche, die Phänomenologie zu ergründen, doch zugleich demonstrieren diese lebhaft die Grenzen der Introspektion – und weshalb ein so großer Teil der Philosophie des Geistes im Grunde nutzlos ist. Die Evolution hat den Geist so ausgerüstet, dass er auf die meisten Gehirnzustände nicht zugreifen kann. Wir können nicht per Introspektion zu einer Wissenschaft des Bewusstseins gelangen.

13. Forman (1990a), S. 108. Im Epilog von Umberto Ecos *Der Name der Rose* benutzt der Mönch Adson von Melk sehr eindrücklich eine ähnliche Sprache: „Ich werde rasch vordringen in jene allerweiteste, allerebenste und unermeßliche Einöde, in welcher der wahrhaft fromme Geist so selig vergehet. Ich werde versinken in der göttlichen Finsternis, in ein Stillschweigen und unaussprechliches Einswerden, und in diesem Versinken wird verloren sein alles Gleich und Ungleich, in diesem Abgrund wird auch mein Geist sich verlieren und nichts mehr wissen von Gott noch von sich selbst noch von Gleich und Ungleich noch von nichts gar nichts. Und ausgelöscht sein werden alle Unterschiede ..."

14. Worte des tibetischen Mönchs und Yogi Dakpo Tashi Namgyal (2004).

15. Die phänomenale Integration kann verschiedene Formen haben, wie räumlich, zeitlich, räumlich-zeitlich, untergeordnet und semantisch (siehe Mudrik, Faivre und Koch, 2014).

16. In seinem Buch *Zur Genealogie der Moral* schreibt Friedrich Nietzsche: „Es giebt *nur* ein perspektivisches Sehen, *nur* ein perspektivisches ‚Erkennen' ..." Der Philosoph Thomas Metzinger (2003) unterscheidet drei verwandte Konzepte: Meinigkeit, Selbstheit und Perspektivität.

17. Die subjektive Singularität des Gegenwartsmoments widerspricht der Vorstellung vom unveränderlichen, ewigen, vierdimensionalen Raum-Zeit-Würfel der allgemeinen Relativität, in dem die Zeit einfach eine weitere Dimension ist und Vergangenheit und Zukunft so real wie die Gegenwart. Penrose (2004) geht auf den Konflikt zwischen Präsentismus und Eternalismus ein.

18. Es ist unklar, ob Erleben sich kontinuierlich entwickelt, wie es die Metapher andeutet. In Kap. 12 meines Buches von 2004 (siehe auch VanRullen, Reddy und Koch, 2010; VanRullen, 2016) stelle ich psychologische Belege für die eher statische Sichtweise; dieser zufolge ist jeder subjektiv erlebte Moment der Gegenwart nur einer in einer Reihe diskreter Schnappschüsse, wie Perlen einer Kette, überlagert von der Wahrnehmung von Veränderung. Wie lang jeder Augenblick objektiv gesehen andauert, ist variabel und geknüpft an die zugrunde liegende Neurophysiologie, etwa in Gestalt der Dauer eines dominanten Schwingungsmusters. Das erklärt vermeintlich „lange" Augenblicke, von denen im Zusammenhang mit Unfällen, Stürzen oder anderen lebensbedrohlichen Ereignissen berichtet wird: „Während ich fiel, zog mein ganzes Leben noch einmal an mir vorbei" oder „wie in Zeitlupe hob er die Waffe und zielte auf mich" (Noyes und Kletti, 1976; Flaherty, 1999).

19. Nach Tononi (2012). Eine andere Variante ist „jedes bewusste Erlebnis existiert für sich, ist strukturiert, ist eines von vielen, ist eins und ist definit".

Kapitel 2

1. Die anderen Universen des Multiversums sind uns kausal nicht zugänglich, sie existieren jenseits unseres kosmologischen Horizonts. Sie sind eine Extrapolation der bekannten Physik. Das Erleben von anderen dagegen ist zwar für micht nicht zu beobachten, aber doch zumindest kausal zugänglich denn ich kann mit ihrem Geist auf vielfältige Weise interagieren, um andere Erlebnisse auszulösen. Dawid (2013) diskutiert den epistemischen Status nicht-beobachtbarer Objekte im Kontext der Stringtheorie. Ein weiteres Beispiel sind die postulierten „Feuerwände" (*firewalls*) bei Schwarzen Löchern (Almheiri et al., 2013).

2. In manchen Gesellschaften gelten offenbar ganz andere Prinzipien der Folgerung. In *Don't Sleep, There are Snakes* (2008) berichtet Daniel Everett von seinen Abenteuern unter den Pirahã, einem kleinen indigenen Stamm im Amazonas-Regenwald. Everett, Linguist und ehemaliger Missionar, erklärt viele Eigenschaften der überaus einfachen Kultur und Sprache der Pirahã – bekannt dafür, dass es bei ihr keine Rekursion gibt – mit dem von ihm so genannten Prinzip der *Unmittelbarkeit des Erlebens*. Nur was Pirahã selbst

gesehen, gehört oder sonstwie erlebt haben oder was eine dritte Person, der unmittelbarer Zeuge ist, berichtet, wird als real angesehen. Da niemand, der heute lebt, je Jesus gesehen hat, ignorieren sie einfach sämtliche Geschichten, die über ihn erzählt werden; das erklärt, warum alle bisherigen Versuche, sie zum Christentum zu bekehren, völlig fruchtlos waren. Was jedoch in ihren Träumen passiert, wird als reales Ereignis akzeptiert, nicht als Imagination. Der extreme Empirizismus der Pirahã passt zum Fehlen jeglicher Schöpfungsmythen, Fiktion oder Konzepte wie Urgroßeltern (entsprechend ihrer geringen Lebenserwartung kennen nur wenige Pirahã solche Wesen).

3. Serth (2015) argumentiert, dass sowohl das Gehirn als auch die wissenschaftliche Methode selbst die Abduktion nutzen, um Fakten und Gesetze über die die Außenwelt aus unvollständigen, verrauschten sensorischen und instrumentellen Daten zu folgern. Hohwy (2013) wendet abduktives, probabilistisches Denken auf Psychologie, Neurowissenschaft, Perzeption und Bewusstsein an.

4. Die Psychophysik, oder allgemeiner: experimentelle Psychologie nahm in der ersten Hälfte des 19. Jahrhunderts mit Gustav Fechner und Wilhelm Wundt in Deutschland ihren Ursprung. Fast zwei Jahrhunderte später bleibt das Bewusstsein noch immer in vielen neurowissenschaftlichen Lehrbüchern und Vorlesungen unerwähnt; diese gehen nicht darauf ein, wie es sich anfühlt, ein Gehirn zu haben. Zwei Lehrbücher, die die visuelle Phänomenologie ernst nehmen, sind Palmer (1999) und Koch (2004).

5. Die wissenschaftliche Gemeinde ist mehr oder weniger in zwei Lager gespalten, die ein frühes bzw. späteres Einsetzen des visuellen Erlebens vertreten (Kap. 15 in meinem Lehrbuch von 2004; Railo et al., 2011; Pitts et al., 2014; Dehaene, 2015).

6. Ihr Gehirn befindet sich bei jedem Durchgang in einem anderen Zustand, selbst wenn Sie dasselbe Bild anblicken. Die Synapsen und Organellen der Nervenzellen Ihres Sehzentrums sind ständig aktiv, und ihre exakten Werte schwanken kontinuierlich von einer Millisekunde auf die nächste. Das Fehlen eines messbaren Alles-oder-nichts-Schwellenwerts für die Perzeption impliziert somit nicht, dass ein solcher Schwellenwert nicht existiert. Siehe dazu Sergent und Dehaene (2004); Dehaene (2014).

7. Siehe David Marrs Monographie *Vision* (1982).

8. Gebräuchlich sind auch andere Messungen des Selbstvertrauens. Bei einer Variante verwetten die Testpersonen kleine Geldsummen, je nachdem, wie sicher sie sich der Richtigkeit ihrer Antwort sind. Bei richtiger Anwendung dieser Versuchsprotokolle ergänzen sich objektive und subjektive Messgrößen des Bewusstseins gut (Sandberg et al., 2010; Dehaene, 2014).

9. Ramsoy und Overgaard (2004) sowie Hassin, Uleman und Bargh (2005) befassen sich mit unbewusstem Priming und anderen Formen sublimer Perzeption. Die statistische Validität vieler dieser Effekte ist durchaus fraglich. Tatsächlich sind einige der Originalbefunde nicht replizierbar oder zeigen in der Wiederholung einen deutlich schwächeren Effekt (Doyen et al., 2012; Ioannidis, 2017; Schimmack, Heene und Kesavan, 2017). Etliche

dieser angeblichen Beispiele für unbewusste Verarbeitung erfüllen überdies nicht den Goldstandard der wissenschaftlichen Methode: die Replikation (Biderman und Mudrik, 2017; Harris et al., 2013; Shanks et al., 2013). Sie fallen zu klein angelegten, statistisch zu schwachen Experimenten zum Opfer, die durch einen extrem konkurrenzbetonten Publikationsprozess gefiltert werden, der die Tendenz hat, positive Befunde zu übermitteln. Die Psychologie als Fachgebiet hat die „Replikationskrise" erkannt und geht diese inzwischen an. Besonders vielversprechend ist der Anstieg vorangekündigter Experimente, bei denen die exakten Methoden, Analyseprozeduren, Anzahl der Versuchspersonen und Durchgänge, Ablehnungskriterien und derlei mehr im Vorfeld dargelegt werden, bevor die Daten erhoben werden. Viele Länder verlangen eine solche Registrierung bereits bei der klinischen Erprobung neuer Medikamente, die das Leben von Patienten direkt betreffen.

10. Siehe Pekala und Kumar (1986).
11. Die Unterscheidung zwischen phänomenalem und Zugriffsbewusstsein wurde erstmals von dem Philosophen Ned Block (1995, 2007, 2011) vorgenommen. O'Regan et al. (1999), Kouider et al. (2010), Cohen und Dennett (2011) und Cohen et al. (2016) beschreiben den Informationsgehalt des Bewusstseins als gering. Die begrenzte Kapazität unserer bewussten Wahrnehmung, beschrieben als „sieben plusminus zwei Informationen" oder, nach anderen Messungen, als 40 Bits pro Sekunde, wird von Miller (1956) sowie Norretranders (1991) diskutiert. Tononi et al. (2016) und Haun et al. (2017) schlagen Methoden vor, um die reichen Erlebnisinhalte mithilfe innovativer Techniken einzufangen, die den Flaschenhals des begrenzten Kurzzeitgedächtnisses umgehen.
12. Siehe *The New Unconscious* (Hassin, Uleman und Bargh, 2005). Doch Achtung: Ein Teil ihrer Forschungsergebnisse ließ sich nicht replizieren (siehe Anmerkung 9).
13. Koch und Crick (2001).
14. Ward und Wegner (2013) geben einen Überblick über die Literatur zum leeren Geist (*blank mind*). Killingsworth und Gilbert (2010) beschreiben die merkwürdige Beziehung zwischen Glück und *Mind blanking*.
15. Aus „Moments of Being" in *A Sketch of the Past* (deutsch: *Augenblicke: Skizzierte Erinnerungen*. Übs. von Elizabeth Gilbert; Stuttgart: DVA, 1981; S. 95 f.*[Eine Skizze der Vergangenheit]*).
16. Landsness et al. (2011).
17. Medizinisch war der Fall Terri Schiavo völlig unstrittig. Die Patientin zeigte kurze Episoden von Automatismen, wie Wenden des Kopfes, Augenbewegungen und dergleichen, aber kein reproduzierbares oder konsistentes, zielgerichtetes Verhalten. EEG-Scans zeigten bei ihr keine Hirnwellen, ein Hinweis darauf, dass ihre Großhirnrinde inaktiv war. Dies wurde später bei der Autopsie bestätigt (Cranford, 2005).
18. Siehe Koch und Crick (2001) und Koch (2004, Kap. 12 und 13).

Kapitel 3

1. Das Symposium fand im Januar 2013 im Kloster Drepung in Südindien statt. Die lebhafte Debatte der Gelehrten zweier so unterschiedlicher Traditionen ist liebevoll wiedergegeben in dem so vielsagend betitelten Buch *The Monastery and the Microscope* (Hasenkamp, 2017).
2. Descartes schreibt in einem Brief an Plempius von 1638 (S. 81 aus Band 3 der *Philosophical Writings,* hg. und ins Engl. übs. von Cottingham et al. [Cambridge University Press]): „Denn dies wird widerlegt durch ein maßgebliches Experiment entkräftet, das ich schon mehrfach mit Interesse beobachtete und welches ich heute, während ich diesen Brief schrieb, selbst durchführte. Zunächst öffnete ich den Brustkorb eines lebenden Kaninchens und entfernte die Rippen, um das Herz sowie den Stamm der Hauptschlagader freizulegen. Sodann band ich die Hauptschlagader mit einem Faden in einigem Abstand zum Herzen ab."
3. Ich befasse mich vor allem mit Säugetieren, weil zwischen den Gehirnen von Menschen und denen anderer Säugetiere bemerkenswerte strukturelle und physiologische Ähnlichkeiten bestehen. Das macht es leichter, bei ihnen auf Bewusstsein zu schließen, als bei Tieren wie Fliegen oder Oktopussen, deren Nervensystem sich stark von unserem unterscheidet.
4. Nach den Einzelnukleotid-Polymorphismen (SNP, aus englisch *single nucleotid polymorphism*) in der DNA zu urteilen, beläuft sich der Unterschied zwischen Mensch und Schimpanse auf 1,23 % (bei zwei willkürlich ausgewählten Menschen misst der Unterschied nur etwa 0,1 %). Es gibt bei den Genomen beider Spezies jedoch außerdem etwa 90 Mio. Insertionen und Deletionen, die sich auf insgesamt 4 % Variation belaufen. Diese Unterschiede entwickelten sich im Verlauf der fünf bis sieben Millionen Jahre seit dem letzten gemeinsamen Vorfahren (Varki und Altheide, 2005). Mehr zur Abstammung der Säuger von einem bepelzten Wesen, das vor etwa 65 Mio. Jahre lebte, bei O'Leary et al. (2013).
5. Der Cortex umfasst 14 Mio. Neurone bei der Maus und 16 Mrd. beim Menschen (Herculano, Mota und Lent, 2006; Azevedo et al., 2009). Trotz dieses Unterschieds um den Faktor Tausend ist bei beiden Arten jedes fünfte Neuron des Gehirns ein Cortexneuron.
6. Das prüfte ich bei einer „Mitarbeiterversammlung" des Allen Institute for Brain Science, indem ich die paar Hundert teilnehmenden Angestellten bat, (via App) abzustimmen, welche von insgesamt zwölf Cortexneuronen vom Menschen und welche von der Maus stammten (Abb. 3.1). Den Maßstabsbalken hatte ich zuvor entfernt, denn der menschliche Neocortex ist 2–3 mm dick, während er bei der Maus eine nicht einmal 1 mm dicke Schicht bildet; die Gesamtlänge wäre also ein entscheidender Hinweis gewesen. Die Teilnehmer schnitten kaum besser ab, als wenn sie per Zufall gewählt hätten. Damit will ich nicht sagen, dass Menschen nicht lernen können, die Zellen

beider Arten zu unterscheiden (das können sie bestimmt), sondern dass die neuronale Morphologie bei beiden Arten bemerkenswert stark konserviert ist, obwohl ihr letzter gemeinsamer Vorfahr vor rund 65 Mio. Jahren lebte (O'Leary et al., 2013).

7. Für den Vergleich von Gehirnen verschiedener Arten entwickelten Neuroanatomen den Enzephalisationsquotienten (EQ), der das Verhältnis der Gehirnmasse zu einem Standardgehirn derselben taxonomischen Gruppe angibt. Demnach ist das menschliche Gehirn 7,5-mal größer als das Gehirn eines typischen Säugers unseres Körpergewichts; alle anderen Säugetiere haben kleinere Enzephalisationsquotienten. Warum die Größe beispielsweise des präfrontalen Cortex etwas mit der Körpergröße zu tun haben soll, bleibt unerklärt. Nach diesem Maßstab steht der Mensch letztlich an der Spitze! Allerdings wurde vor nicht allzu langer Zeit entdeckt, dass der zu den Delfinen gehörende Grindwal mehr als 37 Mrd. Cortexneurone hat (beim Menschen sind es 16 Mrd.). Was dies im Hinblick auf die Intelligenz oder gar das Bewusstsein bedeutet, ist noch unbekannt (Mortensen et al., 2014). Ich komme am Ende von Kap. 11 noch einmal auf dieses Thema zurück.

8. Trauernde Tiere waren und sind Gegenstand sehr detaillierter Untersuchungen (siehe z. B. King, 2013).

9. Es gibt vielerlei interessante Unterschiede in der Art, wie Menschen und andere Säugetiere die Welt wahrnehmen. Besonders gut erforscht ist die Farbwahrnehmung. Fast alle Säugetiere – auch farbenblinde Menschen – nehmen Farben mit zwei Typen von zapfenförmigen, für bestimmte Wellenlängen empfindlichen Fotorezeptoren wahr (Dichromasie). Menschenaffen und Menschen nehmen eine breitere Farbpalette wahr, da sie über drei Typen von Zapfen verfügen (Trichromasie). Was die genetischen Grundlagen des Farbensehens angeht, besitzen manche Frauen sogar Gene für vier verschiedene Fotopigmente (Tetrachromasie). Sie sehen feine Farbunterschiede, für die wir übrigen Menschen blind sind; bislang ist unklar, ob ihr Gehirn aus den zusätzlichen spektralen Informationen einen Vorteil zieht (Jordan et al., 2010).

10. Ob Neandertaler, Denisova-Menschen und andere ausgestorbene Hominini ein bewusstes Erleben hatten, wird in diesem Zusammenhang meist nicht diskutiert.

11. Macphail (1998, 2000) beruft sich in diesem Zusammenhang auf die Kindheitsamnesie, also die Unfähigkeit von Erwachsenen, sich gezielt an Ereignisse aus ihrer Kindheit vor dem zweiten bis vierten Lebensjahr zu erinnern. Laut Macphail erleben weder Tiere noch Babys etwas, weil ihnen das Selbstempfinden und die Sprache fehlen. Eine noch radikalere Ansicht hinsichtlich des Bewusstseins, die im grundlegenden Widerspruch zu Biologie und Evolution steht und Sprache als Voraussetzung betrachtet, vertritt Julian Jaynes, ein brillanter, unkonventioneller Gelegenheitswissenschaftler, dessen verquaste Ideen sich großer Popularität erfreuen (beispielsweise in der beliebten Sciencefiction-Serie *Westworld*). In *The Origin of Consciousness in the Breakdown of the Bicameral Mind* (1976, deutsch *Der Ursprung des Bewußtseins durch den Zusammenbruch der bikameralen*

Psyche, 1988) argumentiert Jaynes, dass Bewusstsein ein gelernter Prozess sei, der im 2. Jahrtausend v. Chr. aufkam, als die Menschen entdeckten, dass die Stimmen in ihrem Kopf keine Gottheiten waren, die zu ihnen sprachen, sondern ihr eigenes, verinnerlichtes Sprechen. Der Leser soll somit davon ausgehen, dass jeder, der bis dahin auf Erden weilte, ein Zombie war. Jaynes' Prosa ist elegant, reich an Metaphern, voller interessanter archäologischer, literarischer und psychologischer Verweise, doch Aspekte der Hirnforschung oder überprüfbare Hypothesen liefert er nicht. Seine zentrale These ist völliger Unsinn. Greenwood (2015) bietet eine ausgewogene Geschichte des Intellekts.

12. Nichelli (2016) fasst die umfangreiche wissenschaftliche Literatur zu Bewusstsein und Sprache zusammen.

13. Bolte Taylor (2008); TED Talks sind Vorträge, die über die äußerst populäre Website der Innovationskonferenz TED veröffentlicht werden. Eine Interpretation ihres Erlebens, besonders im Hinblick auf das Selbst-Bewusstsein, liefern Morin (2009) und Mitchell (2009). Marks (2017) bietet eine ähnlich ausführliche Erste-Person-Darstellung des Lebens ohne innere Stimme.

14. Lazar et al. (2000), S. 1223.

15. Erläuterungen zur geläufigen Phonografie bietet Kap. 17 von Koch (2004) und Bogen (1993) sowie Vola und Gazzaniga (2017). Andere Ansichten zu Split-Brain-Patienten nennt Anmerkung 3 in Kap. 10. Bei fast allen rechtshändigen Testpersonen ist die linke die dominante, sprechende Hemisphäre. Bei Linkshändern sind die Verhältnisse etwas komplizierter; bei manchen ist es dennoch die linke, bei anderen die rechte Hemisphäre, andere wiederum zeigen keine ausgeprägte Lateralisierung. Aus Gründen der Vereinfachung gehe ich in diesem Buch davon aus, dass die linguistisch dominante, „sprechende" Hemisphäre die linke ist. Bogen und Gordon (1970) sowie Gordon und Bogen (1974) diskutieren die Beteiligung der rechten Hemisphäre am Singen.

16. Das am besten dokumentierte Wolfskind ist das Mädchen Genie, das Ende der 1950er-Jahre in Los Angeles County zur Welt kam und von ihrem Vater gefesselt, mangelernährt und isoliert wurde, bis es als Teenager entdeckt wurde. Schilderungen ihres Falles lassen den Leser starr und erschüttert zurück angesichts solch unsagbar bösen Verhaltens gegenüber einem hilflosen Kind (Curtiss 1977, Rymer 1994, Newton 2002).

17. *Death has no such dominion over animals* – diese eingängige Formulierung stammt von Rowlands (2009).

Kapitel 4

1. Johnson-Laird (1983) und Minsky (1986). Bengio (2017) aktualisiert diese Metapher für tiefe *convolutional networks* (etwa: faltende neuronale Netzwerke).

2. Diese Haltung wird am besten durch Morgans Aussage in seinem
    Fin-de-siècle-Lehrbuch *An Introduction to Comparative Psychology* (1894)
    verkörpert: „Keinesfalls sollten wir eine Handlung als das Ergebnis der Tätig-
    keit einer höheren psychischen Fähigkeit ansehen, wenn sie sich als Ergebnis
    der Tätigkeit einer solchen deuten lässt, die niedriger in der psychologischen
    Hierarchie steht." Als Hintergrund empfehle ich den Aufsatz „Animal
    Consciousness" in der *Stanford Encyclopedia of Philosophy*.
3. Siehe Jackendoffs Buch *Consciousness and the Computational Mind* (1987)
    wie auch Jackendoff (1996) und Prinz (2003).
4. „Es bleibt uns in der Psychoanalyse gar nichts anderes übrig, als die
    seelischen Vorgänge für an sich unbewußt zu erklären und ihre Wahrnehmung
    durch das Bewußtsein mit der Wahrnehmung der Außenwelt durch die Sinnes-
    organe zu vergleichen" (Freud, 1914, S. 130) oder „Es dämmert uns wie eine
    neue Einsicht auf: bewußt werden kann nur das, was schon einmal Wahr-
    nehmung war, und was außer Gefühlen von innen her bewußt werden will,
    muss versuchen, sich in äußere Wahrnehmung umzusetzen" (Freud, 1923b,
    S. 247). Freud war einer der ersten, die die riesige Domäne des Unbewussten
    erforschten, die unterirdische Quelle eines Großteils unseres Gefühlslebens.
    Wenn Sie schon einmal eine schwierige romantische Beziehung durch-
    gemacht haben, sind Sie wohlvertraut mit dem Mahlstrom aus Liebe und
    Hoffnung, Trauer und Leidenschaft, Groll und Wut, Angst und Verzweiflung,
    die Sie zu übermannen drohen. Die Untiefen der eigenen Wünsche und
    Motivationen zu erkunden, um sie offenzulegen und sie dadurch vielleicht zu
    verstehen, ist schwierig, denn sie sind den dunklen Kellern des Geistes anver-
    traut, die das Bewusstsein mit seinen neugierigen Blicken nicht erhellen kann.
5. Crick und Koch (2000); Koch (2004), Kap. 18.
6. Hadamard (1945); Schooler, Ohlsson und Brooks (1993); Schooler und
    Melcher (1995).
7. Siehe Simons und Chabris (1999). Simons und Levin (1997, 1998) unter-
    suchten viele Beispiele für solche Aufmerksamkeitsfehler im wahren Leben.
    Kinogänger übersehen in der Regel alle bis auf die ärgsten Kontinuitätsfehler
    (Dmytryk, 1984). Unaufmerksamkeitsblindheit und Veränderungsblindheit
    sind zwei weitere eindringliche Beispiele für das Übersehen von Objekten
    oder Ereignissen, die klar vor Augen liegen, und demonstrieren die Grenzen
    der Wahrnehmung (Rensink et al., 1997; Mack und Rock, 1998; O'Regan
    et al., 1999).
8. Eine beliebte Technik, um dafür zu sorgen, dass Bilder nicht bewusst wahr-
    genommen werden, ist die kontinuierliche Blitzunterdrückung (Tsuchiya und
    Koch, 2005; Han, Alais, und Blake, 2018). Mithilfe dieser Technik ließen
    Jiang et al. (2006) Testpersonen unsichtbare Bilder nackter Männer und Frauen
    anschauen. Aufmerksamkeit ohne Bewusstsein ist in zahlreichen Experimenten
    demonstriert worden, die Bottom-up- wie auch Top-down-räumliche, -zeit-
    liche, -merkmalsbasierte und -objektbasierte Aufmerksamkeit manipulieren
    (Giattino, Alam und Woldorff, 2017; Haynes und Rees, 2005; Hsie, Colas und
    Kanwisher, 2011; Wyart und Tallon-Baudry, 2008).

9. Bruner und Potter (1964); Mack und Rock (1998); FeiFei et al. (2007). Dehaene et al. (2006) und Pitts et al. (2018) argumentieren, dass Erleben selektive Aufmerksamkeit erfordert.

10. Braun und Julesz (1998); Li et al. (2002); FeiFei et al. (2005); Sasai et al. (2016). Ich werde auf dieses alltägliche und instruktive Beispiel vom Autofahren und gleichzeitigem Zuhören in Kap. 10 zurückkommen.

Kapitel 5

1. Man beachte, dass „Fußstapfen im Gehirn" eine besonders passende Metapher für das ist, wonach meine Kollegen und ich suchen, da es impliziert, dass der Urheber der Fußstapfen unsichtbar bleibt und von ihnen getrennt werden muss.

2. Das Einleitungskapitel von Gros (1998) liefert einen Überblick über den Beitrag der klassischen Antike zur Hirnforschung.

3. Aristoteles glaubte, das Gehirn sei wesentlich für das richtige Funktionieren des Körpers und des Herzens, letzterem aber untergeordnet (Clarke, 1963). Das Aristoteles-Zitat stammt aus *Über die Teile der Tiere*, 656a. Er fährt fort: „Das Gehirn kann nicht Sitz der Empfindung sein, da es unempfindlich und kalt ist ... es ist jedoch bereits klar in der Abhandlung über Empfinden gesagt worden, dass die Region des Herzens der Mittelpunkt der Empfindungen ist.

4. Zimmers (2004) langer Bericht über Thomas Willis und das vom Bürgerkrieg zerrissene England des 17. Jahrhunderts rettet den Begründer der Neurologie vor dem Vergessenwerden. Die anatomischen Zeichnungen wurden von dem jungen, damals noch unbekannten Architekten Christopher Wren angefertigt.

5. Wissenschaft als eine eigenständige Aktivität mit ihrem eigenen professionellen Ethos, ihren eigenen Methoden und Abgrenzungen zu Pseudowissenschaft, Technik, Philosophie und Religion wurzelt ebenfalls in dieser Periode, ebenso der Begriff „Wissenschaftler" (*scientist*), der erstmals 1834 von William Whewell verwendet wurde. Siehe die umfangreiche Darstellung von Harrison (2015).

6. Der Begriff „Neuron" wurde erst 1891 von dem deutschen Histologen Wilhelm von Waldeyer-Hartz geprägt, um die Funktionseinheit des Gehirns zu beschreiben. Auch wenn sich die ganze Aufmerksamkeit auf die Neurone richtet, sind rund die Hälfte aller Hirnzellen andere Zellen, einschließlich Gliazellen (Astrozyten und Ologodendrozyten), Immunzellen (Mikroglia und perivaskuläre Makrophagen) sowie mit Blutgefäßen assoziierte Zellen (glatte Muskelzellen, Perizyten und Endothelzellen). Insgesamt sind diese Zellen jedoch nicht so vielfältig wie ihre neuronalen Pendants (Tasic et al., 2018).

7. Ich beziehe mich hier nur auf die chemischen Synapsen, die im Zentralnervensystem dominieren. Elektrische Synapsen stellen eine direkte Verbindung mit geringem Widerstand zwischen Neuronen dar. Sie kommen im adulten Cortex weniger häufig vor. Mehr Details in meinem Biophysik-Lehrbuch (Koch, 1999).

8. Stellen Sie sich vor, welche außerordentliche Bedeutung wir diesen nächtlichen geistigen Ausflügen zuschreiben würden, wenn wir nur ein- oder zweimal in unserem Leben träumten!

9. Der Übergang vom Wachzustand zu leichten Schlaf kann recht unvermittelt eintreten. Er manifestiert sich in langsamen, wandernden Augenbewegungen, die nicht mehr von deutlich verlangsamten Sakkaden zu unterscheiden sind, und darüber hinaus in einer EEG-Veränderung von hochfrequenten Wellen niedriger Spannung zu langsameren Mustern zackiger Wellen höherer Spannung im Non-REM-Schlaf. Bei Tieraffen ist *eine* der Manifestationen solcher pendelnder Abweichungen der Augen, Veränderungen des EEG-Musters und eines vermutlichen Verlusts des Bewusstseins eine dramatische und abrupte Feuereinstellung einer Population von so genannten Omnipause-Neuronen im Hirnstamm, wobei die Übergangszeit weniger als einer Millisekunde beträgt (Hepp, 2018). Diese Experimente müssen weiterverfolgt werden, denn sie könnten einen scharfen Phasenübergang offenbaren, den das System in diesem Augenblick durchmacht.

10. Das Gerät und sein erfolgreicher Praxistest sind in Debellemaniere et al. (2018) beschrieben. Siehe Bellesi et al. (2014), was den wissenschaftlichen Hintergrund angeht. Eine Herausforderung für alle derartigen nichtinvasiven Gehirn-Machine-Schnittstellen sind Komplikationen, die von elektrischen Strömen herrühren, welche von Augen-, Kiefer- und Kopfbewegungen, Schwitzen und losen Elektroden hervorgerufen werden. Maschinenlernen erweist sich an dieser Stelle als sehr nützlich.

11. Bis zu 70 % der Probanden, die aus dem Non-REM-Schlaf geweckt wurden, berichten von Traumerlebnissen (Stickgold, Malia, Fosse, Propper, und Hobson, 2001). Umgekehrt bestreitet stets ein kleiner Prozentsatz der Testpersonen, die aus dem REM-Schlaf geweckt werden, irgendetwas erlebt zu haben. Anders als im Wachzustand kann Schlaf daher mit dem Vorhandensein oder Fehlen bewussten Erlebens einhergehen. Zudem können Traumerfahrungen zahlreiche Formen annehmen, die von reinen Seh- und Höreindrücken bis zu reinen Gedanken reichen, von einfachen Bildern bis zu sich zeitlich entwickelnden Narrativen. Alles in allem es nicht einfach, Träumen durch die Auswertung traditioneller EEG-Merkmale zu ermitteln (Nir und Tononi, 2010; Siclari et al., 2017).

12. Schartner et al. (2017) stellten tatsächlich fest, dass Magnetoenzephalographie (MEG)-Signale während Ketamin-, LSD- und Psilocybin-induzierte Halluzinationen vielfältiger waren als im Wachzustand, wobei sie den Lempel–Ziv-Komplexitätswert verwendeten (siehe Kap. 9).

13. Cricks Tod berührte mich auf erwartete und unerwartete Weise zutiefst. Ich sprach darüber in „God, Death and Francis Crick" in einer Ausgabe der populären Moth Radio Hour und in einem Buchkapitel (Koch 2017c). Cricks kurzes Werk *Was die Seele wirklich ist* (1994, deutsch 1997) bleibt eine der besten Einführungen in die großen Fragen der Hirnforschung. Ridley (2006) fängt Cricks Persönlichkeit gut ein. Siehe auch Cricks lebendige

Autobiografie *What mad pursuit* (deutsch: Ein irres Unternehmen: die Doppelhelix und das Abenteuer Molekularbiologie, Piper 1990) (1988).

14. Crick und ich formulierten ein empirisches Programm, um nach den neuronalen Korrelaten der visuellen Aufmerksamkeit (*visual awareness*) zu suchen (Crick und Koch, 1990, 1995; Crick, 1994; Koch, 2004). Der Philosoph David Chalmers war der erste, der das NCC strenger definierte (Chalmers, 2000). Im Lauf der Jahre ist das trügerisch einfache Konzept der „neuronalen Korrelate des Bewusstseins" seziert, verfeinert, erweitert, transformiert und verworfen worden. Ich empfehle den ausgezeichneten, von Miller (2015) herausgegebene Band. In diesem Buch benutze ich die Arbeitsdefinition von Koch et al. (2016). Owen (2018) interpretiert das NCC innerhalb eines Rahmens, der von Thomas von Aquins Ontologie des Menschen und Aristoteles' Metaphysik der Kausalität geprägt ist.

15. Als Neurowissenschaftler, der jeden Tag mit dem Gehirn arbeitet, ist es leicht, in eine Haltung zu verfallen, welche Neurone als die primär Handelnden ansieht, die Bewusstsein erzeugen, mit all seinen dualistischen Untertönen (Polak und Marvan, 2018).

16. Von den 30 Billionen Zellen im Körper eine 70 kg schweren Erwachsenen sind 25 Billionen Erythrozyten. Weniger als 200 Mrd. Zellen, also unter 1 %, bilden das Gehirn, und davon sind nur die Hälfte Neurone. Dieser Körper beherbergt zudem rund 38 Billionen Bakterien, sein *Mikrobiom.* (Sender, Fuchs, und Milo, 2016).

17. Kanwisher, McDermott und Chun (1997); Kanwisher (2017); Gauthier (2017).

18. Rangarajan et al. (2014),S. 12.831.

19. Wenn der linke Gyrus fusiformis gereizt wurde, traten keine Gesichtsverzerrungen oder Perzepte auf oder sie beschränkten sich auf einfache Nicht-Gesicht-Wahrnehmungen, wie Blinken und Funkeln, wandernde weiße und blaue Bälle oder auch Lichtblitze (Parvizi et al., 2012; Rangarajan et al., 2014; siehe auch Schalk et al., 2017). In zwei aktuelleren Studien mit Epilepsiepatienten (Rangarajan und Parvizi, 2016) war die Links-Rechts-Asymmetrie-Reaktion auf elektrische Reizung umgekehrt. Diese Studien betonen die Bedeutung des Mantras *Korrelation ist noch keine Kausalität.* Nur weil eine Region in Reaktion auf einen Anblick, einen Ton oder eine Handlung aktiv wird (Korrelation), bedeutet dies nicht, dass diese Region für die Reaktion auf diesen Anblick, Ton oder diese Handlung notwendig ist (Kausalität).

20. Manchen Patienten werden nach einem Schlaganfall in der Nähe des fusiformen Gesichtsareals im Cortex gesichtsblind (Farah, 1990; Zeki, 1993). Andere sind von Kindheit an gesichtsblind und nicht in der Lage, ihren Ehepartner am Flughafen aus der Menge zu picken. Sie fühlen sich in größeren Gruppen unwohl, was von anderen als Schüchternheit oder Überheblichkeit ausgelegt werden kann, aber keines von beiden ist. Oliver Sacks, der gesichtsblind war, bat mich stets, ihn in seiner Wohnung aufzusuchen, statt in einem Restaurant voller Leute, denn er wollte peinliche Situationen vermeiden (Sacks, 2010).

Kapitel 6

1. Bahney und von Bartheld (2018).
2. Vilensky (6.12011), Koch (2016b).
3. Diese Nuclei (Abb. 6.1) projizieren entweder direkt oder über Ein-Schritt-Zwischenstationen im basalen Vorderhirn in den Hypothalamus, den Nucleus reticularis und die intralaminaren Nuclei des Thalamus sowie in den Cortex (Parvizi und Damasio, 2001; Sammell, Arrigoni und Lipton, 2016; Saper und Fuller, 2017). Man kann sich diese Nuclei als Schalter vorstellen. Bei der einen Einstellung ist das Gehirn wach und kann das Bewusstsein aufrechterhalten, bei einer anderen Einstellung befindet sich der Körper im Schlafzustand, während Teile des Gehirns aktiv bleiben. In einer dritten Einstellung wechseln Neurone im Cortex periodisch zwischen aktivem und inaktivem Zustand – ein Kennzeichen des Tiefschlafs.
4. Von den 86 Mrd. Neuronen in den Gehirnen vierer älterer Brasilianer befinden sich 69 Mrd. im Kleinhirn (Cerebellum) und 16 Mrd. im Cortex (von Bartheld, Bahney und Herculano-Houzel, 2016; siehe auch Walloe, Pakkenberg und Fabricius, 2014). Alle übrigen Strukturen – Thalamus, Basalganglien, Mittelhirn und Hirnstamm – enthalten rund 1 % aller Neurone. Weibliche Gehirne enthalten aus unbekannten Gründen durchschnittlich 10–15 % weniger Neurone als männliche.
5. Eine Kleinhirnschädigung kann nichtmotorische Defizite zur Folge haben, die sich als zerebelläres kognitiv-affektives Syndrom manifestieren.
6. Yu et al. (2014) machten die Bilder vom Gehirn der Frau, die ohne Kleinhirn zur Welt gekommen war. Eine journalistische Darstellung des Heranwachsens ohne Kleinhirn, die den Fall des 11-jährigen Amerikaners Ethan Deviney schildert, erschien 2018 in der Weihnachtsausgabe des *Economist* unter dem Titel „Team Ethan – The family of a boy without a cerebellum found out how to take its place". Weitere Beispiele für die zerebelläre Agenesie werden bei Boyd (2010) sowie Lemon und Egley (2010) beschrieben. Dean et al. (2010) modellieren die Kleinhirnfunktion als adaptiven Filter.
7. Erst seit Neuerem wird (mittels Rekonstruktion des kompletten Mäusegehirns) deutlich, welch große Reichweite einzelne Axone von Pyramidenzellen haben; diese erreichen zahllose weit entfernte Regionen. In einem Mäusegehirn, das bequem in einen Zuckerwürfel mit 10 mm Kantenlänge passt, können einzelne Axone eine Länge von mehr als 100 mm erreichen; es besteht also ein ausgedehntes Netz hauchdünner Fasern (Economo et al., 2016; Wang et al., 2019). Hochgerechnet auf die Dimensionen des menschlichen Gehirns, das das Tausendfache an Raum bietet, bedeutet dies, dass einzelne Axone Längen von bis zu 1 m erreichen, mit Tausenden von Seitenzweigen, die jeweils Dutzende von Neuronen innervieren.
8. Farah (1990) und Zeki (1993) geben jeweils einen umfassenden Überblick zur corticalen Agnosie. Die beiden Patienten mit Verlust der Farbwahrnehmung sind in Gallant et al. (2000) und von Arx et al. (2010) beschrieben. Tononi, Boly, Gosseries und Laureys (2016) setzen sich mit Bewusstsein und

Anosognosie auseinander. Die Patientin, die keine Bewegungen sah (zerebrale Akinetopsie), deren auditorische und taktile Bewegungswahrnehmung jedoch unbeeinträchtigt war, wird in Heywood und Zihl (1999) beschrieben. Als höchsten literarischen Genuss empfehle ich die Bücher des inzwischen verstorbenen Neurologen Oliver Sacks zum Thema.

9. Bei der Anosognosie ist die Hirnregion, die eine bestimmte Klasse von Erfahrungen – hier die der Spektralfarben – vermittelt, zerstört, und mit ihr das konkrete Wissen darum, was Farben sind (außer in einem abstrakten Sinne – etwa so wie man weiß, dass Fledermäuse Sonar nutzen, um Beute zu entdecken, ohne zu wissen, wie es sich anfühlt).

10. Der Begriff der „heißen Zone" (*hot zone*) wurde von Koch et al. (2016) eingeführt. Ein Großteil der älteren kausalen klinischen Belege wird oft vergessen; man bevorzugt stattdessen neuere Daten aus bildgebenden Verfahren, die rein korrelativ sind. Bezüglich dieses Konflikts siehe Boly et al. (2017) sowie Odegaard, Knight und Lau (2017). Die in King et al. (2013) beschriebenen Experimente der Gruppe um Stan Dehaene heben übrigens die Bedeutung des hinteren Cortex am Beispiel schwer hirngeschädigter Patienten hervor. Im Rahmen einer laufenden Zusammenarbeit versuchen viele an dieser Debatte beteiligte Forscher der beiden Lager, die unterschiedlichen Ansichten zu klären; dabei gehen sie nach einem vorher vereinbarten Protokoll vor.

11. Dabei stehen die Chirurgen jedes Mal vor der schwierigen Frage, wie viel Hirngewebe entfernt werden soll. Entnimmt man zu viel, wird der Patient womöglich stumm, blind oder gelähmt. Entnimmt man zu wenig, kann Tumorgewebe zurückbleiben, oder die Anfälle gehen weiter (Mitchell et al., 2013).

12. Der präfrontale Cortex ist hier als frontaler granulärer Cortex – Brodmann-Areale 8–14 und 44–47 – und als agranulärer anteriorer cingulärer Cortex definiert (Carlen, 2017). Durch die enorme Größe des präfrontalen Cortex unterscheidet sich *Homo sapiens* von allen anderen Primaten (siehe aber Passingham, 2002).

13. Höhere mentale Fähigkeiten, wie Denkvermögen, Intelligenz, Schlussfolgern, moralisches Beurteilen und derlei mehr sind generell gegenüber Schädigungen des Gehirns widerstandsfähiger als untergeordnete, physiologische Funktionen, wie Sprechen, Schlafen, Atmung, Augenbewegungen oder Reflexe, die allesamt mit bestimmten Schaltkreisen assoziiert sind. Diese Regel, abgeleitet aus den neurochirurgischen Erfahrungen eines ganzen Jahrhunderts, wird von jenen, die das Gehirn mit bildgebenden Verfahren darstellen, oft ignoriert (Odegaard, Knight und Lau, 2017). Henri-Bhargava et al. (2018) geben eine Zusammenfassung klinischer Beurteilungen von Läsionen des präfrontalen Cortex. Der Sacks-Begriff stammt aus Sacks (2017).

14. Die Fallgeschichte des berühmten Frontallappen-Patienten Joe A. wird von Brickner (1936) sehr detailliert geschildert. Als A. 19 Jahre später starb, bestätigte seine Autopsie, dass der Chirurg bei ihm die Brodmann-Areale 8–12, 16, 24, 32, 33 sowie 45–47 entfernt hatte; nur Areal 6 und das

Broca-Areal waren erhalten, sodass der Patient sprechen konnte (Brickner, 1952). Das Zitat stammt von S. 304.

15. Der Patient K. M. erfuhr eine fast komplette, bilaterale Resektion des präfrontalen Cortex als chirurgische Behandlung seiner Epilepsie (dabei wurden beidseitig die Brodmann-Areale 9–12, 32 und 45–47 entfernt); danach verbesserte sich sein Intelligenzquotient (Hebb und Penfield, 1940).

16. Eine Vorstellung vom Zustand der Neurologie, bevor man das Gehirn routinemäßig mit bildgebenden Verfahren untersuchte sowie weiße und graue Substanz am lebenden Patienten unterscheiden konnte (was mit der damaligen Röntgentechnik nicht möglich war) bietet das autobiografische Werk *A Journey Round My Skull* des ungarischen Roman- und Bühnenautors und Journalisten Frigyes Karinthy (1939). Eindringlich beschreibt er seinen Leidensweg und die Gehirnoperation, mit der ihm – bei vollem Bewusstsein – ein großer Hirntumor entfernt wurde.

17. Mataro et al. (2001) schildern den Fall dieses Patienten. Ein anderes Beispiel ist eine junge Frau mit massiven beidseitigen Schädigungen des präfrontalen Cortex. Sie schnitt zwar bei spezifischen Tests zu Leistungen des Frontallappens schlechter ab, doch sie büßte keine perzeptuellen Fähigkeiten ein (Markowitsch und Kessler, 2000). Einen beeindruckenden, aber nicht so gut dokumentierten Fall findet man bei YouTube, wenn man „the man with half a head" eingibt. Carlos Rodriguez hatte mit etwa 27 Jahren einen Autounfall; dabei traf eine Stange seinen Kopf, woraufhin Teile des Schädels operativ entfernt werden mussten. Er drückt sich flüssig, wenn auch nicht immer ganz zusammenhängend aus. Zweifellos hat er ein Bewusstsein.

18. Die klinischen Daten zur Unerlässlichkeit des anterioren präfrontalen Cortex (Brodmann-Areal 10) für die Metakognition sind allerdings nicht ganz eindeutig (Fleming et al., 2014; Lemaitre et al., 2018).

19. Die (im MRT gemessene) hämodynamische Aktivität im frontalen und parietalen Cortex korreliert mit der bewussten visuellen (Dehaene et al., 2001; Carmel, Lavie und Rees, 2006; Cignetti et al., 2014) und taktilen (Bornhövd et al., 2002; de Lafuente und Romo, 2006; Schubert et al., 2008; Bastuji et al., 2016) Perzeption. Die Theorie des globalen neuronalen Arbeitsraums (*global neuronal workspace theory*) postuliert eine nichtlineare Zündung von frontoparietalen Netzwerken, die das Entstehen perzeptuellen Bewusstseins ermöglicht (Dehaene et al., 2006; Del Cul et al., 2009). Ausgeklügeltere Versuche legen jedoch nahe, dass diese Regionen eher an Prozessen vor oder nach dem Erleben beteiligt sind, wie Aufmerksamkeitskontrolle, Aufgabenstellung, die Einschätzung der Gewissheit eines Urteils und dergleichen (Koch et al., 2016; Boly et al., 2017), als am Erleben selbst.

20. Dies war Thema meines ersten Buchs über das Bewusstsein (Koch, 2004). Tononi, Boly, Gosseries und Laureys (2016) besprechen die neuere Literatur, die die Hypothese stützt, Sehrinde, Hörrinde und somatosensorischer Cortex seien keine inhaltsspezifischen NCC.

21. Hoch auflösende bildgebende Verfahren erfassen strukturelle Unterschiede zwischen vorderem und hinterem Cortex (Rathi et al., 2014). Die Anwendung

struktureller bildgebender Verfahren in einer neueren Studie ergab, dass bestimmte Regionen des unteren parietalen und des hinteren temporalen Cortex und Precuneus beim Menschen die größten Unterschiede zu Regionen im Makakengehirn aufweisen (Mars et al., 2018). Der letzte Abschnitt in Kap. 13 beschäftigt sich mit den topografisch organisierten Regionen im hinteren Cortex.

22. Selimbeyoglu und Parvizi (2010) geben einen Überblick über die klinische Literatur zur elektrischen Hirnstimulation. Zu den wissenschaftlichen Grundlagen, auch zum erstaunlichen Ausmaß der räumlichen Spezifität der elektrischen Hirnstimulation, siehe Desmurget et al. (2013). Winawer und Parvizi (2016) verknüpfen Phosphene quantitativ mit fokalen elektrischen Stimulationen des primären visuellen Cortex (Sehrinde) bei vier Patienten, während Rauschecker und Kollegen (2011) Ähnliches für induzierte Bewegungswahrnehmungen im hinteren Sulcus temporalis inferior des Menschen (Areal MT+/V5) tun. Beauchamp et al. (2013) induzieren visuelle Phosphene am temporoparietalen Übergang. Anmerkung 19 in Kap. 5 sowie Schalk et al. (2017) gehen auf die Gesichtswahrnehmung nach elektrischer Hirnstimulation nahe dem fusiformen Gesichtsareal (FFA) ein, und Desmurget et al. (2009) diskutieren das Gefühl, sich bewegen zu wollen (Intention), nach Stimulation des unteren parietalen Cortex. Ein bahnbrechender Fall von corticaler elektrischer Stimulation als Hilfe für eine blinde Testperson wird von Schmidt (1998) beschrieben.

23. Die Monografie von Penfield und Perot (1963) stellt 69 Fallstudien mit Erlebnishalluzinationen infolge von elektrischer Stimulation des Schläfenlappens oder im üblichen Verlauf der epileptischen Anfälle (meist ausgehend vom Schläfenlappen) detailliert dar. Zwei typische spontane Beschreibungen von Patienten bei elektrischer Hirnstimulation sind „es war wie in einem Tanzsaal, als würde ich im Eingang stehen, in einer Art Sporthalle an der Kenwood Highschool" (Fall 2, S. 614) und „ich habe jemanden sprechen gehört, meine Mutter sagte mir, dass eine meiner Tanten heute abend vorbeikommen würde" (Fall 3, S. 617). Die Wiederholung der Stimulation löste beim Patienten meist wieder dieselbe Reaktion aus. Es gibt aber auch einige wenige Berichte über komplexe visuelle Halluzinationen, die durch elektrische Hirnstimulation an Punkten im mittleren (ein Patient) und unteren (ein anderer Patient) Gyrus frontalis ausgelöst wurden (Blanke et al., 2000).

24. Bei Fox et al. (2018) löste etwa ein Fünftel der elektrischen Hirnstimulationen des posterioren, jedoch nicht des anterioren Anteils des orbitofrontalen Cortex bei Patienten mit Epilepsie olfaktorische, gustatorische und somatosensorische Erlebnisse aus. Popa et al. (2016) triggerten mit elektrischer Stimulation des dorsolateralen präfrontalen Cortex und der darunter liegenden weißen Substanz bei drei Patienten übergriffige Gedanken.

25. Crick und Koch (1995) und Koch (2014). Die weit verbreitete bidirektionale Konnektivität zwischen Claustrum und Cortex wird von Wang et al. (2017) beschrieben und quantifiziert. Drei neuere Artikel haben die Rolle der Claustrum-Neurone bei der Unterdrückung der corticalen Erregung

aufgeklärt (Atlan et al., 2018; Jackson et al., 2018; Narikiyo et al., 2018). Die spektakuläre Anatomie der Claustrum-Neurone wird in Wang et al. (2019) dargestellt.

26. Diese Zahlen gelten für 1 mm^3 Mäusecortex (Braitenberg und Schüz, 1998).

27. Takahash, Oertner, Hegemann und Larkum (2016) bringen das Auftreten von Calcium-Ereignissen in den distalen Dendriten von Pyramidenzellen aus Schicht 5 im Cortex von Mäusen in Verbindung mit deren Fähigkeit, eine geringe Biegung ihrer Tasthaare wahrzunehmen (siehe auch Larkum, 2013).

28. Den Anfang machte John von Neumann mit seinem Kommentar: „Denn die Erfahrung macht nur Aussagen von diesem Typus: ein Beobachter hat eine bestimmte (subjektive) Wahrnehmung gemacht, und nie eine solche: eine physikalische Größe hat einen bestimmten Wert" (aus seinem Lehrbuch *Mathematische Grundlagen der Quantenmechanik* von 1932; siehe auch Wigner, 1967). Ein frei zugänglicher Artikel, der das Problem der Definition der Grenze zwischen der Quanten- und der klassischen Welt beschreibt, ist Zurek (2002).

29. Penroses Buch *The Emperor's New Mind* von 1989 (deutsch: *Computerdenken*, 1991) ist ein echtes Lesevergnügen. Seinen Kritikern antwortete er in seinem Nachfolgewerk *Shadows of the Mind* (1994; deutsch: *Schatten des Geistes*, 1995). Penrose erdachte auch unmögliche Figuren und entdeckte die Penrose-Parkettierung. Der Anästhesiologe Stuart Hameroff fügte dem Quantengravitations-Skelett von Penroses Theorie etwas biologisches Fleisch hinzu (Hameroff und Penrose, 2014). Dennoch bleibt das Ganze hoch spekulativ und im Detail vage, mit kaum empirischen Belegen (Tegmark, 2000; Hepp und Koch, 2010).

30. Die Photosynthese von Meeresalgen bei Raumtemperatur bezieht ihre Effizienz aus quantenmechanischer elektronischer Kohärenz innerhalb von Proteinen (Collini et al., 2010). Ebenso gibt es Belege dafür, dass Vögel entlang des Magnetfelds der Erde navigieren, indem sie langlebige Spin-Kohärenzen in Proteinen, die für blaues Licht empfindlich sind, benutzen (Hiscock et al., 2016). Beide Effekte finden in der Peripherie statt. Derzeit gibt es keine glaubwürdigen Belege für eine Quantenverschränkung innerhalb oder zwischen Neuronen in zentraleren Strukturen, wie etwa dem Cortex. Bevor nicht solche Daten vorliegen, bleibe ich skeptisch (Koch und Hepp, 22.006, 2010). Gratiy et al. (2017) diskutieren die elektro-quasistationäre Näherung der Maxwell-Gleichungen, die elektrische Ereignisse innerhalb und zwischen neuronalen Schaltkreisen erfassen.

Kapitel 7

1. Leibniz' Mühlenbeispiel stammt aus seiner umfassenden, aber kryptischen *Monadologie* von 1714. Das Zitat stammt aus einem Brief von Leibniz an Pierre Bayle aus dem Jahr 1702. Siehe Woolhouse und Francks (1997), S. 129.

2. Ich empfehle Chalmers' (1996) mitreißendes Buch, um seine Argumentation nachzuvollziehen (siehe auch Kripke, 1980). Der von Shear (1997) herausgegebene Band dokumentiert den Aufruhr, den Chalmers' Formulierung des schwierigen Problems in Philosophenkreisen auslöste.

3. Das schwierige Problem stellt sich, wenn man versucht, vom Mechanismus – etwa bestimmten Neuronentypen, die auf eine bestimmte Weise feuern – zum Erleben zu wechseln. Die IIT nimmt (und das tun nur wenige) den Weg in die entgegengesetzte Richtung; sie beginnt mit den fünf unstrittigen Eigenschaften jeder Erfahrung, um dann etwas über den Mechanismus zu schlussfolgern, der dieses Erleben hervorbringt.

4. Im Gegensatz zu den Deduktionen, die in der Mathematik aus Axiomen vorgenommen werden.

5. In der Größenordnung von 10.500, wenn wir der kosmologischen Theorie der ewigen Inflation glauben wollen.

6. Ein Editionswerk, das sich mit dem Ursprung der ultimaten Gesetze der Physik auseinandersetzt, ist Chiao et al. (2010). Eine extreme Variante der Multiversum-Erklärung ist Max Tegmarks *Hypothese vom mathematischen Universum* (*mathematical universe hypothesis*), nach der alles, was mathematisch existieren kann, irgendwo und irgendwann physikalisch existieren muss. All diese fachkundigen Spekulationen, auch diejenigen zu der ultimaten Frage „warum gibt es überhaupt etwas?", kommen schließlich zu Antworten, die Variationen einer Endlosrekursion sind.

7. Ich halte mich eng an die Darstellung, Beispiele und Zahlen des grundlegenden Artikels, der die IIT 3.0 beschreibt (Oizumi, Albantakis und Tononi, 2014). Tononi und Koch (2015) bieten eine sanfte Einführung in die IIT. Unter http://integratedinformationtheory.org/finden Sie PyPhi, eine Open-source-Bibliothek in Python zur Berechnung der integrierten Information und eine aktuelle Referenzimplementation (Mayner et al., 2018). IIT 3.0 wird wohl kaum das letzte Wort sein. Wenn man die fünf transzendenten Axiome in fünf Postulate überführt, gilt es einige Entscheidungen zu treffen, etwa die, welche Metrik man benutzen sollte. Diese Entscheidungen werden letztlich theoretisch untermauert werden müssen. Behalten Sie die immer umfangreicher werdende Sekundärliteratur im Auge, zum Beispiel die Spezialausgabe des *Journal of Consciousness*, Bd. 23 (2019).

Kapitel 8

1. Die kritische Rolle der Kausalität für die Analyse der vielfältigen Beziehungen von Ursachen und Wirkungen ist ein noch recht neues Thema in der Biologie, Netzwerkanalyse und künstlichen Intelligenz. Letztere verdankt der Grundlagenarbeit des Computerwissenschaftlers Judea Pearl (2000) viel. Ich empfehle wärmstens sein sehr gut lesbares Buch *The Book of Why* (Pearl 2018).

2. Das Axiom der intrinsischen Existenz macht aus Descartes' epistemologischer Aussage („Ich weiß, dass ich existiere, weil ich ein Bewusstsein habe")

eine ontologische („Bewusstsein existiert"), ergänzt um die Aussage der intrinsischen Existenz („Bewusstsein existiert für sich"). Aus Gründen der vereinfachten Darstellung fasse ich sie alle in einer zusammen (Grasso 2019).

3. Das Zitat stammt aus Platons *Der Sophist* (geschrieben um 360 v. Chr.), in der Übersetzung von Friedrich Schleiermacher (*Platons Werke, Zweiter Theil*) verfügbar unter https://www.projekt-gutenberg.org/platon/platowr2/sophist1.html (Ende S. 247). Man beachte, dass Platons disjunktive („oder") Anforderung bei der IIT durch die stärkere konjunktive („und") Anforderung ersetzt wird. Die kausale Interaktion muss in dem fraglichen System in beide Richtungen laufen, hin *und* zurück.

4. Aus Gründen der Vereinfachung ist der Schaltkreis in Abb. 8.2 idealisiert und deterministisch. Der mathematische Apparat lässt sich auf probabilistische Systeme ausdehnen, um Indeterminismus aufgrund von thermalem oder synaptischem Rauschen Rechnung zu tragen. Es ist nicht trivial, die IIT auf kontinuierliche dynamische Systeme (wie sie von der Elektrodiffusion der Elektrodynamik erklärt werden, relevant für die Biophysik des Gehirns) auszuweiten, da eine Partitionierung und Berechnung der Entropie in kontinuierlichen Systemen zu Unendlichkeiten führt. Einen vielversprechenden Ansatz bieten Esteban et al. (2018).

5. Jeder Graph mit n Knotenpunkten lässt sich auf vielerlei Weise in zwei, drei, vier und mehr Teile teilen. Die Gesamtzahl der möglichen Partitionen (bis hinauf zu derjenigen, bei der das jeweilige System komplett in seine einzelnen atomaren Bestandteile zerlegt wird) ist enorm und wird durch die n-te Bellsche Zahl Bn angegeben. Die Berechnung der integrierten Information all dieser Partitionen ist ungeheuer kostspielig und steigt faktoriell. Während $B_{3=5}$, ist B_{10} bereits 115,975. Für $n = 302$, also die Zahl der Zellen im Nervensystem des Nematoden *Caenorhabditis elegans,* beläuft sich die Zahl der Partitionen auf 10.457 (Edlung et al., 2011), eine absurd große Zahl. Mit etwas cleverer Mathematik lassen sich diese Zahlen dramatisch reduzieren. Natürlich braucht die Natur nicht all diese Partitionen auszuwerten, um die minimale zu finden, genauso wenig wie die Natur alle möglichen Wege explizit berechnet, die ein Lichtstrahl nimmt, um schließlich denjenigen zu finden, der seine Laufzeit minimiert.

6. Insbesondere wird sie nicht in Bit angegeben, da die integrierte Information etwas ganz anderes ist als die Information nach Shannon, wie soeben erläutert.

7. Das Ausschlusspostulat löst auch das Kombinationsproblem des Panpsychismus, ein Thema, auf das ich in Kap. 14 zurückkommen werde.

8. Das bekannteste Beispiel für ein solches Prinzip ist das Fermatsche Prinzip aus dem 17. Jahrhundert. Das von Pierre de Fermat formulierte Prinzip der extremalen Laufzeit besagt, dass Licht zwischen zwei Punkten den Weg mit der kürzesten Laufzeit nimmt. Es beschreibt, wie Lichtstrahlen von Spiegeln reflektiert und durch unterschiedliche Medien (etwa Wasser und Luft) gebrochen werden.

9. Die rigorose Definition dessen, was ein Ganzes ausmacht und wie sich dieses von der Gesamtheit seiner Teile unterscheidet, ist das Kerngebiet der *Mereologie*. Der Gedanke geht auf Aristoteles' Vorstellungen von der Seele, Form oder Essenz aller Lebewesen zurück (siehe dazu seine Schrift *Über die Seele*). Betrachten wir eine Tulpe, eine Biene und einen Menschen. Jeder dieser Organismen besteht aus vielerlei Organen, Struktur gebenden Elementen sowie diese verbindendem Gewebe. Die Ganzen haben Fähigkeiten – Fortpflanzung (alle drei), Ortsbewegung (nur die letzten beiden), Sprache (nur das letzte) –, die ihre einzelnen Teile nicht haben. Heute setzt man den Schwerpunkt oft auf der Erstellung großer Datenmengen; das erzeugt jedoch die Illusion, solche Systeme zu verstehen, und verschleiert, wie wenig wir wirklich wissen. Bis heute ist es eine konzeptuelle Herausforderung zu definieren, wie diese Fähigkeiten auf Ebene des Systems entstehen. Letztlich können Maxima der extrinsischen kausalen Kräfte Organismen wie Tulpen, Bienen und Menschen präzise beschreiben und umreißen, während Maxima der intrinsischen kausalen Kräfte essenziell für das Erleben sind.

10. Zwei Formen oder Konstellationen, die sich nur durch Rotation unterscheiden, sind dasselbe Erleben. Mathematiker erforschen inzwischen den Isomorphismus zwischen der Geometrie des phänomenologischen Raumes – etwa des dreidimensionalen, zylindrischen Raums für Schattierung, Sättigung und Helligkeit von Farbe – und der maximal irreduziblen Ursache-Wirkung-Struktur (Oizumi, Tsuchiya und Amari, 2016; Tsuchiya, Taguchi und Saigo, 2016). Wie unterscheidet sich die Geometrie der Form, die den Anblick eines leeren Bildschirms in seiner räumlichen Ausdehnung bildet, von der von Durst oder Langeweile?

11. Koch 2012a, S. 130 (deutsche Ausgabe S. 233 f.).

12. Man beachte, dass jeder Unterschied in den kausalen Kräften notwendigerweise mit einem Unterschied im assoziierten physikalischen Substrat einhergeht. Ein sich veränderndes Erleben ist also assoziiert mit einer Veränderung in dessen Substrat. Das muss jedoch nicht für die mikrophysikalischen Anteile dieses Substrates gelten. Ein Neuron kann also ein Aktionspotenzial mehr oder weniger feuern, was jedoch das physikalische Substrat nicht beeinflusst und somit aufgrund der relevanten besonderen Kartierung zwischen mikrophysikalischen Variablen und der raumzeitlichen Auflösung (Detailgenauigkeit), die für das physikalische Substrat des Bewusstseins relevant ist, nicht das Erleben verändert (Tononi et al., 2016). Zudem können aufgrund von *multipler Realisierbarkeit* unterschiedliche physikalische Substrate dasselbe bewusste Erleben instanziieren (siehe dazu das Beispiel in Albantakis und Tononi, 2015). Dass dies in Gehirnen geschieht, ist aufgrund von deren massiver Entartung in der Praxis höchst unwahrscheinlich.

13. Das berühmte Bindungsproblem der Psychologie (Treisman 1996).

14. Das Python-Paket PyPhi wird in Mayner et al. (2018) beschrieben und ist mit einem Tutorial frei verfügbar. Der zugrunde liegende Algorithmus

wächst exponentiell mit der Zahl der Schnittstellen. Das beschränkt leider die Größe der Netzwerke, die komplett analysiert werden können, und macht die laufende Suche nach Heuristiken, die schnelle Näherungswerte für das Auffinden der Ursache-Wirkung-Struktur bieten, entscheidend wichtig.

Kapitel 9

1. Merker (2007).
2. Holsti, Grunau und Shany (2011).
3. Einen Überblick über die bedrückende Geschichte, wie das Gehirn im Spätstadium der Demenz seinen Sinn für das Selbst verlieren kann, geben Pietrini, Salmon und Nichelli (2016). Empfohlen sei auch das eloquente amerikanische Filmdrama *Still Alice* (2014).
4. Chalmers (1998) Kritikpunkt war, dass die Konstruktion eines solchen Bewusstseinsmessgeräts bis zu einer finalen, akzeptierten Theorie des Bewusstseins warten müsse. Ich bin hier anderer Meinung.
5. Winslade (1998) hat ein fesselndes Buch über traumatische Hirnschädigungen und das medizinische Ökosystem verfasst, das das Überleben der Patienten ermöglicht.
6. Posner et al. (2007) ist das klassische Lehrbuch über Patienten mit Störungen des Bewusstseins. Giacino et al. (2014) liefert ein Update. Es gibt kein zentrales Register für VS-Patienten, von denen viele in Hospizen und Pflegeheimen oder zu Hause versorgt werden. Schätzungen zufolge leben allein in den USA 15.000 bis 40.000 Wachkoma-Patienten.
7. Auf die Aufforderung hin, sich vorzustellen, Tennis zu spielen oder einen imaginären Spaziergang durch ihr Haus zu machen, zeigten 4 von 23 Patienten, die in einem Magnetscanner lagen, dieselben differenziellen Hirnreaktionen in ihrem Hippocampus und supplementär-motorischen Cortex wie gesunde Freiwillige. Ähnliche Experimente suchen diese bewusste Modulation der Gehirnaktivität als wechselseitige Rettungsleine zur Kommunikation zu nutzen („wenn die Antwort ‚ja' ist, stellen Sie sich vor, Tennis zu spielen"; Bardin et al., 2011; Koch, 2017b; Monti et al., 2010; Owen, 2017).
8. Eine dramatische Ausnahme bildet der/das vorübergehende, vom Rückenmark vermittelte *Lazarus*-Reflex/Phänomen, bei dem der Tote die Arme oder sogar einen Teil seines Oberkörpers aufrichtet (Saposnik et al., 2000).
9. Das ursprüngliche Komitee der Fakultät der Harvard Medical School formulierte seinen Bericht, *Defining Death* (Den Tod definieren), im Jahr 1968. Vier Jahrzehnte später hat ein anderes Komitee diese Fragen in *Controversies in the Determination of Death* (etwa: „Kontroversen um die Bestimmung des Todes") neu aufgerollt. Die Mitglieder des Komitees bestätigten die ethische Angemessenheit der konventionellen klinischen Regel zur Feststellung des Todes – entweder den neurologischen Standard eines

vollständigen Hirnversagens oder den kardiopulmonalen Standard der irreversiblen Einstellung aller kardialen und respiratorischen Funktionen. Mehrere Mitglieder des Komitees von 2008, einschließlich des Vorsitzenden, gaben kurze Statements zu Protokoll, die die Schlussfolgerung in Zweifel zogen, ein totes Gehirn impliziere einen toten Körper. Tatsächlich gibt es eine Handvoll von Berichten über hirntote Patienten – vom juristischen Standpunkt dieses Landes gesehen, also Leichen – die mit entsprechenden lebenserhaltenden Maßnahmen monate- oder jahrelang ein lebendiges Aussehen beibehalten, ja sogar lebensfähige Babys zur Welt bringen (Schiff und Fins, 2016; Shewmon, 1997; Truog und Miller, 2014). Das Buch *The Undead* (Teresi, 2012) hebt den Konflikt hervor, der aus den Anforderungen eines lebenden Körpers zum Erhalt der Organe und gleichzeitig einem toten Spender entsteht, unförmig benannt als „Leichnam mit schlagendem Herzen".

10. Bruno et al. (2016) liefern einen aktuellen Bericht über LIS. Besonders bemerkenswert ist, dass die meisten LIS-Patienten lebenserhaltende Maßnahmen wünschen, nur wenige hegen Selbstmordgedanken. Jean-Dominique Baubys (1997) Buch, *Schmetterling und Taucherglocke*, ist ein seltsam erhebender und inspirierender Bericht, der unter schrecklichen Umständen verfasst wurde, und bildete die Grundlage für einen bewegenden Film.

11. Niels Birbaumer widmet seine wissenschaftliche Arbeit der Kommunikation mit den am schlimmsten betroffenen, oft vollständig gelähmten Patienten, und zwar mithilfe ereigniskorrelierter Hirnpotenziale und anderer Gehirn-Computer-Schnittstellen. Siehe Kotchoubey et al. (2003), was den wissenschaftlichen Hintergrund und die Technik angeht; Parker (2003), was einen Artikel zu diesem Thema im *New Yorker* betrifft.

12. Eine gute Beschreibung, wie sich das EEG bei Einleitung einer Narkose verändert, findet sich bei Martin, Faulconer und Bickford (1959): „Bei den Abweichungen vom Normalen erfolgt bereits früh eine Erhöhung der Frequenz von 20 auf 30 Zyklen pro Sekunde. Wenn das Bewusstsein verloren geht, wird dieses Muster von kleinen, raschen Wellen durch eine große (50 bis 300 Mikrovolt), langsame Welle (1–5 Zyklen pro Sekunde) ersetzt, deren Amplitude steigt, während sie sich verlangsamt. Die Welle wird unter Umständen unregelmäßig, was Form und Wiederholungszeit angeht, und wenn sich das Narkoseniveau vertieft, kann es sein, dass sekundäre, schnellere Wellen diese Welle überlagern. Dann beginnt die Amplitude abzunehmen, und es kommt möglicherweise zu einer Periode relativer corticaler Inaktivität (so genannte Burst-Suppression), bis dieses Unterdrückung schließlich zum vollständigen Verlust der corticalen Aktivität und zu einem flachen oder formlosen Spurverlauf führt."

13. Der Originalartikel ist Crick und Koch (1990). Was Details angeht, siehe die populäre Darstellung von Crick (1994) oder mein Lehrbuch (Koch, 2004). Crick und ich haben die These vertreten, dass Bewusstsein die Synchronisation von Neuronenpopulationen über rhythmische Entladungen im Gamma-Bereich erfordert, was die „Bindung" multipler Reizmerkmale innerhalb einer einzigen Erfahrung erklärt (siehe Engel und Singer, 2001).

Eine reizspezifische Synchronisation im Gamma-Bereich im visuellen Cortex der Katze wird durch Aufmerksamkeit (Roelfsema et al., 1997) und durch Reizung der Formatio reticularis erleichtert (Herculano-Houzel et al., 1999; Munk et al., 1996). Darüber hinaus spiegelt die Gamma-Synchronie die perzeptuelle Dominanz bei binokularer Rivalität wider, selbst wenn sich die Feuerraten unter Umständen nicht verändern (Fries et al., 1997). EEG- und MEG-Studien am Menschen sprechen ebenfalls dafür, dass eine Gamma-Synchronie über größere Entfernungen (*long-distance gamma synchrony*) mit visuellem Bewusstsein korreliert sein könnte (Melloni et al., 2007; Rodriguez et al., 1999). Das spätere Schicksal der Crick–Koch-Hypothese wird in der folgenden Anmerkung diskutiert.

14. Die meisten dieser Studien werfen visuelle Aufmerksamkeit und visuelles Bewusstsein durcheinander (Kap. 4). Wenn die Auswirkungen von bewusster Sichtbarkeit in geeigneter Weise von denen selektiver Aufmerksamkeit unterschieden werden, ist eine hohe Gamma-Synchronisation mit Aufmerksamkeit verknüpft, unabhängig davon, ob der Reiz von den Probanden gesehen wurde oder nicht, während eine Gamma-Synchronisation im mittleren Bereich mit Sichtbarkeit in Beziehung steht (Aru et al., 2012; Wyart und Tallon-Baudry, 2008). Hermes et al. (2015) haben die Existenz von Gamma-Oszillationen im visuellen Cortex des Menschen nachgewiesen; das galt aber nur, wenn die Probanden auf bestimmten Typen von Bildern sahen. Das führte zu dem Schluss, dass Gammaband-Oszillationen nicht nötig sind, um etwas zu sehen (Ray und Maunsell, 2011). Und schließlich kann Gamma-Synchronie zu Beginn des Non-REM-Schlafs, während der Narkose (Imas et al., 2005; Murphy et al., 2011) oder bei Krampfanfällen (Pockett und Holmes, 2009) andauern oder sich sogar verstärken und auch bei unbewussten emotionalen Reizen präsent sein (Luo et al., 2009). Das heißt, Gamma-Synchronie kann ohne Bewusstsein auftreten.

15. Kertai, Whitlock und Avidan (2012) beschreiben das Für und Wider eines Einsatzes von BIS in der Anästhesiologie.

16. Das P3b ist ein gut untersuchter, elektrophysiologischer Marker-Kandidat für Bewusstsein. Es handelt sich um ein spätes (> 300 ms nach Reizbeginn), positives, frontoparietales ereigniskorreliertes Potenzial, das von visuellen oder auditorischen Reizen ausgelöst wird und erstmals vor 50 Jahren beschrieben wurde. Es wurde vermutet, dass das mit einem auditorischen Oddball-Paradigma gemessene P3b eine Signatur des Bewusstseins darstellt und eine nichtlineare Verstärkung (auch als *Zündung* bezeichnet) der corticalen Aktivität durch ein breit verteiltes Netzwerk aufzeigt, an dem frontoparietale Areale beteiligt sind (Dehaene und Changeux, 2011). Diese Interpretation ist jedoch durch eine Reihe experimenteller Befunde widerlegt worden (Koch et al., 2016). Die *visual awareness negativity* (VAN), eine ereigniskorrelierte Potenzialauslenkung, die bereits 100 ms nach Reizbeginn einsetzt, ihren Gipfel nach rund 200–250 ms erreicht und im posterioren Cortex auftritt, könnte besser mit der bewussten Wahrnehmung korreliert sein (Railo, Koivisto, und Revonsuo, 2011).

17. Der Originalartikel (Massimini et al., 2005) unterscheidet bei einer kleinen Gruppe von normalen Versuchspersonen korrekt zwischen stillem Ruhen und Tiefschlaf. In den Jahren seither testeten Tononi, Massimini und ein großes Team klinischer Forscher die transkraniale magnetische Zap-and-Zip-Stimulationstechnik an gesunden Freiwilligen und neurologischen Patienten in bewusstem und unbewusstem Zustand. Ich habe über diese Studie einen Cover-Artikel für den *Scientific American* (Koch, 2017d) verfasst. Siehe die aktuelle Monografie, was weitere Einzelheiten betrifft (Massimini und Tononi, 2018).

18. Faradaysche oder elektromagnetische Induktion, das Prinzip, dass ein sich veränderndes magnetisches Feld Spannung in einem Leiter induziert, ist auch der Kern des elektrischen Generators (oder Dynamos) und des kabellosen Ladens.

19. Siehe http://longbets.org/750/. Solche Techniken müssen in der offenen, begutachteten Literatur publiziert werden und auf Hunderten von Versuchspersonen basieren. Das Verfahren muss anhand individueller, klinisch eindeutiger Fälle validiert werden, und es muss eine sehr geringe Fehlerrate (jemanden als „ohne Bewusstsein" klassifizieren, wenn er durchaus bei Bewusstsein ist) und eine geringe Fehlalarm-Rate (jemanden als „bewusst" bezeichnen, wenn er ohne Bewusstsein ist) aufweisen. Die *Long Bet* folgt auf eine noch laufende 25-Jahres-Wette über die Natur des NCC zwischen David Chalmers und mir (Snaprud, 2018). Letztlich werden vielleicht rein auf Daten basierende Methoden zur Unterscheidung zwischen bewussten und nichtbewussten Zuständen das Rennen machen, die Maschinenlernen nutzen (Alonso et al., 2019).

20. Beispielsweise ist PCI nicht monoton in Φ. Die Normierung der Quellenentropie in der Berechnung vorausgesetzt, erreicht der PCI-Wert sein Maximum für evozierte Antworten, bei denen die Quellen völlig unabhängig voneinander sind, was für ein völliges Fehlen von Integration im Cortex spricht. In der Praxis überschreitet der PCI-Wert 0,70 nicht.

21. Das Gehirn verfügt über zahlreiche Organisationsebenen: Voxel der Art, wie man sie in Magnetscannern sieht, die eine Million oder mehr Zellen umfassen; Neuronenkoalitionen unter einer klinischen Elektrode; individuelle Nervenzellen, deren Signale sich mit modernen optischen oder elektrischen Ableittechniken registrieren lassen; ihre Kontaktpunkte, die Synapsen; die Proteine, aus denen diese Synapsen aufgebaut sind – und so weiter. Intuitiv gehen die meisten Neurowissenschaftler davon aus, dass es sich bei den relevanten Akteuren um Verbände einzelner Nervenzellen handelt. Die Integrierte Informationstheorie ist besser als die Intuition. Der IIT zufolge sind die neuronalen Elemente des NCC diejenigen und nur diejenigen, die ein Maximum an Ursache-Wirkung-Kraft stützen, wie von der intrinsischen Perspektive des Systems selbst bestimmt. Das lässt sich empirisch beurteilen (Abb. 2 in Tononi et al., 2016). Dieselbe Logik legt die für das NCC relevante Zeitskala als diejenige fest, die den größten Unterschied für das System macht, wie von seiner intrinsischen Perspektive bestimmt. Diese Zeitskala

sollte mit der Dynamik des bewussten Erlebens kompatibel sein – dem Auf und Ab von Perzepten, Bildern, Geräuschen und so weiter, und im Bereich von Sekundenbruchteilen bis einige Sekunden liegen.

Kapitel 10

1. Es gibt neben dem Corpus callosum eine ganze Reihe deutlich kleinerer Faserbündel, vor allem die vordere und die hintere Kommissur, die die beiden corticalen Hemisphären verbinden. Ein partielles oder komplettes callosales Diskonnektionssyndrom kann auch als seltene Komplikation bei chronischem Alkoholismus (Kohler et al., 2000) oder nach einem Trauma auftreten, wie in dem Fall, als sich ein japanischer Geschäftsmann im betrunkenen Zustand einen Eispickel in den Kopf rammte. Er suchte ohne Hilfe ein Krankenhaus auf, während der Griff des Eispickels aus seiner Stirn ragte (Abe et al., 1986).

2. Durch die Injektion des kurzzeitig wirkenden Barbiturats Natrium-Amobarbital in die linke Halsschlagader lässt sich die linke Hemisphäre in Schlaf versetzen. Wenn der Proband anschließend noch spricht, muss das Broca-Areal in der rechten Hemisphäre liegen. Dieser so genannte Wada-Test ist und bleibt der Goldstandard, wenn es darum geht, die Lateralisation der Sprache zu analysieren, und ist in dieser Hinsicht dem fMRT überlegen (Bauer et al., 2014).

3. Aktuelle Tests mit zwei Split-Brain-Patienten haben das orthodoxe Narrativ infrage gestellt (Pinto et al. 2017a,b,c und die kritischen Antworten von Volz und Gazzaniga 2017 sowie Volz et al. 2018). Jede Interpretation von Split-Brain-Patienten hat mit einer Neuorganisation des Gehirns nach dem chirurgischen Eingriff zu kämpfen, der Jahre oder gar Jahrzehnte zuvor erfolgte. Eine weitere rätselhafte Frage werfen Menschen auf, die ohne corticale Kommissur geboren wurden (Agenese des Corpus callosum) und keine klassischen Split-Brain-Symptome zeigen. Tatsächlich steigt und sinkt die Aktivität in ihrem linken und rechten Cortex gleichzeitig, ohne dass es direkte strukturelle Verbindungen gäbe (Paul et al., 2007).

4. Sperry (1974), S. 11. Die Vorstellung, dass sich die rechte und die linke Hälfte des Gehirns in einer Dualität des Geistes widerspiegeln, reicht weit zurück (Wigan, 1844). Der Philosoph Puccetti (1973) beschrieb einen fiktiven Gerichtsfall, in dem es um einen Patienten geht, dessen nicht-dominante Hemisphäre seine Frau auf besonders schreckliche Weise ermordet; siehe auch Stanisław Lems 1987 erschienenen satirischen Science-Fiction-Roman *Friede auf Erden*.

5. Nach ihrer Erholung von dem Eingriff behaupten Split-Brain-Patienten, sich nicht viel anders als vor dem Eingriff zu fühlen. Dem muss in Bezug auf ihr Φ^{max} vor und nach dem Eingriff Rechnung getragen werden. Da diese Patienten unter den schädlichen Auswirkungen einer langjährigen Epilepsie litten, entsprechen ihre Gehirne nicht der Norm. Und dass die Patienten

behaupten, in den Wochen oder Monaten ihrer Rekonvaleszenz keinen Unterschied zu spüren, bedeutet keineswegs, dass es keine Unterschiede gibt. Es wäre wichtig, den Geist dieser Patienten vor und nach dem Eingriff (der heute nur noch selten vorgenommen wird) mithilfe des detaillierten Fragenkatalogs zu kartieren, der in Kap. 2 erwähnt wurde.

6. Ein nahe verwandtes Phänomen ist das Alien-Hand-Syndrom. Ein klassischer Bericht (Feinberg et al., 1992) schildert einer Patientin, deren linke Hand einen eigenen Willen hatte und sie würgte. Nur mit großem Kraftaufwand gelang es ihr, ihre linke Hand von ihrer Kehle zu zerren. In einem anderen Fall ging es um einen Mann, dessen rechte Hand eine ausgeprägte Greifreaktion zeigte – ständig in Bewegung, griff sie nach Objekten in Reichweite, darunter Betttücher, die Beine des Patienten oder seine Genitalien, und ließ sie nicht wieder los. Unvergesslich auch die Kultszene in Stanley Kubricks Albtraumkomödie *Dr. Strangelove, or How I Learned to Stop Worrying and Love the Bomb* (1964, deutsch: *Dr. Seltsam oder: Wie ich lernte, die Bombe zu lieben*), in der Dr. Strangeloves/Dr. Seltsams (gespielt von Peter Sellers) schwarz behandschuhte rechte Hand immer wieder abrupt zum Hitlergruß emporschnellt und, als die linke Hand interveniert, versucht, ihn zu erdrosseln.

7. Lesen Sie die Geschichte im *New York Times Magazine* und schauen Sie sich das außergewöhnliche Video der beiden kleinen Mädchen an, Tatiana und Krista Hogan, deren Gehirne auf der Ebene ihrer Thalami verbunden sind (Dominus, 2011; https://www.cbc.ca/cbcdocspov/episodes/inseparable).

8. Ein seltenes Echtzeit-Experiment bei der Kontrolle einzelner Neurone im menschlichen Gehirn wurde von Moran Cerf, damals Graduate Student in meinem Labor am Caltech, in Zusammenarbeit mit dem Neurochirurgen Itzhak Fried durchgeführt (Cerf et al., 2010). Patienten beobachteten die Aktivität individueller Neurone in ihrem eigenen medialen Temporallappen und regulierten deren Aktivität gezielt nach oben oder nach unten (vermutlich zusammen mit der Aktivität vieler anderer Zellen). Eine hochmoderne Ableittechnik, eine einzelne Neuropixels-Silikon-Sonde, dünner als ein menschliches Haar, kann gleichzeitig von mehreren Hundert Neuronen ableiten (Jun et al., 2017). Wir sind noch immer eine ganze Reihe Jahre davon entfernt, simultan und mit millisekundengenauer Auflösung von einer Million Neuronen – weniger als 1/100 % der corticalen Neurone – abzuleiten, und unsere Fähigkeit, sie selektiv zu stimulieren, ihre Spikerate nach oben und nach unten zu regulieren, ist sogar noch begrenzter.

9. Das Claustrum mit seinen massiven, zum Cortx laufenden und vom Cortex kommenden Verbindungen ist ein naheliegender Kandidat für diese Rolle. Die so genannten Dornenkronenneurone, die ihren Einfluss weit über den ganzen corticalen Mantel ausüben, könnten für die Etablierung eines einzelnen dominanten Ganzen wesentlich sein (Reardom, 2017; Wang et al., 2017b).

10. Abb. 16 in Oizumi, Albantakis und Tononi (2014).

11. Mooneyham und Schooler (2013).

12. Sasai et al. (2016) schildern fMRT-Belege für zwei funktionell unabhängige cerebrale Netzwerke, wenn Probanden gleichzeitig ein Auto steuern und Anweisungen zuhören müssen, eine alltägliche Erfahrung.

13. Man könnte eine Fülle von Daten aus der psychiatrischen, psychoanalytischen und anthropologischen (i.e. Shamanentum, Besessenheit) Literatur gewinnen, wenn man dort nach Hinweisen auf eine direkte Relevanz für eine (dys) funktionale Hirnkonnektivität suchen würde (Berlin, 2011; Berlin und Koch, 2009). Zu einer anderen, kulturell hoch geschätzten Dissoziation kommt es, wenn man sich verliebt. Die damit einhergehende Realitätsverzerrung kann recht plötzlich auftreten und wird als höchst lustbetont erlebt. Sie setzt enorme körperliche und kreative Kräfte frei, obgleich sie auch zu maladaptivem Verhalten führen kann. Auch Verlieben kann man durch die Linse der IIT sehen.

14. Im Fall des Oktopus möglicherweise acht separate Ichs (Godfrey-Smith, 2016).

15. Ich beobachte dies am stärksten, wenn ich einen Langstreckenflieger besteige. Die allermeisten Passagiere stellen als erstes den im Sitz eingebauten Monitor an und schauen sich – vielleicht unterbrochen von einer Schlafpause – einen Film nach dem anderen an, bis der Flieger zehn oder mehr Stunden später seinen Bestimmungsort erreicht. Kein Verlangen nach Introspektion oder Reflektion. Die meisten wünschen nicht zu denken und bevorzugen den passiven Empfang von Bildern und Tönen. Warum fühlen sich so viele Menschen, allein mit ihrem Geist, so unwohl?

16. Das Zitat geht weiter: „*Dieses Gewahrsein ist leer und makellos rein und wird nicht durch irgendetwas erschaffen. Es ist authentisch und unverfälscht, geprägt von Klarheit und Leere.* Es ist nicht von Dauer und dennoch nicht von etwas geschaffen. Es ist aber kein bloßes Nichts oder etwas Vernichtetes, denn es ist luzid und gegenwärtig." Aus Padmasambhawas siebtem Gesang, in Odier (2005).

17. Jede Kultur deutet diese mystischen Phänomene je nach religiöser und historischer Sensibilität auf ihre Weise. Allen gemeinsam ist ein Erleben ohne Inhalt (Forman, 1990b).

18. Was ich als mystische Erfahrungen bezeichne, unterscheidet sich deutlich von einer zweiten Klasse religiöser Erfahrungen – überwältigende, glückselige oder ekstatische Erfahrungen. Diese sind mit positiven Affekten und sensorischer Metaphorik verknüpft, wie die spirituelle Vision einer Teresa von Avila oder das ekstatische Erleben, das man bei Anhängern moderner Pfingstkirchen oder charismatischer christlicher Sekten und den tanzenden Derwischen des Sufismus findet (Forman, 1990c). Diese beiden Klassen repräsentieren entgegengesetzte Erfahrungspole – der eine hat keinen Inhalt, während der andere förmlich davon überschäumt. Beiden gemeinsam sind die endogene Natur der Erfahrung und der langfristige Einfluss auf das Leben derjenigen, die diese Erfahrung machen, eine Erfahrung, die allgemein als ebenso erhellend wie erhebend beschrieben wird.

19. Lutz et al. (2009, 2015); Ricard, Lutz, and Davidson (2014).

20. Eine deflationistische Erklärung, die meine Tochter anbot, war, ich sei schlichtweg eingeschlafen. Das ist natürlich ein legitimer Einwand, weshalb ich die Erfahrung gern wiederholen und dabei drahtlose EEG-Sensoren tragen würde, um physiologisch zwischen „ohne Bewusstsein, weil im Tiefschlaf" und „reines Erleben im Wachzustand" zu unterscheiden.
21. Hier stoßen wir auf ein Paradox. Der Zustand muss irgendeinen phänomenalen Aspekt haben, denn er fühlt sich anders an als Tiefschlaf. Daher kann er nur annähernd inhaltsleer sein.
22. Sullivan (1995).
23. Die Mathematik des inaktiven Cortex wird in einem Beispiel in Abb. 18 von Oizumi, Albantakis und Tononi (2014) diskutiert. Bewusstsein hängt von geeigneten Hintergrundbedingungen ab. Daher sagt die IIT vorher, dass reines Bewusstsein mit einer Erregung (*arousal*) des Hirnstamms (das heißt, die Person schläft nicht und der Cortex ist von den relevanten Neuro-modulatoren durchflutet) und einer nur minimal aktiven hinteren heißen Zone im Cortex einhergeht. Diese Vorhersage lässt sich testen, indem man Personen, die seit langem meditieren, mit einer hochauflösenden EEG-Kappe ausstattet, während sie sich in inhalts-leerer oder inhalts-voller Meditation befinden, beispielsweise sich auf ihren Atem konzentrieren. Ein Vergleich der EEG-Signaturen dieser beiden Bedingungen sollte während der inhalts-leeren Meditation eine reduzierte hochfrequente Gamma-Band-Aktivität und kaum Delta-Band-Aktivität ergeben.
24. Anders ausgedrückt, der Physikalismus wird nicht verletzt.

Kapitel 11

1. Earl (2014) listet die bemerkenswert breit gestreuten kognitiven Funktionen auf, die dem Bewusstsein zugeschrieben werden.
2. Mit einem Fußball zu dribbeln oder auf einer Tastatur zu tippen sind wohl-trainierte visuomotorische Fertigkeiten, die leiden, wenn die Betroffenen gezwungen sind, darauf zu achten, mit welcher Seite ihres Fußes sie den Ball berühren oder mit welchem Finger sie einen bestimmten Buchstaben anschlagen (Beilock et al., 2002; Logan und Crump, 2009).
3. Wan et al. (2011, 2012) untersuchten die Entwicklung unbewusster Fertig-keiten und ihrer neuronalen Korrelate bei dem japanischen Strategiespiel Shogi. Siehe Koch (2015) für eine Zusammenfassung.
4. Siehe Anmerkung 9 in Kap. 2.
5. Siehe Albantakis et al. (2014). Edlund et al. (2011) und Joshi, Tononi und Koch (2013). Man beachte, dass die Labyrinthe randomisiert sind, um die Evolution von Animats zu verhindern, die auf das Durchqueren eines einzigen Netzes spezialisiert sind. Diese Animats sind den Vehikeln aus dem eponymen Buch *Vehicles: Experiments in Synthetic Psychology* meines Ko-Doktorvaters Valentin Braitenberg nachempfunden. Die Animates in Abb. 11.1 sind

unterschiedlich schattiert, um anzuzeigen, wann sie sich entwickelt haben, wobei hellgrau für Animats steht, die früh im Lauf der Evolution entstanden, schwarz für solche digitalen Organismen, die sich erst recht spät entwickelten.

6. Das Simulieren der Evolution machte mir die immensen Zeitskalen, die für die zufällige Entdeckung selbst einfacher Schaltkreise wie einem 1-Bit-Gedächtnis nötig sind, und die Entartung des Lösungsraums (eine sehr große Zahl unterschiedlicher Schaltkreise kann dieselbe Funktion erfüllen) bewusst.

7. Albantakis et al. (2014).

8. Crick und Koch (1995), S. 121. Siehe auch Koch (2004), Abschn. 14.1.

9. Unterschiede in genereller Intelligenz, auf diese Weise beurteilt, korrelieren mit Erfolg im Leben, sozialer Mobilität, beruflicher Leistung, Gesundheit und Lebenserwartung. Bei einer Studie mit 1 Million schwedischer Männer ging eine Zunahme des IQ um eine Standardabweichung mit einem 32-%igen Rückgang der Mortalität im Verlauf von 20 Jahren einher (Deary, Penke und Johnson, 2010). Was ich zur Dissoziation zwischen kognitiven Messungen von Intelligenz und Bewusstsein sage, trifft auch für andere Intelligenzmessungen zu, zum Beispiel solche, die soziale Situationen betonen. Siehe Plomin (2001), was ein Maß für Mäuseintelligenz angeht.

10. Das neurowissenschaftliche Wissen bezüglich der Beziehung zwischen Gehirngröße, Komplexität des Verhaltens und Intelligenz ist rudimentär (Koch, 2016a; Roth und Dicke, 2005). Wie gehen Tiere aus verschiedenen Taxa mit ganz unterschiedlich großen Nervensystemen mit widersprüchlicher Information um, zum Beispiel einem roten Licht, das in einem Kontext Nahrung, in einem anderen aber einen Elektroschock signalisieren kann? Können Bienen (unter Berücksichtigung von Unterschieden in der Motivation und im sensorischen System) lernen, ebenso gut wie Mäuse mit solchen Unwägbarkeiten umzugehen, obwohl Bienen 70-mal weniger Neurone haben als Mäuse? Der Cortex des Gewöhnlichen Grindwals, einer Delfinart, enthält 37 Mrd. Neurone, im Vergleich zu den 16 Mrd. des Menschen (Mortensen et al., 2014). Sind die wenigen Tausend Vertreter dieser eleganten Meeressäuger, die es heute noch gibt, tatsächlich intelligenter als Menschen? Die Schädelkapazität des ausgestorbenen Hominiden *Homo neanderthalensis* übertraf die des modernen *Homo sapiens* um rund 10 % (Ruff, Trinkaus und Holliday, 1997). Waren unsere archaischen Vettern klüger, aber weniger fruchtbar oder aggressiv als moderne Menschen (Shipman, 2015)? Wenn man Vergleiche über Artgrenzen hinweg zieht, ist es wichtig, die allometrischen Beziehungen zwischen Körpermasse, Hirnmasse und Zahl der Neurone in verschiedenen Hirnregionen zu berücksichtigen.

11. Diese weit gefasste Hypothese trifft wahrscheinlich nur für gewisse Konnektivitätsregeln zu, z. B. für den Cortex, aber nicht für das Kleinhirn. Eine interessante mathematische Herausforderung ist es, die Bedingungen zu ermitteln, unter denen integrierte Information von 2-D-Netzwerken einfacher Verarbeitungseinheiten mit der Größe des Netzwerks anwächst. Wird eine solche planare Architektur der lokalen, gitterartigen Konnektivität ähneln,

ergänzt durch eine spärlich nichtlokale Verdrahtung, die die Evolution vor
mehr als 200 Mio. Jahren fand, als die Säuger und ihre neocorticale Zell-
schicht aufkamen (Kaas, 2009; Rowe, Macrini und Luo, 2011)?

12. Das heißt: Ist ein Mensch, ein Hund, eine Maus oder eine Biene mit einem
größeren Nervensystem klüger und bewusster als ein Mensch, ein Hund, eine
Maus oder eine Biene mit einem kleineren? Obgleich eine solche Idee mit
phrenologischen und politischen Untertönen einhergeht, wenn sie im Kontext
des Menschen untersucht wird, stützen die Daten eine solche Annahme
für Intelligenz; je dicker die Rindenschicht, desto höher der IQ der Person,
gemessen auf der Wechsler Adult Intelligence Scale (Wechsler-Intelligenztest
für Erwachsene; Goriounova et al., 2019; Narr et al., 2006). Bei den meisten
Arten, wie dem Menschen, sind die Größenvariationen jedoch gering.
Aufgrund künstlicher Zuchtwahl bei Hunden ist die Variationsbreite der
Körpergrößen bei den verschiedenen Rassen von *Canis domesticus* – von
Chihuahua bis zum Alaskan Malamute und der Deutschen Dogge – groß
(mindestens Faktor 100, was die Körpermasse angeht). Es wäre interessant,
die Anzahl der Neurone in verschiedenen Hirnregionen bei all den verschiedenen Rassen zu ermitteln und zu versuchen, diese Anzahlen mit dem
Abschneiden bei einer ganzen Reihe standardisierter Verhaltenstests ins Verhältnis zu setzen.

13. Shinya Yamanaka erhielt 2012 den Nobelpreis für seine wichtigen Entdeckungen auf dem Gebiet der regenerativen Medizin.

14. Die Technologie zur Zucht von cerebralen Organoiden durch
Reprogrammierung adulter menschlicher Stammzellen macht rasch Fortschritte (Birey et al., 2017; Di Lullo und Kriegstein, 2017; Quadrato et al.,
2017; Sloan et al., 2017; Pasca, 2019). Cerebrale Organoide machen den
ethisch nach wie vor umstrittenen Rückgriff auf das Gewebe abgetriebener
Föten unnötig und können in sehr großer Zahl unter streng kontrollierten
Bedingungen gezüchtet werden. Bislang fehlen den Organoiden noch
Mikroglia und Zellen, die Blutgefäße bilden (siehe aber Wimmer et al.,
2019). Das begrenzt sie auf linsengroße Gebilde mit vielleicht bis zu etwa
1 Million Zellen. Um weiter wachsen zu können, benötigen Organoide eine
Gefäßversorgung, um die innen liegenden Zellen mit Sauerstoff und Nähr-
stoffen zu versorgen. Die morphologische und elektrische Komplexität dieser
Neurone ist viel geringer als bei reifen Neuronen; sie weisen eine begrenzte
synaptische Konnektivität und eine irreguläre neuronale Aktivität auf, die
sich von den für Bewusstsein charakteristischen organisierten Aktivitäts-
mustern unterscheidet, welche ich in Abb. 5.1 und in Kap. 6 diskutiert habe.
Eine wegweisende aktuelle Studie berichtete von lang anhaltenden Perioden
relativer Ruhe, unterbrochen von Perioden spontaner elektrischer Aktivität, einschließlich ineinander verschachtelter Oszillationen und einer hohen
Variabilität, die in gewisser Weise dem EEG einen Frühgeborenen ähnelt
(Trujillo et al., 2018). Wir bleiben dran.

15. Narahany et al. (2018) diskutieren die Ethik von Experimenten mit menschlichen cerebellären Organoiden. In Kap. 13 argumentiere ich, dass die

ausgedehnten Gitter von Neuronen, wie sie bei cerebralen Organoiden auftreten können, etwas erleben könnten, das einer Phänomenologie des Raumes mit seinen inhärenten Nachbarschaftsrelationen und Entfernungen vergleichbar ist. Ich argumentiere dort auch, dass corticale Teppiche die lebende Zurückweisung eines interessanten Einwands sind, der von dem Physiker Scott Aaronson gegen die IIT erhoben wurde.

Kapitel 12

1. „Ich werde deshalb zeigen, dass nicht Menschen in Mythen denken, sondern wie sich die Mythen in den Menschen denken, ohne deren Wissen." (Lévi-Strauss, 1969, S. 12).
2. Leibniz (1951), S. 51.
3. Unter anderem bewies der junge Turing, dass Leibniz' Suche nach einer Möglichkeit, jede in geeigneter Weise gestellte Frage (siehe das Leibniz-Zitat oben) mit einem „richtig" oder „falsch" zu beantworten, also die Lösung des so genannten *Entscheidungsproblems,* ein unerreichbares Ziel ist.
4. Der Strom einlaufender Photonen wird von 6 Mio. Zapfen im Auge aufgefangen, jeder auf bis zu 25 Hz moduliert mit einem Signal-Rausch-Verhältnis von 100 für insgesamt eine Milliarde Bit pro Sekunde an Information (Pitkow und Meister, 2014). Der größte Teil dieser Daten wird bereits innerhalb der Retina verworfen, sodass nur rund 10 Mio. Bit an Information den Augapfel verlassen und die 1 Million Nervenfasern entlangwandern, die den Sehnerv bilden (Koch et al., 2006).
5. Es gibt viel Literatur über Funktionalismus Siehe den aktuellen Eintrag in *The Stanford.*
6. *Encyclopedia of Philosophy* (Levin, 2018). Clark (1989) führte den Mikro-Funktionalismus ein.
7. Hubel (1988).
8. Durch das Allen Brain Observatory (de Vries, Lecoq et al., 2018).
9. Zeng und Sanes (2017) beschreiben die moderne Sicht der taxonomischen Einteilung von Hirnzellen in Klassen, Unterklassen, Typen und Subtypen sowie die Ähnlichkeiten und Unterschiede im Vergleich zur Klassifikation von Arten. Am besten verstanden sind die neuronalen Zelltypen in der Retina, wo es bei den Säugerarten bemerkenswert wenig Variation in den Neuronentypen und ihrer Verschaltung gibt (Sanes und Masland, 2015).
10. Arendt et al. (2016) liefern eine Einführung in die entwicklungsphysiologischen und evolutionären Einschränkungen, die für Zelltypen gelten.
    Jeder Organismus ist das letzte Glied einer langen Kette von Vorgängern, die zurück bis zum Ursprung des Lebens reicht. Merkmale werden im Lauf der Evolution ständig angepasst und auf neuartige Weise eingesetzt. Nehmen Sie die Gehörknöchelchen in unserem Mittelohr, die Schallwellen übertragen. Sie haben sich aus Knochen im Kiefer früher Reptilien entwickelt, die sich

zu den Kiemenbögen noch früherer Tetrapoden zurückverfolgen lassen. Die Evolution verwandelte eine Atemhilfe in eine Fresshilfe in eine Hörhilfe (Romer und Sturges, 1986). Siehe auch das erhellende Buch *Your Inner Fish* (deutsch: *Der Fisch in uns,* Shubin, 2008), das mit Elan den evolutionären Ursprung so vieler Merkmale unserer Körper erklärt, die aus grauer Vorzeit stammen. In ähnlicher Weise sind viele der existierenden Zelltypen wahrscheinlich evolutionäre Überreste aus grauer Vorzeit. Nehmen wir nur die Anordnung der QWERTZ-Tastatur, die in unserem Leben eine so große Rolle spielt. Dabei handelt es sich um eine mechanische Einschränkung, die den Schreibmaschinen des ausgehenden 19. Jahrhunderts auferlegt wurde, um das Risiko zu vermindern, dass sich benachbarte Tasten miteinander verhakten. Für virtuelle elektronische Tastaturen ist das irrelevant, doch das Layout der Tastatur erinnert uns nachdrücklich an den langen Arm der Geschichte.   Einige der Zelltypen im Gehirn sind wahrscheinlich entscheidend für die Selbstorganisation des Organismus aus einer einzelnen, befruchteten Eizelle über die Blastozyste zu einem Embryo, aus dem ein neugeborenes Kind werden wird. Die biologische Entwicklung erlegt dem Design einzigartige Einschränkungen auf, die wir noch kaum verstehen. Ein Beispiel ist die Retina, die sich von innen nach außen entwickelt, was erklärt, warum die lichtempfindlichen Photorezeptoren an der Rückseite des Auges statt wie bei allen Kameras vorne liegen.   Darüber hinaus gibt es metabolische Einschränkungen. Ihr Gehirn verbraucht ein Fünftel der Energie, die Ihr Körper in Ruhe benötigt – rund 20 W, ob Sie einen Film anschauen, Schach spielen oder schlafen. Der Verzehr einer mittelgroßen Banane pro Stunde liefert genügend Kalorien, um Ihren Körper und Ihr Gehirn zu ernähren. Die metabolischen Kosten von Hirngewebe sind hoch im Vergleich zu Leber- oder Nierengewebe. Die Evolution musste sich etwas einfallen lassen, um Operationen mit geringem Energieverbrauch durchzuführen; sie scherte sich nicht um rechnerische Universalität oder Eleganz.

11. Alan Hodgkins und Andrew Huxleys Arbeiten aus dem Jahr 1952 bleiben eine Glanzleistung der theoretischen Neurowissenschaften. Beide zogen Rückschlüsse auf die Veränderungen der Membranleitfähigkeit, die der Auslösung und Fortleitung des Aktionspotenzials im Riesenaxon des Kalmars zugrunde liegen; dabei benutzten sie eine Ableitvorrichtung aus dem 1940er-Jahren, also vor Zeiten des Transistors. Sie formulierten ein phänomenologisches Modell, das ihre Beobachtungen hinsichtlich der Wechselbeziehungen zwischen spannungs- und zeitabhängiger Natrium-, Kalium- und Leck-Leitfähigkeit quantitativ reproduzierte. Sie brauchten drei Wochen (*sic!*), um die damit einhergehenden vier gekoppelten Differenzial-gleichungen mithilfe eines handgekurbelten Rechners zu lösen und die Fortpflanzungsgeschwindigkeit des Aktionspotentials abzuleiten; der numerische Wert, den sie erhielten, wich nicht mehr als 10 % vom beobachteten Wert ab (Hodgkin, 1976). Ich bewundere ihre Leistung, die ihnen 1963 den Nobelpreis einbrachte, enorm. Abgewandelte Versionen ihrer Berechnungen stehen

bis heute im Zentrum aller Bemühungen um realistische neuronale Modelle auf diesem Gebiet (Almog und Korngreen, 2016).

12. Henry Markrams Blue Brain Project wird von der Schweizer Regierung finanziell unterstützt (Markram, 2006, 2012). Das Blue Brain Project hat einen ersten Entwurf einer digitalen Rekonstruktion eines kleinen Stücks des somatosensorischen Cortex der Ratte realisiert (Markram et al., 2015); das ist zweifellos die bislang vollständigste Simulation eines Quäntchens erregbaren Hirngewebes (was meine Gedanken zu diesem Thema im Detail betrifft, siehe Koch und Buice, 2015). Was aktuellere Simulationen angeht, siehe https:// bluebrain.epfl.ch/. Wenn die gegenwärtigen Trends in der Hardware- und Software-Industrie anhalten, werden Hochleistungsrechenzentren Anfang der 2020er Jahre über die schiere Rechen- und Speicherkapazität verfügen, um ein Nagerhirn zu simulieren (Jordan et al., 2018). Eine Simulation eine menschlichen Gehirns auf zellulärem Niveau mit tausendmal mehr Neuronen, die nicht nur ausgedehnter sind als Mäuseneurone, sondern auch deutlich mehr Synapsen tragen, liegt gegenwärtig nicht im Bereich des Möglichen (Stand 2019).

13. Während prinzipiell jedes Rechnersystem jedes andere imitieren kann, ist dies in der Praxis eine große Herausforderung. Emulatoren sind speziell dazu entworfen, mithilfe von spezialisierter Hardware oder Software (wie Microcode) ein *Target*-Rechnersystem auf einem *Host*-Rechnersystem zu imitieren. Beispiele sind Emulatoren, die unter dem Apple Operation System laufen und Aussehen und Feeling einer Windows-Umgebung (oder vice versa) nachahmen, oder Videospiel-Emulatoren für alte Konsolenspiele, wie Super Nintendo, die auf modernen PCs laufen. Wichtig ist die Ablaufgeschwindigkeit des Emulgators im Vergleich zur Originalsystem.

14. Siehe insbesondere meine Bücher Koch und Segev (1998) und Koch (1999), die detaillierten Simulationen elektrischer Felder im Säugerhirn sowie in Zusammenarbeit mit dem Blue Brain Project (Reimann et al., 2013).

15. Siehe Baars (1988, 2002), Dehaene und Changeux (2011) sowie Dehaenes exzellentes (2015) Buch. Empirische Unterstützung liefern Experimente, die die Sichtbarkeit des Stimulus durch Maskierung, Unaufmerksamkeits- und Veränderungsblindheit manipulieren, wie auch fMRT-Experimente und evozierte elektrische Potenziale.

16. Zur Kritik an der Theorie des globalen Arbeitsraums aus Sicht der IIT siehe den Anhang in Tononi et al. (2016). Während die IIT keine direkte Position zu der Beziehung zwischen Aufmerksamkeit und Erleben bezieht, geht die Theorie des globalen Arbeitsraums davon aus, dass Aufmerksamkeit für den Zugriff auf den Arbeitsraum nötig ist. Aufgrund der geringen Größe des Arbeitsraums ist das Fassungsvermögen des Bewusstseins zudem begrenzt, während die IIT keine solche Einschränkung benennt. Ein laufendes Pionierexperiment in der Soziologie der kognitiven Neurowissenschaft, eine *adversarial collaboration* („feindliche Zusammenarbeit"), sucht einige offene Schlüsselfragen hinsichtlich des NCC zu lösen, bei denen sich die Theorie des globalen Arbeitsraums und die integrierte Informationstheorie

uneins sind. Für die Zusammenarbeit einigte man sich auf eine Reihe vorher abgesprochener Experimente, bei denen fMRT, MEG, EEG und implantierte Elektroden bei Epilepsie-Patienten zum Einsatz kommen.
17. Siehe Dehaene, Lau und Kouider (2017), S. 492, wo die Möglichkeit eines Maschinenbewusstseins im Rahmen der Theorie des globalen Arbeitsraums diskutiert wird. Die Autoren kommen zu dem Schluss, dass „derzeitige Maschinen größtenteils noch immer Rechnungen ausführen, die eine unbewusste Verarbeitung widerspiegeln".

Kapitel 13

1. Durch Hinzufügen eines „trivialen", geringfügigen Feedbacks wird diese Schlussfolgerung nicht notwendigerweise ungültig (Oizumi, Albantakis und Tononi, 2014). Beachten Sie, dass das idealisierte, abstrakte Feedforward-System, über das wir hier sprechen, durchaus ein Φ^{max} ungleich null haben kann, sofern es aus echten physischen Komponenten besteht und auf der physischen Mikroebene Interaktionen stattfinden (Barrett, 2016).
2. Ein Feedforward-Netzwerk kann schnelle visuomotorische Handlungen ausführen – etwa wenn unser Gehirn binnen 120 Millisekunden signalisiert, dass ein eingeblendetes Bild eine Bedrohung zeigt, oder wenn unsere Hand unwillkürlich nach vorn schnellt, um ein Glas aufzufangen, das umzukippen droht –, aber ohne jedes bewusste Erleben (das kann später, mit einer Verzögerung von einem Sekundenbruchteil kommen). Psychologen und Neurowissenschaftler haben die Notwendigkeit von Feedback für das Bewusstsein immer betont. Siehe Cauller und Kulics (1991); Crick und Koch (1998); Dehaene und Changeux (2011); Edelman und Tononi (2000); Harth (1993); Koch (2004); Lamme (2003); Lamme und Roelfsema (2000); Super, Spekreijse und Lamme (2001). Lammes auf *rekurrenter Verarbeitung* beruhende Theorie des Bewusstseins macht dies zur expliziten Bedingung (Lamme 2006, 2010).
3. Die Dynamik der inneren Verarbeitungseinheiten ist in Feedforward-Systemen schneller als in rekurrenten Systemen. Schlüsselidee bei der Gestaltung dieses Netzes ist es, die Elemente des rekurrenten Netzes zu entfalten, indem man den Zustand eines jeden Elements durch eine Reihe von vier Knoten schickt. Funktionale Gleichwertigkeit kann für Sequenzen, die länger sind als vier Zeitschritte, nicht bewiesen werden (siehe Abb. 21 in Oizumi, Albantakis und Tononi, 2014).
4. Feedforward-Netzwerke mit einer einzigen Zwischenschicht („verborgenen Schicht"), die eine feste Zahl von Neuronen enthält, können unter bestimmten milden Voraussetzungen jede messbare Funktion näherungsweise erfüllen (Cybenko, 1989; Hornik, Stinchcombe und White, 1989). In der Praxis sind Feedforward-Systeme, da sie ja aus Millionen vorgegebener Beispiele lernen müssen, „tief" in dem Sinne, dass sie viele verborgenen Schichten haben.

Mehr zur Bildsprache und Metaphorik beim Computersehen bei Eslami et al. (2018).

5. Findlay et al. (2019).

6. Das können Sie selbst machen oder aber den Anhang von Findlay et al. (2019) aufschlagen, wo es jemand für Sie getan hat. Man braucht acht Computer-updates, um einen Zeitschritt des (PQR)-Netzwerks zu simulieren. Das heißt, nach acht Taktgeber-Iterationen (Wiederholungen)hat der Computer den Übergang (Transition) von (PQR) von seinem Ausgangszustand (100) zu seinem nächsten Zustand (001) simuliert. Nach acht weiteren Iterationen sagt die Simulation korrekt vorher, dass (PQR) sich in Zustand (110) befinden wird.

7. Die gesamte Analyse muss für die übrigen sieben von acht Schritten wieder-holt werden, die der Computer braucht, um eine einzige Transition des (PQR)-Schaltkreises zu simulieren. Trotzdem ist das Ergebnis dasselbe. Das System existiert nie als ein einziges Ganzes, sondern zerfällt in neun winzige Ganze (Findlay et al., 2019).

8. Dieser Schaltkreis folgt der berühmten Regel 110 (Cook, 2004).

9. Das lässt sich durch Induktion nachweisen. Natürlich ist dieses Konstruktionsschema ganz sicher kein praktikabler Weg, um ein menschliches Gehirn zu simulieren, denn dafür bräuchte man Gatter in der Größenordnung von $2^{n\ \text{Milliarden}}$, weit mehr als das Universum Atome besitzt, aber das Prinzip bleibt doch richtig.

10. Marshall, Albantakis und Tononi (2016).

11. Findlay et al. (2019).

12. Ähnliche antifunktionale und anticomputationale Gefühle brachte der Philo-soph John Searle in den Überlegungen zu seinem Gedankenexperiment „Das chinesische Zimmer" zum Ausdruck (Searle, 1980, 1997; siehe auch die WordStar-Discussion in Searle, 1992). Er vertrat auch die Auffassung, dass die kausalen Kräfte des Gehirns das Bewusstsein entstehen lassen, ohne dass er im Detail ausführte, was er damit meint. Die IIT deckt sich nicht völlig mit Searles Auffassungen, aber sie präzisiert seine Anmerkungen. In einer Besprechung eines meiner früheren Bücher greift Searle die IIT wegen ihres angeblich extrinsischen Gebrauchs von Information an (wie in Shannons Informationstheorie; siehe Searle, 2013a und b sowie unsere Erwiderung: Koch und Tononi, 2013). Bei mehreren Treffen von Searle, Tononi und mir ist es uns nicht gelungen, dieses seltsame Missverständnis aufzuklären. Es entbehrt nicht einer gewissen Ironie, dass diese Einwände von einem Philo-sophen kommen, dessen Ruf auf seinen Ideen zur Bedeutung von Verstehen gründet. Fallon (2019b) diskutiert die Wesensverwandtschaft von Searle und der IIT ziemlich ausführlich und kommt zu dem Schluss, dass Searles Anhänger sich über die zentrale Rolle der kausalen Kraft in der IIT freuen sollten und dass die „IIT möglicherweise fatale Lücken in Searles Ansatz schließt".

13. Die spärliche Konnektivitätsmatrix hätte 10^{11} mal 10^{11} Einträge, von denen die meisten dennoch den Wert null hätten.

14. Friedmann et al. (2017).
15. Gleitkommaeinheiten (*floating point units,* FPUs), Grafikprozessoren (*graphics processing units,* GPUs) und Tensorprozessoren (*tensor processing units,* TPUs) müssen auf die gleiche Weise analysiert werden, um ihre intrinsische kausale Kraft zu bestimmen.
16. Turing hatte sein *imitation game* nicht als Bewusstseinstest, sondern als Intelligenztest geplant (Turing, 1950).
17. Seung (2012). Die derzeitigen Hirnscan-Techniken sind destruktiv, das heißt, unser Gehirn würde bei dem Versuch, sein Konnektom zu gewinnen, zugrundegehen.
18. Siehe Aaronsons Blog *Shtetl-Optimized,* https://www.scottaaronson.com/blog/?p=1823.Dort finden Sie auch Tononis ausführliche Erwiderung sowie die Antworten von vielen anderen. Eine spannende Lektüre.
19. Mathematiker studierten Expander-Graphen zunächst im Zusammenhang mit neuronalen Netzen, in denen sowohl die Neurone (Knoten oder Ecken) als auch deren Axone und Dendriten (Kanten oder Bögen) gewissen Raum einnehmen und darum nicht beliebig dicht gepackt werden können (Barzdin, 1993).
20. Es ist nicht ganz leicht, integrierte Information für ein- und zweidimensionale Gitter einfacher zellulärer Automaten oder Logikgatter zu berechnen (ein Beispiel wäre Abb. 7 in Albantakis und Tononi, 2015). Näherungen zeigen, dass $\Phi^{\max}$ für planare Gitter ansteigt wie $O(x^n)$, wobei x von den Details des elementaren Logikgatters oder der von den zellulären Automaten implementierten Rechenvorschrift abhängt und n der Zahl der Gatter in dem Gitterelement entspricht.
21. Seine Kolmogorow-Komplexität ist sehr niedrig.
22. Ein eleganter Nachweis der topographischen Natur des primären visuellen Cortex des Menschen ordnet eine elektrische Stimulation des Gewebes an spezifischen anatomischen Orten den wahrgenommenen Orten von induzierten Lichtblitzen, sogenannten Phosphenen, zu (Winawer und Parvizi, 2016). Für den Einstieg in die umfangreiche Literatur zu bildgebenden Verfahren zur Darstellung des Gehirns siehe Dougherty et al. (2003) oder jedes beliebige Lehrbuch der Neurowissenschaften.

Kapitel 14

1. Letztlich ist das erlebende Individuum der ultimative Maßstab für Bewusstsein.
2. Die Zeichnung in Abb. 14.1 ist eine künstlerische Umsetzung des populären Lebensbaums von David Hillis (angelehnt an Anhang A von Savada et al., 2011). Die prokaryotischen Abstammungslinien sind mit gestrichelten Linien dargestellt. Die vier eukaryotischen Gruppen (Braunalgen, Pflanzen, Pilze und Tiere), zu denen mehrzellige Organismen gehören, sind mit durchgehenden

Linien gezeichnet. Der Stern kennzeichnet die Stelle, an der sich die eine Art innerhalb des Säugetierblatts befindet, die so inbrünstig an ihre Einzigartigkeit glaubt. Bitte beachten: Diese Darstellung ist eine grobe Vereinfachung der Beziehungen zwischen den Arten, da sie den horizontalen Gentransfer (Transfer von genetischem Material zwischen gleichzeitig existierenden Organismen) außer Acht lässt.

3. Ein Caveat gibt es: Nicht alle neuronalen Architekturen sind in Bezug auf das Bewusstsein gleichermaßen gut ausgestattet. In Kap. 6 habe ich die klinischen Belege dafür diskutiert, dass der teilweise oder vollständige Verlust des Kleinhirns das Bewusstsein von Patienten nicht signifikant beeinträchtigt. Für Spezies ohne Cortex gilt es daher zu erforschen, ob deren Hirnverdrahtung mehr einem Cortex oder mehr einem Kleinhirn ähnelt. Das Bienengehirn zum Beispiel ähnelt in seiner anatomischen Komplexität dem hoch rekurrenten Cortex.

4. Barron und Klein (2016) argumentieren für ein Bewusstsein bei Insekten auf Grundlage der Ähnlichkeiten in der Neuroanatomie von Insekten und Säugetieren. Man kann Bienen darauf trainieren, durch Labyrinthe zu fliegen, indem sie raffinierte Marker nutzen, an die sie sich erinnern (Giurfaa et al., 2001), und selektive visuelle Aufmerksamkeit einsetzen (Nityananda, 2016). Loukola et al. (2017) beschreiben soziales Lernen bei Bienen. Zu Kognition, Kommunikation und Bewusstsein bei Nichtsäugern liegt umfangreiche Literatur vor. Drei inhaltsreiche und leidenschaftliche Klassiker, die ich empfehlen kann, sind Dawkins (1998), Griffin (2001) und Seeley (2000). Feinberg und Mallatt (2016) haben einen meisterhaften Bericht über den Ursprung des Bewusstseins nach der Kambrischen Explosion vor 525 Mio. Jahren vorgelegt.

5. Darwin (1881/1985), S. 3 (deutsch [1882]: *Die Bildung der Ackererde durch die Thätigkeit der Würmer mit Beobachtung über deren Lebensweise*. Übers. v. J. Victor Carus. Stuttgart, E. Schweizerbart'sche Verlagsbuchhandlung, S. 2; www.darwin-online.org.uk).

6. *The Hidden Life of Trees* (Wohlleben, 2016), verfasst von einem deutschen Förster (*Das geheime Leben der Bäume*, 2015). Zur wachsenden Literatur über die komplexen chemischen Sinne und die Fähigkeiten zum assoziativen Lernen siehe auch Chamovitz (2012), Gagliano (2017) sowie Gagliano et al. (2016).

7. Manche Biologen und Philosophen vertreten – unter Rückgriff auf Ernst Haeckels biopsychische Vorstellungen (Monismus) – die Ansicht, dass Leben und Geist deckungsgleich (koextensiv) seien, da sie dieselben Organisationsprinzipien besäßen (Thomson, 2007).

8. Wie in Kap. 8 diskutiert, ist alles mit einem globalen Maximum an integrierter Information über dem betrachteten Substrat (zum Beispiel ein Gehirn) ungleich null ein Ganzes. Das heißt, es gibt keine über- oder untergeordnete Einheit des betrachteten Substrats mit mehr integrierter Information. Aber natürlich kann es andere, nicht überlappende Ganze geben, etwa die Gehirne von anderen, die mehr integrierte Information besitzen.

9. Jennings (1906), S. 336 (deutsch: *Die niederen Organismen, ihre Reiz-physiologie und Psychologie*. Übers. v. Ernst Mangold. Leipzig: Teubner, 1914; S. 533, abgerufen unter https://www.biodiversitylibrary.org/item/16.975#page/547/mode/1up).

10. Die Zahlen stammen aus Milo und Philips (2016). Das detailreichste Zell-Zyklus-Modell eines einzelligen Organismus ist das von Karr et al. (2012), das das menschliche Pathogen *Mycoplasma genitalium* mit seinen 525 Genen nachbildet. Dennoch lässt es die große Mehrheit der Interaktionen zwischen Proteinen unberücksichtigt. Man beachte, dass die Proteine hier – anders als im Gehirn, das gelernte Regelmäßigkeiten über die Außenwelt in seinen synaptischen Verbindungen speichert – in der intrazellulären wässrigen Umgebung treiben und wahrscheinlich nicht dieselbe Verknüpfungsspezifität haben. Ich habe die Gesamtzahl dichter Interaktionen für verschiedene Organismen näherungsweise berechnet und und argumentiere aufgrund meiner Berechnungen, dass wir sie nie alle werden analysieren können (Koch 2012b).

11. Um die integrierte Information von Elementarteilchen berechnen zu können, bräuchte man eine Quantenversion der IIT (Tegmark, 2015; Zanardi, Tomka und Venuti, 2018).

12. Ich bin mir völlig darüber im Klaren, dass die letzten 40 Jahre in der Theoretischen Physik den umfassenden Beweis erbracht haben, dass die Jagd nach eleganten Theorien (wie Supersymmetrie oder String-Theorie) keine neuen, empirisch überprüfbaren Hinweise liefert, die das Universum beschreiben, in dem wir leben (Hassenfelder, 2018).

13. Chalmers (1996, 2015), Nagel (1979) und Strawson (1994, 2018) artikulieren moderne philosophische Ansichten zum Panpsychismus, während der Physiker Tegmark (2015) von Bewusstsein als einem Zustand der Materie spricht. Skrbina (2017) liefert eine lesbare intellektuelle Geschichte des panpsychischen Denkens. Teilhard de Chardin (1959) kann ich wärmstens empfehlen. Mehr zu Ähnlichkeiten und Unterschieden zwischen IIT und Panpsychismus bei Fallon (2019b), Morch (2018) sowie Tononi und Koch (2015).

14. Schrödinger (1958), S. 153 (deutsch: *Geist und Materie*. Zürich: Diogenes 1989, S. 125).

15. Manche Dualismus-Varianten erfreuen sich eines wiedererwachenden Interesses, nachdem es dem Physikalismus nicht gelungen ist, das Geistige angemessen zu erklären (Owen, 2018b).

16. James (1890), S. 160. (Das Zitat findet sich auch in einem anderen Werk von James: *Psychology: Briefer Course* [Holt, New York, 1892], das auf Deutsch vorliegt: *Psychologie*. Übers. v. Dr. Marie Dürr, mit Anm. v. Prof. Dr. E. Dürr. Quelle und Meyer, Leipzig, 1909, S. 198 f.; abgerufen unter https://archive.org/details/WilliamJamesPsychologie/mode/2up).

17. Das Zitat stammt aus einer Kritik von Searle an einem meiner früheren Bücher und bezieht sich auf die IIT (Searle, 2013a), siehe auch Anmerkung 12 in Kap. 13. Bei Goff (2006) findet sich eine moderne Formulierung des Kombinationsproblems. Fallon (2019b) diskutiert ausführ-

lich, wie die IIT das Kombinationsproblem löst, und beschäftigt sich auch mit Searles Argumentation im „Chinesischen Zimmer".

18. Praktisch gesehen ist mein Ganzes weder mein gesamter Körper noch mein gesamtes Gehirn, sondern es ist lediglich das physische Substrat meines Bewusstseins in der heißen Zone in meinem hinteren Cortex, das die intrinsische Ursache-Wirkung-Kraft maximiert. Mein Körper, einschließlich meines Gehirns, kann als ein Maximum extrinsischer Ursache-Wirkung-Kraft angesehen werden, das mit dem Tod zusammenbricht.

19. Zur Architektur des regionalen Schlafs siehe Koch (2016c) und Vyazonskiy et al. (2011).

20. List (2016) diskutiert Bewusstsein in handlungsmächtigen Gruppierungen, insbesondere in Konzernen. Er kommt zu dem Schluss, dass es sich nicht nach etwas anfühlt, ein Konzern zu sein.

21. Eine solche Erweiterung wird manchmal als „nichtreduktiver Physikalismus" bezeichnet (Rowlatt, 2018).

22. Tatsächlich hat die IIT viele Eigenschaften mit dem Konzept gemeinsam, das Philosophen als Russellschen oder neutralen Monismus bezeichnen (Grasso, 2019; Morch, 2018; Russell, 1927).

Epilog: Warum dies wichtig ist

1. Die philosophischen, religiösen, moralischen, ethischen, wissenschaftlichen, rechtlichen und politischen Perspektiven mehrerer Jahrtausende sind hier von Bedeutung. Ich möchte nur einen kleinen Beitrag in Form einiger bemerkenswerter Beobachtungen aus Sicht der IIT leisten. Hilfreich fand ich Niikawa (2018).

2. Mensch-Maschinen-Wesen (Cyborgs) werfen ganz eigene ethische Fragen auf bezüglich Chancen und Risiken für das „verbesserte" Individuum und für die Gesellschaft als Ganzes, mit denen man sich beschäftigen müssen wird.

3. Eine knifflige Frage ist, wie man die moralische Relevanz eines nichtbewussten Systems beurteilen soll, beispielsweise die eines Kunstwerks oder eines ganzen Ökosystems (wie ein Berg oder ein Naturpark). Obwohl sie keine intrinsische kausale Kraft als solche haben, besitzen sie doch schutzwürdige Eigenschaften.

4. Braithwaite (2010) dokumentiert detailliert Belege für Schmerz bei Fischen. Aktuelle Schätzungen der Menge an gefangenem Fisch finden sich unter http://fishcount.org.uk/. Zig Milliarden Rinder, Schafe, Schweine, Hühner, Enten und Puten werden unter fürchterlichen Bedingungen gehalten und jährlich geschlachtet, um den anhaltenden Appetit der Menschen auf Fleisch zu stillen.

5. Man kann Computer so programmieren, dass sie sich so verhalten, als würden sie Anteil nehmen. Wer hat noch nie Zeit in der Kundendiensthölle zugebracht, wo er von einem Sprachsystem zum nächsten weitergereicht wird und von jedem die Versicherung hört, es tue ihm schrecklich leid, dass es ihn warten lassen müsse? Diese Art von Fake-Empathie hat nichts mit den existenziellen

Risiken zu tun, die mit der Schaffung superintelligenter Maschinen einhergehen (Bostrom, 2014).

6. Zwei weitere Schwierigkeiten gilt es zu berücksichtigen. Da wäre erstens der Unterschied zwischen dem Bewusstsein eines einzelnen Menschen oder Tieres, gemessen anhand seiner integrierten Information, und einem Durchschnittswert, sagen wir dem Mittel oder dem Median von Φ^{max}, einer Population von Erwachsenen. Zweitens muss jeder Vergleich nicht nur das Bewusstsein des Individuums zum aktuellen Zeitpunkt, sondern auch sein zukünftiges Potenzial berücksichtigen. Beispielsweise kann sich eine Blastozyste, die im frühesten Stadium ihrer Entwicklung, kurz nach der Befruchtung, noch eine niedrige Φ^{max} besitzt, in einen Erwachsenen mit vollem Bewusstsein und einer wesentlich größeren Φ^{max} entwickeln.

7. Zwei Bücher von Peter Singer kann ich sehr empfehlen: *Animal Liberation* (1975; deutsch: *Animal Liberation: Die Befreiung der Tiere*. Übs. v. Claudia Schorcht. Reinbek: Rowohlt, 1996) und *Rethinking Life and Death* (1994; deutsch: *Leben und Tod: der Zusammenbruch der traditionellen Ethik*. Übs. v. Hermann Vetter und Claudia Schorcht. Erlangen: Fischer, 1998).

Literatur

Abe, T., Nakamura, N., Sugishita, M., Kato, Y., & Iwata, M. (1986). Partial disconnection syndrome following penetrating stab wound of the brain. *European Neurology, 25*, 233–239.

Albantakis, L., Hintze, A., Koch, C., Adami, C., & Tononi, G. (2014). Evolution of integrated causal structures in animats exposed to environments of increasing complexity. *PLOS Computational Biology, 10*, e1003966.

Albantakis, L., & Tononi, G. (2015). The intrinsic cause-effect power of discrete dynamical systems – from elementary cellular automata to adapting animats. *Entropy, 17*, 5472–5502.

Almheiri, A., Marolf, D., Polchinski, J., & Sully, J. (2013). Black holes: Complementarity or firewalls? *Journal of High Energy Physics, 2*, 62.

Almog, M., & Korngreen, A. (2016). Is realistic neuronal modeling realistic? *Journal of Neurophysiology, 116*, 2180–2209.

Alonso, L. M., Solovey, G., Yanagawa, T., Proekt, A., Cecchi, G. A., & Magnasco, M. O. (2019). Single-trial classification of awareness state during anesthesia by measuring critical dynamics of global brain activity. *Scientific Reports, 9*, 4927.

Arendt, D., Musser, J. M., Baker, C. V. H., Bergman, A., Cepko, C., Erwin, D. H., Pavlicev, M., Schlosser, G., Widder, S., Laubichler, M. D., & Wagner, G. P. (2016). The origin and evolution of cell types. *Nature Reviews Genetics, 17*, 744–757.

Aru, J., Axmacher, N., Do Lam, A. T., Fell, J., Elger, C. E., Singer, W., & Melloni, L. (2012). Local category-specific gamma band responses in the visual cortex do not reflect conscious perception. *Journal of Neuroscience, 32*, 14909–14914.

Arx, S. W. von, Müri, R. M., Heinemann, D., Hess, C. W., & Nyffeler, T. (2016). Anosognosia for cerebral achromatopsia: A longitudinal case study. *Neuropsychologia, 48*, 970–977.

Atlan, G., Terem, A., Peretz-Rivlin, N., Sehrawat, K., Gonzales, B. J., Pozner, G., Tasaka, G. I., Goll, Y., Refaeli, R., Zviran, O., & Lim, B. K. (2018). The claustrum supports resilience to distraction. *Current Biology, 28*, 2752–2762.

Azevedo, F., Carvalho, L., Grinberg, L., Farfel, J. M., Ferretti, R., Leite, R., Filho, W. J., Lent, R., & Herculano-Houzel, S. (2009). Equal numbers of neuronal and non-neuronal cells make the human brain an isometrically scaled-up primate brain. *Journal of Comparative Neurology, 513*, 532–541.

Baars, B. J. (1988). *A Cognitive Theory of Consciousness.* Cambridge: Cambridge University Press.

Baars, B. J. (2002). The conscious access hypothesis: Origins and recent evidence. *Trends in Cognitive Sciences, 6*, 47–52.

Bachmann, T., Breitmeyer, B., & Ögmen, H. (2007). *Experimental Phenomena of Consciousness.* New York: Oxford University Press.

Bahney, J., & von Bartheld, C. S. (2018). The cellular composition and glia-neuron ratio in the spinal cord of a human and a nonhuman primate: Comparison with other species and brain regions. *Anatomical Record, 301*, 697–710.

© Springer-Verlag GmbH Deutschland, ein Teil von Springer Nature 2020
C. Koch, *Bewusstsein,* https://doi.org/10.1007/978-3-662-61732-8

Ball, P. (2019). Neuroscience readies for a showdown over consciousness ideas. *Quanta Magazine*, March 6.

Bardin, J. C., Fins, J. J., Katz, D. I., Hersh, J., Heier, L. A., Tabelow, K., Dyke, J. P., Ballon, D. J., Schiff, N. D., & Voss, H. U. (2011). Dissociations between behavioral and functional magnetic resonance imaging-based evaluations of cognitive function after brain injury. *Brain*, 134, 769–782.

Barrett, A. B. (2016). A comment on Tononi & Koch (2015): Consciousness: Here, there and everywhere? *Philosophical Transactions of the Royal Society B: Biological Sciences*, 371, 20140198.

Barron, A. B., & Klein, C. (2016). What insects can tell us about the origins of consciousness. *Proceedings of the National Academy of Sciences*, 113, 4900–4908.

Bartheld, C. S. von, Bahney, J., & Herculano-Houzel, S. (2016). The search for true numbers of neurons and glial cells in the human brain: A review of 150 years of cell counting. *Journal of Comparative Neurology*, 524, 3865–3895.

Barzdin, Y. M. (1993). On the realization of networks in three-dimensional space. In A. N. Shiryayev (Ed.), *Selected Works of A. N. Kolmogorov*. Mathematics and Its Applications (Soviet Series), Vol. 27. Dordrecht: Springer.

Bastuji, H., Frot, M., Perchet, C., Magnin, M., & Garcia-Larrea, L. (2016). Pain networks from the inside: Spatiotemporal analysis of brain responses leading from nociception to conscious perception. *Human Brain Mapping*, 37, 4301–4315.

Bauby, J.-D. (1997). *The Diving Bell and the Butterfly: A Memoir of Life in Death*. New York: Alfred A. Knopf.

Bauer, P. R., Reitsma, J. B., Houweling, B. M., Ferrier, C. H., & Ramsey, N. F. (2014). Can fMRI safely replace the Wada test for preoperative assessment of language lateralization? A meta-analysis and systematic review. *Journal of Neurology, Neurosurgery, and Psychiatry*, 85, 581–588.

Bauman, Z. (2000). *Liquid Modernity*. Cambridge: Polity.

Beauchamp, M. S., Sun, P., Baum, S. H., Tolias, A. S., & Yoshor, D. (2013). Electrocorticography links human temporoparietal junction to visual perception. *Nature Neuroscience*, 15, 957–959.

Beilock, S. L., Carr, T. H., MacMahon, C., & Starkes, J. L. (2002). When paying attention becomes counterproductive: Impact of divided versus skill-focused attention on novice and experienced performance of sensorimotor skills. *Journal of Experimental Psychology: Applied*, 8, 6–16.

Bellesi, M., Riedner, B.A., Garcia-Molina, G.N., Cirelli, C., & Tononi, G. (2014). Enhancement of sleep slow waves: underlying mechanisms and practical consequences. *Frontiers in Systems Neuroscience*, 8, 208–218.

Bengio, Y. (2017). The consciousness prior. *arXiv*, 1709.08568v1.

Berlin, H. A. (2011). The neural basis of the dynamic unconscious. *Neuropsychoanalysis*, 13, 5–31.

Berlin, H. A., & Koch, C. (2009). Neuroscience meets psychoanalysis. *Scientific American Mind*, April, 16–19.

Biderman, N., & Mudrik, L. (2017). Evidence for implicit – but not unconscious – processing of object-scene relations. *Psychological Science*, 29, 266–277.

Birey, F., Andersen, J., Makinson, C. D., Islam, S., Wei, W., Huber, N., Fan, H. C., Metzler, K. R. C., Panagiotakos, G., Thom, N., & O'Rourke, N. A. (2017). Assembly of functionally integrated human forebrain spheroids. *Nature*, 545, 54–59.

Blackmore, S. (2011). *Zen and the Art of Consciousness*. London: One World Publications.

Blanke, O., Landis, T., & Seeck M. (2000). Electrical cortical stimulation of the human prefrontal cortex evokes complex visual hallucinations. *Epilepsy & Behavior*, 1, 356–361.

Block, N. (1995). On a confusion about a function of consciousness. *Behavioral and Brain Sciences*, 18, 227–287.

Block, N. (2007). Consciousness, accessibility, and the mesh between psychology and neuroscience. *Behavioral and Brain Sciences, 30*, 481–548.

Block, N. (2011). Perceptual consciousness overflows cognitive access. *Trends in Cognitive Sciences, 15*, 567–575.

Bogen, J. E. (1993). The callosal syndromes. In K. M. Heilman & E. Valenstein (Eds.), *Clinical Neurosychology* (3rd ed., pp. 337–407). New York: Oxford University Press.

Bogen, J. E., & Gordon, H. W. (1970). Musical tests for functional lateralization with intracarotid amobarbital. *Nature, 230*, 524–525.

Bostrom, N. (2014). *Superintelligence: Paths, Dangers, Strategies*. Oxford: Oxford University Press.

Boyd, C. A. (2010). Cerebellar agenesis revisited. *Brain, 133*, 941–944.

Bolte Taylor, J. (2008). *My Stroke of Insight: A Brain Scientist's Personal Journey*. New York: Viking.

Boly, M., Massimini, M., Tsuchiya, N., Postle, B. R., Koch, C., & Tononi, G. (2017). Are the neural correlates of consciousness in the front or in the back of the cerebral cortex? Clinical and neuroimaging evidence. *Journal of Neuroscience, 37*, 9603–9613.

Bornhövd, K., Quante, M., Glauche, V., Bromm, B., Weiller, C., & Büchel, C. (2002). Painful stimuli evoke different stimulus-response functions in the amygdala, prefrontal, insula and somatosensory cortex: A single-trial fMRI study. *Brain, 125*, 1326–1336.

Braitenberg, V., & Schüz, A. (1998). *Cortex: Statistics and Geometry of Neuronal Connectivity* (2nd ed.). Berlin: Springer.

Braithwaite, V. (2010). *Do Fish Feel Pain?* Oxford: Oxford University Press.

Braun, J., & Julesz, B. (1998). Withdrawing attention at little or no cost: Detection and discrimination tasks. *Perception & Psychophysics, 60*, 1–23.

Brickner, R. M. (1936). *The Intellectual Functions of the Frontal Lobes*. New York: MacMillan.

Brickner, R. M. (1952). Brain of Patient A. after bilateral frontal lobectomy: Status of frontal-lobe problem. *AMA Archives of Neurology and Psychiatry, 68*, 293–313.

Bruner, J. C., & Potter, M. C. (1964). Interference in visual recognition. *Science, 114*, 424–425.

Bruno, M.-A., Nizzi, M.-C., Laureys, S., & Gosseries, O. (2016). Consciousness in the locked-in syndrome. In Laureys, S., Gosseries, O., & Tononi, G. (Eds.), *The Neurology of Consciousness* (2nd ed., pp. 187–202). Amsterdam: Elsevier.

Button, K. S., Ioannidis, J. P.A., Mokrysz, C., Nosek, B. A., Flint, J., Robinson, E. S., & Munafo, M. R. (2013). Power failure: Why small sample size undermines the reliability of neuroscience. *Nature Reviews Neuroscience, 14*, 365–376.

Buzsaki, G., Anastassiou, C. A., & Koch, C. (2012). The origin of extracellular fields and currents – EEG, ECoG, LFP and spikes. *Nature Reviews Neuroscience, 13*, 407–420.

Carlen, M. (2017). What constitutes the prefrontal cortex? *Science, 358*, 478–482.

Carmel, D., Lavie, N., & Rees, G. (2006). Conscious awareness of flicker in humans involves frontal and parietal cortex. *Current Biology, 16*, 907–911.

Casali, A., Gosseries, O., Rosanova, M., Boly, M., Sarasso, S., Casali, K. R., Casarotto, S., Bruno, M. A., Laureys, S., Tononi, G., & Massimini, M. (2013). A theoretically based index of consciousness independent of sensory processing and behavior. *Science Translational Medicine, 5*, 1–11.

Casarotto, S., Comanducci, A., Rosanova, M., Sarasso, S., Fecchio, M., Napolitani, M., et al. (2016). Stratification of unresponsive patients by an independently validated index of brain complexity. *Annals of Neurology, 80*, 718–729.

Casti, J. L., & DePauli, W. (2000). *Gödel: A Life of Logic*. New York: Basic Books.

Cauller, L. J., & Kulics, A. T. (1991). The neural basis of the behaviorally relevant N1 component of the somatosensory-evoked potential in SI cortex of awake monkeys: Evidence that backward cortical projections signal conscious touch sensation. *Experimental Brain Research, 84*, 607–619.

Cerf, M., Thiruvengadam, N., Mormann, F., Kraskov, A., Quian Quiroga, R., Koch, C., & Fried, I. (2010). On-line, voluntary control of human temporal lobe neurons. *Nature, 467*, 1104-1108.

Chalmers, D. J. (1996). *The Conscious Mind: In Search of a Fundamental Theory*. New York: Oxford University Press.

Chalmers, D. J. (1998). On the search for the neural correlate of consciousness. In S. Hameroff, A. Kasbniak, & A. Scott (Eds.), *Toward a Science of Consciousness II: The Second Tucson Discussions and Debates*. Cambridge, MA: MIT Press.

Chalmers, D. J. (2000). What is a neural correlate of consciousness? In T. Metzinger (Ed.), *Neural Correlates of Consciousness: Empirical and Conceptual Questions* (pp. 17–39). Cambridge, MA: MIT Press.

Chalmers, D. J. (2015) Panpsychism and panprotopsychism. In T. Alter & Y. Nagasawa (Eds.), *Consciousness in the Physical World: Perspectives on Russellian Monism* (pp. 246–276). New York: Oxford University Press.

Chamovitz, D. (2012). *What a Plant Knows: A Field Guide to the Sense*. New York: Scientific American/Farrar, Straus and Giroux.

Chiao, R. Y., Cohen, M. L., Leggett, A. J., Phillips, W. D., & Harper Jr., C. L. (Eds.). (2010). *Amazing Light: New Light on Physics, Cosmology and Consciousness*. Cambridge: Cambridge University Press.

Churchland, Patricia. (1983). Consciousness: The transmutation of a concept. *Pacific Philosophical Quarterly, 64*, 80–95.

Churchland, Patricia. (1986). *Neurophilosophy – Toward a Unified Science of the Mind/Brain*. Cambridge, MA: MIT Press.

Churchland, Paul. (1984). *Matter and Consciousness: A Contemporary Introduction to the Philosophy of Mind*. Cambridge, MA: MIT Press.

Cignetti, F., Vaugoyeau, M., Nazarian, B., Roth, M., Anton, J. L., & Assaiante, C. (2014). Boosted activation of right inferior frontoparietal network: A basis for illusory movement awareness. *Human Brain Mapping, 35*, 5166–5178.

Clark, A. (1989). *Microcognition: Philosophy, Cognitive Science, and Parallel Distributed Processing*. Cambridge, MA: MIT Press.

Clarke, A. (1962). *Profiles of the Future: An Inquiry into the Limits of the Possible*. New York: Bantam Books.

Clarke, A. (1963). Aristotelian concepts of the form and function of the brain. *Bulletin of the History of Medicine, 37*, 1–14.

Cohen, M. A., & Dennett, D. C. (2011). Consciousness cannot be separated from function. *Trends in Cognitive Sciences, 15*, 358–364.

Cohen, M. A., Dennett, D. C., & Kanwisher, N. (2016). What is the bandwidth of perceptual experience? *Trends in Cognitive Sciences, 20*, 324–335.

Collini, E., Wong, C. Y., Wilk, K. E., Curmi, P. M. G., Brumer, P., & Schoes, G. D. (2010). Coherently wired light-harvesting in photosynthetic marine algae at ambient temperature. *Nature, 463*, 644–647.

Comolatti, R., Pigorini, A., Casarotto, S., Fecchio, M., Faria, G., Sarasso, S., Rosanova, M., Gosseries, O., Boly, M., Bodart, O., Ledou, D., Brichant, J. F., Nobili, L., Laureys, S., Tononi, G., Massimini, M., & Casali, A. G. (2018). A fast and general method to empirically estimate the complexity of distributed causal interactions in the brain. *bioRxiv*. doi:https://doi.org/10.1101/445882.

Cook, M. (2004). Universality in elementary cellular automata. *Complex Systems, 15*, 1–40.

Cottingham, J. (1978). A brute to the brutes – Descartes' treatment of animals. *Philosophy, 53*, 551–559.

Cranford, R. (2005). Facts, lies, and videotapes: The permanent vegetative state and the sad case of Terri Schiavo. *Journal of Law, Medicine & Ethics, 33*, 363–371.

Crick, F. C. (1988). *What Mad Pursuit*. New York: Basic Books.

Crick, F. C. (1994). *The Astonishing Hypothesis*. New York: Charles Scribner's Sons.

Crick, F. C., & Koch, C. (1990). Towards a neurobiological theory of consciousness. *Seminars in Neuroscience, 2,* 263–275.

Crick, F. C., & Koch, C. (1995). Are we aware of neural activity in primary visual cortex? *Nature, 375,* 121–123.

Crick, F. C., & Koch, C. (1998). Consciousness and neuroscience. *Cerebral Cortex, 8,* 97–107.

Crick, F. C., & Koch, C. (2000). The unconscious homunculus. With commentaries by multiple authors. *Neuro-Psychoanalysis, 2,* 3–59.

Crick, F. C., & Koch, C. (2005). What is the function of the claustrum? *Philosophical Transactions of the Royal Society of London B: Biological Sciences, 360,* 1271–1279.

Curtiss, S. (1977). *Genie: A Psycholinguistic Study of a Modern-Day "Wild Child."* Perspectives in Neurolinguistics and Psycholinguistics. Boston: Academic Press.

Cybenko, G. (1989). Approximations by superpositions of sigmoidal functions. *Mathematics of Control, Signals, and Systems, 2,* 303–314.

Dakpo Tashi Namgyal (2004). *Clarifying the Natural State.* Hong Kong: Rangjung Yeshe Publications.

Darwin, C. (1881/1985). *The Formation of Vegetable Mould, through the Action of Worms with Observation of their Habits.* Chicago: University of Chicago Press.

Dawid, R. (2013). *String Theory and the Scientific Method.* Cambridge: Cambridge University Press.

Dawkins, M. S. (1998). *Through Our Eyes Only – The Search for Animal Consciousness.* Oxford: Oxford University Press.

Dean, P., Porrill, J., Ekerot, C. F., & Jörntell, H. (2010). The cerebellar microcircuit as an adaptive filter: Experimental and computational evidence. *Nature Reviews Neuroscience, 11,* 30–43.

Deary, I. J., Penke, L., & Johnson, W. (2010). The neuroscience of human intelligence differences. *Nature Reviews Neuroscience, 11,* 201–211.

Debellemaniere, E., Chambon, S., Pinaud, C., Thorey, V., Dehaene, D., Leger, D., Mounir, C., Arnal, P. J., & Galtier, M. N. (2018). Performance of an ambulatory dry-EEG device for auditory closed-loop stimulation of sleep slow oscillations in the home environment. *Frontiers in Human Neuroscience, 12,* 88.

Dehaene, S. (2014). *Consciousness and the Brain: Deciphering How the Brain Codes Our Thoughts.* New York: Viking.

Dehaene, S., & Changeux, J.-P. (2011). Experimental and theoretical approaches to conscious processing. *Neuron, 70,* 200–227.

Dehaene, S., Changeux, J.-P., Naccache, L., Sackur, J., & Sergent, C. (2006). Conscious, preconscious, and subliminal processing: A testable taxonomy. *Trends in Cognitive Sciences, 10,* 204–211.

Dehaene, S., Lau, H., & Kouider, S. (2017). What is consciousness, and could machines have it? *Science, 358,* 486–492.

Dehaene, S., Naccache, L., Cohen, L., Le Bihan, D., Mangin, J.-F., Poline, J.-B., et al. (2001). Cerebral mechanisms of word masking and unconscious repetition priming. *Nature Neuroscience, 4,* 752–758.

Del Cul, A., Dehaene, S., Reyes, P., Bravo, E., & Slachevsky, A. (2009). Causal role of prefrontal cortex in the threshold for access to consciousness. *Brain, 132,* 2531–2540.

Dement, W. C., & Vaughan, C. (1999). *The Promise of Sleep.* New York: Dell. Dennett, D. C. (1991). *Consciousness Explained.* Boston: Little, Brown.

Dennett, D. C. (2017). *From Bacteria to Bach and Back: The Evolution of Minds.* New York: W. W. Norton.

Denton, D. (2006). *The Primordial Emotions: The Dawning of Consciousness.* Oxford: Oxford University Press.

Desmurget, M., Reilly, K. T., Richard, N., Szathmari, A., Mottolese, C., & Sirigu, A. (2009). Movement intention after parietal cortex stimulation in humans. *Science, 324,* 811–813.

Desmurget, M., Song, Z., Mottolese, C., & Sirigu, A. (2013). Re-establishing the merits of electrical brain stimulation. *Trends in Cognitive Sciences, 17*, 442–449.

Di Lullo, E., & Kriegstein, A. R. (2017). The use of brain organoids to investigate neural development and disease. *Nature Reviews Neuroscience, 1*, 573–583.

Dominus, S. (2011). Could conjoined twins share a mind? *New York Times Magazine*, May 25.

Dougherty, R. F., Koch, V. M., Brewer, A. A., Fischer, B., Modersitzki, J., & Wandell, B. A. (2003). Visual field representations and locations of visual areas V1/2/3 in human visual cortex. *Journal of Vision, 3*, 586–598.

Doyen, S., Klein, P., Lichon, C.-L., & Cleeremans, A. (2012). Behavioral priming: It's all in the mind, but whose mind? *PLOS One, 7*. doi:10.1371/journal.pone.0029081

Drews, F. A., Pasupathi, M., & Strayer, D. L. (2008). Passenger and cell phone conversations in simulated driving. *Journal of Experimental Psychology Applied, 14*, 392–400.

Earl, B. (2014). The biological function of consciousness. *Frontiers in Psychology, 5*, 697.

Economo, M. N., Clack, N. G., Lavis, L. D., Gerfen, C. R., Svoboda, K., Myers, E. W., & Chandrashekar, J. (2016). A platform for brain-wide imaging and reconstruction of individual neurons. *eLife, 5*, 10566.

Edelman, G. M., & Tononi, G. (2000). *A Universe of Consciousness*. New York: Basic Books.

Edlund, J. A., Chaumont, N., Hintze, A., Koch, C., Tononi, G., & Adami, C. (2011). Integrated information increases with fitness in the evolution of animats. *PLOS Computational Biology, 7*, e1002236.

Engel, A. K., & Singer, W. (2001). Temporal binding and the neural correlates of sensory awareness. *Trends in Cognitive Sciences, 5*, 16–25.

Eslami, S. M. A., Rezende, D. J., Desse, F., Viola, F., Morcos, A. S., Garnelo, M., et al. (2018). Neural representation and rendering. *Science, 360*, 1204–1210.

Esteban, F. J., Galadi, J., Langa, J. A., Portillo, J. R., & Soler-Toscano, F. (2018). Informational structures: A dynamical system approach for integrated information. *PLOS Computational Biology, 14*. doi:10.1371/journal.pcbi.1006154.

Everett, D. L. (2008). *Don't Sleep, There Are Snakes – Life and Language in the Amazonian Jungle*. New York: Vintage.

Fallon, F. (2019a). Dennett on consciousness: Realism without the hysterics. *Topoi*, in press. doi:10.1007/s11245-017-9502-8

Fallon, F. (2019b). Integrated information theory, Searle, and the arbitrariness question. *Review of Philosophy and Psychology*, in press.

Farah, M. J. (1990). *Visual Agnosia*. Cambridge, MA: MIT Press.

Fei-Fei, L., Iyer, A., Koch, C., & Perona, P. (2007). What do we perceive in a glance of a real-world scene? *Journal of Vision, 7*, 1–29.

Fei-Fei, L., VanRullen, R., Koch, C., & Perona, P. (2005). Why does natural scene categorization require little attention? Exploring attentional requirements for natural and synthetic stimuli. *Visual Cognition, 12*, 893–924.

Feinberg, T. E., & Mallatt, J. M. (2016). *The Ancient Origins of Consciousness*. Cambridge, MA: MIT Press.

Feinberg, T. E., Schindler, R. J., Flanagan, N. G., & Haber, L. D. (1992). Two alien hand syndromes. *Neurology, 42*, 19–24.

Findlay, G., Marshall, W., Albantakis, L., Mayner, W., Koch, C., & Tononi, G. (2019). Can computers be conscious? Dissociating functional and phenomenal equivalence. Submitted.

Flaherty, M. G. (1999). *A Watched Pot: How We Experience Time*. New York: NYU Press.

Fleming, S. M., Ryu, J., Golfinos, J. G., & Blackmon, K. E. (2014). Domain-specific impairment in metacognitive accuracy following anterior prefrontal lesions. *Brain, 137*, 2811–2822.

Forman, R. K. C. (1990a). Eckhart, *Gezücken*, and the ground of the soul. In R. K. C. Forman (Ed.), *The Problem of Pure Consciousness* (pp. 98–120). New York: Oxford University Press.

Forman, R. K. C. (Ed.). (1990b). *The Problem of Pure Consciousness*. New York: Oxford University Press.

Forman, R. K. C. (1990c). Introduction: Mysticism, constructivism, and forgetting. In R. K. C. Forman (Ed.), *The Problem of Pure Consciousness* (pp. 3–49). New York: Oxford University Press.

Foster, B. L., & Parvizi, J. (2107). Direct cortical stimulation of human posteromedial cortex. *Neurology, 88*, 1–7.

Fox, K. C., Yih, J., Raccah, O., Pendekanti, S. L., Limbach, L. E., Maydan, D. D., & Parvizi, J. (2018). Changes in subjective experience elicited by direct stimulation of the human orbitofrontal cortex. *Neurology, 91*, e1519–e1527.

Freud, S. (1915). The unconscious. In *The Standard Edition of the Complete Psychological Works of Sigmund Freud*, 14:159–204. London: Hogarth Press.

Freud, S. (1923). The ego and the id. In *The Standard Edition of the Complete Psychological Works of Sigmund Freud*, 19:1–59. London: Hogarth Press.

Friedmann, S., Schemmel, J., Grübl, A., Hartel, A., Hock, M., & Meier, K. (2017). Demonstrating hybrid learning in a flexible neuromorphic hardware system. *IEEE Transactions on Biomedical Circuits and Systems, 11*, 128–142.

Fries, P., Roelfsema, P. R., Engel, A. K., König, P., & Singer, W. (1997). Synchronization of oscillatory responses in visual cortex correlates with perception in interocular rivalry. *Proceedings of the National Academy of Sciences, 94*, 12699–12704.

Friston, K. (2010). The free-energy principle: A unified brain theory? *Nature Reviews Neurosciences, 11*, 127–138.

Gagliano, M. (2017). The mind of plants: Thinking the unthinkable. *Communicative & Integrative Biology, 10*, e1288333.

Gagliano, M., Vyazovskiy, V. V., Borbély, A. A., Mavra Grimonprez, M., & Depczynski, M. (2016). Learning by association in plants. *Scientific Reports, 6*, 38427.

Gallant, J. L., Shoup, R. E., & Mazer J. A. (2000). A human extrastriate area functionally homologous to macaque V4. *Neuron, 27*, 227–235.

Gauthier, I. (2017). The quest for the FFA led to the expertise account of its specialization. *arXiv*, 1702.07038.

Genetti, M., Britz, J., Michel, C. M., & Pegna, A. J. (2010). An electrophysiological study of conscious visual perception using progressively degraded stimuli. *Journal of Vision, 10*, 1–14.

Giacino, J. T., Fins, J. J., Laureys, S., & Schiff, N. D. (2014). Disorders of consciousness after acquired brain injury: The state of the science. *Nature Reviews Neuroscience, 10*, 99–114.

Giattino, C. M., Alam, Z. M., & Woldorff, M. G. (2017). Neural processes underlying the orienting of attention without awareness. *Cortex, 102*, 14–25.

Giurfa, M., Zhang, S., Jenett, A., Menzel, R., & Srinivasan, M. V. (2001). The concepts of "sameness" and "difference" in an insect. *Nature, 410*, 930–933.

Godfrey-Smith, P. (2016). *Other Minds – The Octopus, the Sea and the Deep Origins of Consciousness*. New York: Farrar, Straus & Giroux.

Goff, P. (2006). Experiences don't sum. *Journal of Consciousness Studies, 13*, 53–61.

Gordon, H. W., & Bogen, J. E. (1974). Hemispheric lateralization of singing after intracarotid sodium amylobarbitone. *Journal of Neurology, Neurosurgery & Psychiatry, 37*, 727–738.

Goriounova, N. A., Heyer, D. B., Wilbers, R., Verhoog, M. B., Giugliano, M., Verbist, C., et al. (2019). A cellular basis of human intelligence. *eLife*, in press.

Grasso, M. (2019). IIT vs. Russellian Monism: A metaphysical showdown on the content of experience. *Journal of Consciousness Studies, 26*, 48–75.

Gratiy, S., Geir, H., Denman, D., Hawrylycz, M., Koch, C., Einevoll, G. & Anastassiou, C. (2017). From Maxwell's equations to the theory of current-source density analysis. *European Journal of Neuroscience, 45*, 1013–1023.

Greenwood, V. (2015). Consciousness began when gods stopped speaking. *Nautilus*, May 28.

Griffin, D. R. (1998). *Unsnarling the World-Knot – Consciousness, Freedom and the Mind-Body problem*. Eugene, OR: Wipf & Stock.

Griffin, D. R. (2001). *Animal Minds – Beyond Cognition to Consciousness*. Chicago: University of Chicago Press.

Gross, G. G. (1998). *Brain, Vision, Memory – Tales in the History of Neuroscience*. Cambridge, MA: MIT Press.

Hadamard, J. (1945). *The Mathematician's Mind*. Princeton: Princeton University Press.

Hameroff, S., & Penrose, R. (2014). Consciousness in the universe: A review of the "Orch OR" theory. *Physics Life Reviews, 11*, 39–78.

Han, E., Alais, D., & Blake, R. (2018). Battle of the Mondrians: Investigating the role of unpredictability in continuous flash suppression. *I-Perception, 9*, 1–21.

Harris, C. R., Coburn, N., Rohrer, D., & Pashler, H. (2013). Two failures to replicate high-performance-goal priming effects. *PLOS One, 8*, e72467.

Harrison, P. (2015). *The Territories of Science and Religion*. Chicago: University of Chicago Press.

Harth, E. (1993). *The Creative Loop: How the Brain Makes a Mind*. Reading, MA: Addison-Wesley.

Hasenkamp, W. (Ed.). (2017). *The Monastery and the Microscope – Conversations with the Dalai Lama on Mind, Mindfulness and the Nature of Reality*. New Haven: Yale University Press.

Hassenfeld, S. (2018). *Lost in Mathematics: How Beauty Leads Physics Astray*. New York: Basic Books.

Hassin, R. R., Uleman, J. S., & Bargh, J. A. (2005). *The New Unconscious*. Oxford: Oxford University Press.

Haun, A. M., Tononi, G., Koch, C., & Tsuchiya, N. (2017). Are we underestimating the richness of visual experience? *Neuroscience of Consciousness, 1*, 1–4.

Haynes, J. D., & Rees, G. (2005). Predicting the orientation of invisible stimuli from activity in human primary visual cortex. *Nature Neuroscience, 8*, 686–691.

Hebb, D. O., & Penfield, W. (1940). Human behavior after extensive bilateral removal from the frontal lobes. *Archives of Neurology and Psychiatry, 42*, 421–438.

Henri-Bhargava, A., Stuff, D.T., & Freedman, M. (2018). Clinical assessment of prefrontal lobe functions. *Behavioral Neurology and Psychiatry, 24*, 704–726.

Hepp, K. (2018). The wake-sleep "phase transition" at the gate to consciousness. *Journal of Statistical Physics, 172*, 562–568.

Herculano-Houzel, S., Mota, B., & Lent, R. (2006). Cellular scaling rules for rodent brains. *Proceedings of the National Academy of Sciences, 103*, 12138–12143.

Herculano-Houzel, S., Munk, M. H., Neuenschwander, S., & Singer, W. (1999). Precisely synchronized oscillatory firing patterns require electroencephalographic activation. *Journal of Neuroscience, 19*, 3992–4010.

Hermes, D., Miller, K. J., Wandell, B. A., & Winawer, J. (2015). Stimulus dependence of gamma oscillations in human visual cortex. *Cerebral Cortex, 25*, 2951–2959.

Heywood, C. A., & Zihl, J. (1999). Motion blindness. In G. W. Humphreys (Ed.), *Case Studies in the Neuropsychology of Vision* (pp. 1–16). Hove: Psychology Press/Taylor & Francis.

Hiscock, H. G., Worster, S., Kattnig, D. R., Steers, C., Jin, Y., Manolopoulos, D. E., Mouritsen, H., & Hore, P. J. (2016). The quantum needle of the avian magnetic compass. *Proceedings of the National Academy of Sciences, 113*, 4634–4639.

Hodgkin, A. L. (1976). Chance and design in electrophysiology: An informal account of certain experiments on nerve carried out between 1934 and 1952. *Journal of Physiology, 263*, 1–21.

Hodgkin, A. L., & Huxley, A. F. (1952). A quantitative description of membrane current and its application to conduction and excitation in nerve. *Journal of Physiology, 117*, 500–544.

Hoel, E. P., Albantakis, L., & Tononi, G. (2013). Quantifying causal emergence shows that macro can beat micro. *Proceedings of the National Academy of Sciences, 110*, 19790–19795.

Hohwy, J. (2013). *The Predictive Mind*. Oxford: Oxford University Press.

Holsti, L., Grunau, R. E., & Shany, E. (2011). Assessing pain in preterm infants in the neonatal intensive care unit: Moving to a "brain-oriented" approach. *Pain Management, 1*, 171–179.

Holt, J. (2012). *Why Does the World Exist?* New York: W. W. Norton.

Hornik, K., Stinchcombe, M., & White, H. (1989). Multilayer feedforward networks are universal approximators. *Neural Networks, 2,* 359–366.

Horschler, D. J., Hare, B., Call, J., Kaminski, J., Miklosi, A., & MacLean, E. L. (2019). Absolute brain size predicts dog breed differences in executive function. *Animal Cognition, 22,* 187–198.

Hsieh, P. J., Colas, J. T., & Kanwisher, N. (2011). Pop-out without awareness: Unseen feature singletons capture attention only when top-down attention is available. *Psychological Science, 22,* 1220–1226.

Hubel, D. H. (1988). *Eye, Brain, and Vision.* New York: Scientific American Library.

Hyman, I. E., Boss, S. M., Wise, B. M., McKenzie, K. E., & Caggiano, J. M. (2010). Did you see the unicycling clown? Inattentional blindness while walking and talking on a cell phone. *Applied Cognitive Psychology, 24,* 597–607.

Imas, O. A., Ropella, K. M., Ward, B. D., Wood, J. D., & Hudetz, A. G. (2005). Volatile anesthetics disrupt frontal-posterior recurrent information transfer at gamma frequencies in rat. *Neuroscience Letters, 387,* 145–150.

Ioannidis, J. P. A. (2017). Are most published results in psychology false? An empirical study. https://replicationindex.wordpress.com/2017/01/15/are-most-published-results-in-psychology-false-an-empirical-study/.

Irvine, E. (2013). *Consciousness as a Scientific Concept: A Philosophy of Science Perspective.* Springer: Heidelberg.

Itti, L., & Baldi, P. (2006). Bayesian surprise attracts human attention: Advances in neural information processing systems. In *NIPS 2005* (Vol. 19, pp. 547–554). Cambridge, MA: MIT Press.

Itti, L., & Baldi, P. (2009). Bayesian surprise attracts human attention. *Vision Research, 49,* 1295–1306.

Ius, T., Angelini, E., Thiebaut de Schotten, M., Mandonnet, E., & Duffau, H. (2011). Evidence for potentials and limitations of brain plasticity using an atlas of functional resectability of WHO grade II gliomas: Towards a "minimal common brain." *NeuroImage, 56,* 992–1000.

Jackendoff, R. (1987). *Consciousness and the Computational Mind.* Cambridge, MA: MIT Press.

Jackendoff, R. (1996). How language helps us think. *Pragmatics & Cognition, 4,* 1–34.

Jackson, J., Karnani, M. M., Zemelman, B. V., Burdakov, D., & Lee, A. K. (2018). Inhibitory control of prefrontal cortex by the claustrum. *Neuron, 99,* 1029–1039.

Jakob, J., Tammo, I., Moritz, H., Itaru, K., Mitsuhisa, S., Jun, I., Markus, D., & Susanne, K. (2018). Extremely scalable spiking neuronal network simulation code: From laptops to exascale computers. *Frontiers in Neuroscience, 12.* doi:10.3389/fninf.2018.00002

James, W. (1890). *The Principles of Psychology.* New York: Holt.

Jaynes, J. (1976). *The Origin of Consciousness in the Breakdown of the Bicameral Mind.* Boston: Houghton Mifflin.

Jennings, H. S. (1906). *Behavior of the Lower Organisms.* New York: Columbia University Press.

Jiang, Y., Costello, P., Fang, F., Huang, M., & He, S. (2006). A gender-and sexual orientation-dependent spatial attentional effect of invisible images. *Proceedings of the National Academy of Sciences, 103,* 17048–17052.

Johansson, P., Hall, L., Sikström, S., & Olsson, A. (2005). Failure to detect mismatches between intention and outcome in a simple decision task. *Science, 310,* 116–119.

Johnson-Laird, P. N. (1983). A computational analysis of consciousness. *Cognition & Brain Theory, 6,* 499–508.

Jordan, G., Deeb, S. S., Bosten, J. M., & Mollon, J. D. (2010). The dimensionality of color vision carriers of anomalous trichromacy. *Journal of Vision, 10,* 12.

Jordan, J., Ippen, T., Helias, M., Kitayama, I., Sato, M., Igarashi, J., Diesmann, M. D., & Kunkel, S. (2018). Extremely scalable spiking neuronal network simulation code: From laptops to exascale computers. *Frontiers in Neuroinformatics, 12.* doi:https://doi.org/10.3389/fninf.2018.00002.

Joshi, N. J., Tononi, G., & Koch, C. (2013). The minimal complexity of adapting agents increases with fitness. *PLOS Computational Biology*, *9*, e1003111.

Jun, J. J., Steinmetz, N. A., Siegle, J. H., Denman, D. J., Bauza, M., Barbarits, B., et al. (2017). Fully integrated silicon probes for high density recording of neural activity. *Nature*, *551*, 232–236.

Kaas, J. H. (2009). The evolution of sensory and motor systems in primates. In J. H. Kaas (Ed.), *Evolutionary Neuroscience* (pp. 523–544). New York: Academic Press.

Kannape, O. A., Perrig, S., Rossetti, A. O., & Blanke, O. (2017). Distinct locomotor control and awareness in awake sleepwalkers. *Current Biology*, *27*, R11–2–1104.

Kanwisher, N. (2017). The quest for the FFA and where it led. *Journal of Neuroscience*, *37*, 1056–1061.

Kanwisher, N., McDermott, J., & Chun, M. M. (1997). The fusiform face area: a module in human extrastriate cortex specialized for face perception. *Journal of Neuroscience*, *17*, 4302–4311.

Karinthy, F. (1939). *A Journey Round My Skull*. New York: New York Review of Books.

Karten, H. J. (2015). Vertebrate brains and the evolutionary connectomics: On the origins of the mammalian neocortex. *Philosophical Transactions of the Royal Society of London B: Biological Sciences*, *370*, 20150060.

Karr, J. R., Sanghvi, J. C., Macklin, D. N., Gutschow, M. V., Jacobs, J. M., Bolival, B. Jr., et al. (2012). A whole-cell computational model predicts phenotype from genotype. *Cell*, *150*, 389–401.

Keefe, P. R. (2016). The detectives who never forget a face. *New Yorker*, August 22.

Kertai, M. D., Whitlock, E. L., & Avidan, M. S. (2012). Brain monitoring with electroencephalography and the electroencephalogram-derived bispectral index during cardiac surgery. *Anesthesia & Analgesia*, *114*, 533–546.

Killingsworth, M. A., & Gilbert, D. T. (2010). A wandering mind is an unhappy mind. *Science*, *330*, 932.

King, B. J. (2013). *How Animals Grieve*. Chicago: University of Chicago Press.

King, J. R., Sitt, J. D., Faugeras, F., Rohaut, B., El Karoui, I., Cohen, L., et al. (2013). Information sharing in the brain indexes consciousness in noncommunicative patients. *Current Biology*, *23*, 1914–1919.

Koch, C. (1999). *Biophysics of Computation: Information Processing in Single Neurons*. New York: Oxford University Press.

Koch, C. (2004). *The Quest for Consciousness: A Neurobiological Approach*. Denver: Roberts.

Koch, C. (2012a). *Consciousness: Confessions of a Romantic Reductionist*. Cambridge, MA: MIT Press.

Koch, C. (2012b). Modular biological complexity. *Science*, *337*, 531–532.

Koch, C. (2014). A brain structure looking for a function. *Scientific American Mind*, November, 24–27.

Koch, C. (2015). Without a thought. *Scientific American Mind*, May, 25–26.

Koch, C. (2016a). Does brain size matter? *Scientific American Mind*, January, 22–25.

Koch, C. (2016b). Sleep without end. *Scientific American Mind*, March, 22–25.

Koch, C. (2016c). Sleeping while awake. *Scientific American Mind*, November, 20–23.

Koch, C. (2017a). Contacting stranded minds. *Scientific American Mind*, May, 20–23.

Koch, C. (2017b). The feeling of being a brain: Material correlates of consciousness. In W. Hasenkamp (Ed.), *The Monastery and the Microscope – Conversations with the Dalai Lama on Mind, Mindfulness and the Nature of Reality* (pp. 112–141). New Haven: Yale University Press.

Koch, C. (2017c). God, death and Francis Crick. In C. Burns (Ed.), *All These Wonders: True Stories Facing the Unknown* (pp. 41–50). New York: Crown Archetype.

Koch, C. (2017d). How to make a consciousness meter. *Scientific American*, November, 28–33.

Koch, C., & Buice, M. A. (2015). A biological imitation game. *Cell*, *163*, 277–280. Koch, C., & Crick, F. C. (2001). On the zombie within. *Nature*, *411*, 893.

Koch, C., & Hepp, K. (2006). Quantum mechanics and higher brain functions: Lessons from quantum computation and neurobiology. *Nature, 440*, 611–612.

Koch, C. & Hepp, K. (2010). The relation between quantum mechanics and higher brain functions: Lessons from quantum computation and neurobiology. In R. Y. Chiao et al. (Eds.), *Amazing Light: New Light on Physics, Cosmology and Consciousness* (pp. 584–600). Cambridge: Cambridge University Press.

Koch, C., & Jones, A. (2016). Big science, team science, and open science for neuroscience. *Neuron, 92*, 612–616.

Koch, C., Massimini, M., Boly, M., & Tononi, G. (2016). The neural correlates of consciousness: Progress and problems. *Nature Review Neuroscience, 17*, 307–321.

Koch, C., McLean, J., Segev, R., Freed, M. A., Berryll, M. J., Balasubramanian, V., & Sterling, P. (2006). How much the eye tells the brain. *Current Biology, 16*, 1428–1434.

Koch, C., & Segev, I. (Eds.). (1998). *Methods in Neuronal Modeling: From Ions to Networks.* Cambridge, MA: MIT Press.

Koch, C., & Tononi, G. (2013). Letter to the Editor: Can a photodiode be conscious? *New York Review of Books, 60*, 43.

Kohler, C. G., Ances, B. M., Coleman, A. R., Ragland, J. D., Lazarev, M., & Gur, R. C. (2000). Marchiafava-Bignami disease: literature review and case report. *Neuropsychiatry Neuropsychology and Behavioral Neurology, 13*(1), 67–67.

Kotchoubey, B., Lang, S., Winter, S., & Birbaumer, N. (2003). Cognitive processing in completely paralyzed patients with amyotrophic lateral sclerosis. *European Journal of Neurology, 10*, 551–558.

Kouider, S., de Gardelle, V., Sackur, J., & Dupoux, E. (2010). How rich is consciousness? The partial awareness hypothesis. *Trends in Cognitive Sciences, 14*, 301–307.

Kretschmann, H.-J., & Weinrich, W. (1992). *Cranial Neuroimaging and Clinical Neuroanatomy.* Stuttgart: Georg Thieme.

Kripke, S. A. (1980). *Naming and Necessity.* Cambridge, MA: Harvard University Press.

Lachhwani, D. P., & Dinner, D. S. (2003). Cortical stimulation in the definition of eloquent cortical areas. *Handbook of Clinical Neurophysiology, 3*, 273–286.

Laduente, V. de, & Romo, R. (2006). Neural correlate of subjective sensory experience gradually builds up across cortical areas. *Proceedings of the National Academy of Sciences, 103*, 14266–14271.

Lamme, V. A. F. (2003). Why visual attention and awareness are different. *Trends in Cognitive Sciences, 7*, 12–18.

Lamme, V. A. F. (2006). Towards a true neural stance on consciousness. *Trends in Cognitive Sciences, 10*, 494–501.

Lamme, V. A. F. (2010). How neuroscience will change our view on consciousness. *Cognitive Neuroscience, 1*, 204–220.

Lamme, V. A. F., & Roelfsema, P. R. (2000). The distinct modes of vision offered by feedforward and recurrent processing. *Trends in Neurosciences, 23*, 571–579.

Landsness, E., Bruno, A. A., Noirhomme, Q., Riedner, B., Gosseries, O., Schnakers, C., et al. (2010). Electrophysiological correlates of behavioural changes in vigilance in vegetative state and minimally conscious state. *Brain, 134*, 2222–2232.

Larkum, M. (2013). A cellular mechanism for cortical associations: An organizing principle for the cerebral cortex. *Trends in Neurosciences, 36*, 141–151.

Lazar, R. M., Marshall, R. S., Prell, G. D., & Pile-Spellman, J. (2010). The experience of Wernicke's aphasia. *Neurology, 55*, 1222–1224.

Leibniz, G. W. (1951). *Leibniz: Selections.* P. P. Wiener (Ed.). New York: Charles Scribner's Sons.

Lem, S. (1987). *Peace on Earth.* San Diego: Harcourt.

Lemaitre, A.-L., Herbet, G., Duffau, H., & Lafargue, G. (2018). Preserved metacognitive ability despite unilateral or bilateral anterior prefrontal resection. *Brain & Cognition, 120*, 48–57.

Lemon, R. N., & Edgley, S. A. (2010). Life without a cerebellum. *Brain, 133*, 652–654.

Levin, J. (2018). Functionalism. In E. N. Zalta (Ed.), *The Stanford Encyclopedia of Philosophy*. https://plato.stanford.edu/archives/fall2018/entries/functionalism/.

Levi-Strauss, C. (1969). *Raw and the Cooked: Introduction to a Science of Mythology*. New York: Harper & Row,

Lewis, D. (1983). Extrinsic properties. *Philosophical Studies, 44*, 197–200.

Li, F. F., VanRullen, R., Koch, C., & Perona, P. (2002). Rapid natural scene categorization in the near absence of attention. *Proceedings of the National Academy of Sciences, 99*, 9596–9601.

List, C. (2016). What is it like to be a group agent? *Noûs, 52*, 295–319.

Logan, G. D., & Crump, M. J. C. (2009). The left hand doesn't know what the right hand is doing. *Psychological Science, 20*, 1296–1300.

Loukola, O. J., Perry, C. J., Coscos, L., & Chittka, L. (2017). Bumblebees show cognitive flexibility by improving on an observed complex behavior. *Science, 355*, 833–836.

Luo, Q., Mitchell, D., Cheng, X., Mondillo, K., Mccaffrey, D., Holroyd, T., et al. (2009). Visual awareness, emotion, and gamma band synchronization. *Cerebral Cortex, 19*, 1896–1904.

Lutz, A., Jha, A. P., Dunne, J. D., & Saron, C. D. (2015). Investigating the phenomenological matrix of mindfulness-related practices from a neurocognitive perspective. *American Psychologist, 70*, 632–658.

Lutz, A., Slagter, H. A., Rawlings, N. B., Francis, A. D., Greischar, L. L., & Davidson, R. J. (2009). Mental training enhances attentional stability: Neural and behavioral evidence. *Journal of Neuroscience, 29*, 13418–13427.

Mack, A., & Rock, I. (1998). *Inattentional Blindness*. Cambridge, MA: MIT Press. Macphail, E. M. (1998). *The Evolution of Consciousness*. Oxford: Oxford University Press.

Macphail, E. M. (2000). The search for a mental Rubicon. In C. Heyes and L. Huber (Eds.), *The Evolution of Cognition* (pp. 253–271). Cambridge, MA: MIT Press.

Markari, G. (2015). *Soul Machine – The Invention of the Modern Mind*. New York: W. W. Norton.

Markowitsch, H. J., & Kessler, J. (2000). Massive impairment in executive functions with partial preservation of other cognitive functions: The case of a young patient with severe degeneration of the prefrontal cortex. *Experimental Brain Research, 133*, 94–102.

Markram, H. (2006). The blue brain project. *Nature Reviews Neuroscience, 7*, 153–160.

Markram, H. (2012). The human brain project. *Scientific American, 306*, 50–55.

Markram, H., Muller, E., Ramaswamy, S., Reimann, M. W., Abdellah, M., Sanchez, C. A., et al. (2015). Reconstruction and simulation of neocortical microcircuitry. *Gell, 163*, 456–492.

Marks, L. (2017). What my stroke taught me. *Nautilus, 19*, 80–89. Marr, D. (1982). *Vision*. San Francisco, CA: Freeman.

Mars, R. B., Sotiropoulos, S. N., Passingham, R. E., Sallet, J., Verhagen, L., Khrapitchev, A. A., et al. (2018). Whole brain comparative anatomy using connectivity blueprints. *eLife, 7*, e35237.

Marshall, W., Albantakis, L., & Tononi, G. (2016), Black-boxing and cause-effect power. *arXiv*, 1608.03461.

Marshall, W., Kim, H., Walker, S. I., Tononi, G., & Albantakis, L. (2017). How causal analysis can reveal autonomy in models of biological systems. *Philosophical Transactions of the Royal Society of London A, 375*. doi:10.1098/rsta.2016.0358

Martin, J. T., Faulconer, A. Jr., & Bickford, R. G. (1959). Electroencephalography in anesthesiology. *Anesthesiology, 20*, 359–376.

Massimini, M., Ferrarelli, F., Huber, R., Esser, S. K., Singh, H., & Tononi, G. (2005). Breakdown of cortical effective connectivity during sleep. *Science, 309*, 2228–2232.

Massimini, M., & Tononi, G. (2018). *Sizing Up Gonsciousness*. Oxford: Oxford University Press.

Mataro, M., Jurado, M. A., García-Sanchez, C., Barraquer, L., Costa-Jussa, F. R., & Junque, C. (2001). Long-term effects of bilateral frontal brain lesion: 60 years after injury with an iron bar. *Archives of Neurology, 58*, 1139–1142.

Mayner, W. G. P., Marshall, W., Albantakis, L., Findlay, G., Marchman, R., & Tononi, G. (2018). PyPhi: A toolbox for integrated information theory. *PLOS Gomputational Biology*, *14*(7), e1006343.

Melloni, L., Molina, C., Pena, M., Torres, D., Singer, W., & Rodriguez, E. (2007). Synchronization of neural activity across cortical areas correlates with conscious perception. *Journal of Neuroscience*, *27*, 2858–2865.

Merker, B. (2007). Consciousness without a cerebral cortex: A challenge for neuroscience and medicine. *Behavioral and Brain Sciences*, *30*, 63–81.

Metzinger, T. (2003). *Being No One: The Self Model Theory of Subjectivity*. Cambridge, MA: MIT Press.

Miller, G. A. (1956). The magical number seven, plus or minus two: some limits on our capacity for processing information. *Psychological Review*, *63*, 81–97.

Miller, S., M. (Ed.). (2015). *The Constitution of Phenomenal Consciousness*. Amsterdam, Netherlands: Benjamins.

Milo, R., & Phillips, R. (2016). *Cell Biology by the Numbers*. New York: Garland Science.

Minsky, M. (1986). *The Society of Mind*. New York: Simon & Schuster.

Mitchell, R. W. (2009). Self awareness without inner speech: A commentary on Morin. *Consciousness & Cognition*, *18*, 532–534.

Mitchell, T. J., Hacker, C. D., Breshears, J. D., Szrama, N. P., Sharma, M., Bundy, D. T., et al. (2013). A novel data-driven approach to preoperative mapping of functional cortex using resting-state functional magnetic resonance imaging. *Neurosurgery*, *73*, 969–982.

Monti, M. M., Vanhaudenhuyse, A., Coleman, M. R., Boly, M., Pickard, J. D. Tshibanda, L., et al. (2010). Willful modulation of brain activity in disorders of consciousness. *New England Journal of Medicine*, *362*, 579–589.

Mooneyham, B. W., & Schooler, J. W. (2013). The costs and benefits of mind-wandering: A review. *Canadian Journal of Experimental Psychology*, *67*, 11–18.

Mørch, H. H. (2017). The integrated information theory of consciousness. *Philosophy Now*, *121*, 12–16.

Mørch, H. H. (2018). Is the integrated information theory of consciousness compatible with Russellian panpsychism? *Erkenntnis*, 1–21. doi:10.1007/s10670-018-9995-6.

Morgan, C. L. (1894). *An Introduction to Comparative Psychology*. New York: Scribner.

Morin, A. (2009). Self-awareness deficits following loss of inner speech: Dr. Jill Bolte Taylor's case study. *Consciousness & Cognition*, *18*, 524–529.

Mortensen, H. S., Pakkenberg, B., Dam, M., Dietz, R., Sonne, C., Mikkelsen, B., & Eriksen, N. (2014). Quantitative relationships in delphinid neocortex. *Frontiers in Neuroanatomy*, *8*, 132.

Mudrik, L., Faivre, N., & Koch, C. (2014). Information integration without awareness. *Trends in Cognitive Sciences*, *18*, 488–496.

Munk, M. H., Roelfsema, P. R., König, P., Engel, A. K., & Singer, W. (1996). Role of reticular activation in the modulation of intracortical synchronization. *Science*, *272*, 271–274.

Murphy, M. J., Bruno, M. A., Riedner, B. A., Boveroux, P., Noirhomme, Q., Landsness, E. C., et al. (2011). Propofol anesthesia and sleep: A high-density EEG study. *Sleep*, *34*, 283–291.

Nagel, T. (1974). What is it like to be a bat? *Philosophical Review*, *83*, 435–450. Nagel, T. (1979). *Mortal Questions*. Cambridge: Cambridge University Press.

Narahany, N. A., Greely, H. T., Hyman, H., Koch, C., Grady, C., Pasca, S. P., et al. (2018). The ethics of experimenting with human brain tissue. *Nature*, *556*, 429–432.

Narikiyo, K., Mizuguchi, R., Ajima, A., Mitsui, S., Shiozaki, M., Hamanaka, H., et al. (2018). The claustrum coordinates cortical slow-wave activity. *bioRxiv*, doi:https://doi.org/10.1101/286773.

Narr, K. L., Woods, R. P., Thompson, P. M., Szeszko, P., Robinson, D., Dimtcheva, T., & Bilder, R. M. (2006). Relationships between IQ and regional cortical gray matter thickness in healthy adults. *Cerebral Cortex*, *17*, 2163–2171.

Newton, M. (2002). *Savage Girls and Wild Boys*. New York: Macmillan.

Nichelli, P. (2016). Consciousness and aphasia. In S. Laureys, O. Gosseries, & G. Tononi (Eds.), *The Neurology of Consciousness* (2nd ed., pp. 379–391). Amsterdam: Elsevier.

Niikawa, T. (2018). Moral status and consciousness. *Annals of the University of Bucharest–Philosophy, 67*, 235–257.

Nir, Y., & Tononi, G. (2010). Dreaming and the brain: From phenomenology to neurophysiology. *Trends in Cognitive Sciences, 14*, 88–100.

Nityananda, V. (2016). Attention-like processes in insects. *Proceedings of the Royal Society of London Series B: Biological Sciences, 283*, 20161986.

Norretranders, T. (1991). *The User Illusion: Cutting Consciousness Down to Size*. New York: Viking Penguin.

Noyes, R. Jr., & Kletti, R. (1976). Depersonalization in the face of life-threatening danger: A description. *Psychiatry, 39*, 19–27.

Odegaard, B., Knight, R. T., & Lau, H. (2017). Should a few null findings falsify prefrontal theories of conscious perception? *Journal of Neuroscience, 37*, 9593–9602.

Odier, D. (2005). *Yoga Spandakarika: The Sacred Texts at the Origins of Tantra*. Rochester, Vermont: Inner Traditions.

Oizumi, M., Albantakis, L., & Tononi, G. (2014). From the phenomenology to the mechanisms of consciousness: Integrated information theory 3.0. *PLOS Computational Biology, 10*, e1003588.

Oizumi, M., Tsuchiya, N., & Amari, S. I. (2016). Unified framework for information integration based on information geometry. *Proceedings of the National Academy of Sciences, 113*, 14817–14822.

O'Leary, M. A., Bloch, J. I., Flynn, J. J., Gaudin, T. J., Giallombardo, A., Giannini, N. P., et al. (2013). The placental mammal ancestor and the post–K-Pg radiation of placentals. *Science, 339*, 662–667.

O'Regan, J. K., Rensink, R. A., & Clark, J. J. (1999). Change-blindness as a result of "mudsplashes." *Nature, 398*, 34–35.

Owen, A. (2017). *Into the Gray Zone: A Neuroscientist Explores the Border between Life and Death*. London: Scribner.

Owen, M. (2018). Aristotelian causation and neural correlates of consciousness. *Topoi: An International Review of Philosophy*, 1–12. doi:https://doi.org/10.1007/s11245-018-9606-9.

Palmer, S. (1999). *Vision Science: Photons to Phenomenology*. Cambridge, MA: MIT Press.

Parker, I. (2003). Reading minds. *New Yorker*, January 20.

Parvizi, J., & Damasio, A. (2001). Consciousness and the brainstem. *Cognition, 79*, 135–159.

Parvizi, J., Jacques, C., Foster, B. L., Withoft, N., Rangarajan, V., Weiner, K. S., & Grill-Spector, K. (2012). Electrical stimulation of human fusiform face-selective regions distorts face perception. *Journal of Neuroscience, 32*, 14915–14920.

Pasca, S. P. (2019). Assembling human brain organoids. *Science, 363*, 126–127.

Passingham, R. E. (2002). The frontal cortex: Does size matter? *Nature Neuroscience, 5*, 190–192.

Paul, L. K., Brown, W. S., Adolphs, R., Tyszka, J. M., Richards, L. J., Mukherjee, P., & Sherr, E. H. (2007). Agenesis of the corpus callosum: genetic, developmental and functional aspects of connectivity. *Nature Reviews Neuroscience, 8*, 287–299.

Pearl, J. (2000). *Causality: Models, Reasoning, and Inference*. Cambridge: Cambridge University Press.

Pearl, J. (2018). *The Book of Why: The New Science of Cause and Effect*. New York: Basic Books.

Pekala, R. J., & Kumar, V. K. (1986). The differential organization of the structure of consciousness during hypnosis and a baseline condition. *Journal of Mind and Behavior, 7*, 515–539.

Penfield, W. & Perot, P. (1963). The brain's record of auditory and visual experience: A final summary and discussion. *Brain, 86*, 595–696.

Penrose, R. (1989). *The Emperor's New Mind.* Oxford: Oxford University Press. Penrose, R. (1994). *Shadows of the Mind.* Oxford: Oxford University Press.

Penrose, R. (2004). *The Road to Reality – A Complete Guide to the Laws of the Universe.* New York: Knopf.

Piersol, G. A. (1913). *Human Anatomy.* Philadelphia: J. B. Lippincott.

Pietrini, P., Salmon, E., & Nichelli, P. (2016). Consciousness and dementia: How the brain loses its self. In S. Laureys, O. Gosseries, &. G. Tononi (Eds.), *Neurology of Consciousness* (2nd ed., pp. 379–391). Amsterdam: Elsevier.

Pinto, Y., Haan, E. H. F., & Lamme, V. A. F. (2017). The split-brain phenomenon revisited: A single conscious agent with split perception. *Trends in Cognitive Sciences, 21,* 835–851.

Pinto, Y., Lamme, V. A. F., & de Haan, E. H. F. (2017). Cross-cueing cannot explain unified control in split-brain patients – Letter to the Editor. *Brain, 140,* 1–2.

Pinto, Y., Neville, D. A., Otten, M., Corballis, P. M., Lamme, V. A., de Haan, E. H., et al. (2017). Split brain: Divided perception but undivided consciousness. *Brain, 140,* 1231–1237.

Pitkow, X., & Meister, M. (2014). Neural computation in sensory systems. In M. S. Gazzaniga & G. R. Mangun (Eds.), *The Cognitive Neurosciences,* pp. 305–316. Cambridge, MA: MIT Press.

Pitts, M. A., Lutsyshyna, L. A., & Hillyard, S. A. (2018). The relationship between attention and consciousness: an expanded taxonomy and implications for "no-report" paradigms. *Philosophical Transactions of the Royal Society of London B, 373,* 20170348. doi:10.1098/rstb.2017.0348.

Pitts, M. A., Padwal, J., Fennelly, D., Martínez, A., & Hillyard, S. A. (2014). Gamma band activity and the P3 reflect post-perceptual processes, not visual awareness. *NeuroImage, 101,* 337–350.

Plomin, R. (2001). The genetics of *G* in human and mouse. *Nature Reviews Neuroscience, 2,* 136–141.

Pockett, S., & Holmes, M. D. (2009). Intracranial EEG power spectra and phase synchrony during consciousness and unconsciousness. *Consciousness and Cognition, 18,* 1049–1055.

Polak, M., & Marvan, T. (2018). Neural correlates of consciousness meet the theory of identity. *Frontiers in Psychology, 24.* doi:10.3389/fpsyg.2018.01269

Popa, I., Donos, C., Barborica, A., Opris, I., Dragos, M., Mălîia, M., Ene, M., Ciurea, J., & Mîndruta, I. (2016). Intrusive thoughts elicited by direct electrical stimulation during stereoelectroencephalography. *Frontiers in Neurology, 7.* doi:10.3389/fneur.2016.00114

Posner, J. B., Saper, C. B., Schiff, N. D., & Plum, F. (2007). *Plum and Posner's Diagnosis of Stupor and Coma.* New York: Oxford University Press.

Preuss, T. M. (2009). The cognitive neuroscience of human uniqueness. In M. S. Gazzaniga (Ed.), *The Cognitive Neuroscience* (pp. 49–64). Cambridge, MA: MIT Press.

Prinz, J. (2003). A neurofunctional theory of consciousness. In A. Brook & K. Akins (Eds.), *Philosophy and Neuroscience.* Cambridge: Cambridge University Press.

Puccetti, R. (1973). *The Trial of John and Henry Norton.* London: Hutchinson.

Quadrato, G., Nguyen, T., Macosko, E. Z., Sherwood, J. L., Yang, S. M., Berger, D. R., et al. (2017). Cell diversity and network dynamics in photosensitive human brain organoids. *Nature, 545,* 48–53.

Railo, H., Koivisto, M., & Revonsuo, A. (2011). Tracking the processes behind conscious perception: A review of event-related potential correlates of visual consciousness. *Consciousness and Cognition, 20,* 972–983.

Ramsoy, T. Z., & Overgaard, M. (2004). Introspection and subliminal perception. *Phenomenology and the Cognitive Sciences, 3,* 1–23.

Rangarajan, V., Hermes, D., Foster, B. L., Weinfer, K. S., Jacques, C., Grill-Spector, K., & Parvizi, J. (2014). Electrical stimulation of the left and right human fusiform gyrus causes different effects in conscious face perception. *Journal of Neuroscience, 34,* 12828–12836.

Rangarajan, V., & Parvizi, J. (2016). Functional asymmetry between the left and right human fusiform gyrus explored through electrical brain stimulation. *Neuropsychologia, 83,* 29–36.

Rathi, Y., Pasternak, O., Savadjiev, P., Michailovich, O., Bouix, S., Kubicki, M., et al. (2014) Gray matter alterations in early aging: A diffusion magnetic resonance imaging study. *Human Brain Mapping, 35*, 3841–3856.

Rauschecker, A. M., Dastjerdi, M., Weiner, K. S., Witthoft, N., Chen, J., Selimbeyoglu, A., & Parvizi, J. (2013). Illusions of visual motion elicited by electrical stimulation of human MT complex. *PLoS ONE, 6.* doi:10.1371/journal.pone.0021798.

Ray, S., & Maunsell, J. H. (2011). Network rhythms influence the relationship between spike-triggered local field potential and functional connectivity. *Journal of Neuroscience, 31*, 12674–12682.

Reardon, S. (2017). A giant neuron found wrapped around entire mouse brain. *Nature, 543*, 14–15.

Reimann, M. W., Anastassiou, C. A., Perin, R., Hill, S., Markram, H., & Koch, C. (2013). A biophysically detailed model of neocortical local field potentials predicts the critical role of active membrane currents. *Neuron, 79*, 375–390.

Rensink, R.A., O'Regan, J.K., & Clark, J.J. (1997). To see or not to see: The need for attention to perceive changes in scenes. *Psychological Sciences, 8*, 368–373.

Rey, G. (1983). A Reason for doubting the existence of consciousness. In R. Davidson, G. Schwarz, and D. Shapiro (Eds.), *Consciousness and Self-Regulation: Advances in Research and Theory* (Vol. 3). New York: Plenum Press.

Rey, G. (1991). Reasons for doubting the existence of even epiphenomenal consciousness. *Behavioral & Brain Science, 14*, 691–692.

Ricard, M., Lutz, A., & Davidson, R. J. (2014). Mind of the meditator. *Scientific American, 311*, 38–45.

Ridley, M. (2006). *Francis Crick.* New York: HarperCollins.

Rodriguez, E., George, N., Lachaux, J.-P., Martinerie, J., Renault, B., & Varela, F.J. (1999). Perception's shadow: Long-distance synchronization of human brain activity. *Nature, 397*, 430–433.

Roelfsema, P. R., Engel, A. K., König, P., & Singer, W. (1997). Visuomotor integration is associated with zero time-lag synchronization among cortical areas. *Nature, 385*, 157–161.

Romer, A. S., & Sturges, T. S. (1986). *The Vertebrate Body* (6th ed.). Philadelphia: Saunders College.

Roth, G., & Dicke, U. (2005). Evolution of the brain and intelligence. *Trends in Cognitive Sciences, 9*, 250–257.

Rowe, T. B., Macrini, T. E., & Luo, Z.-X. (2011). Fossil evidence on origin of the mammalian brain. *Science, 332*, 955–957.

Rowlands, M. (2009). *The Philosopher and the Wolf.* New York: Pegasus Books. Rowlatt, P. (2018). *Mind, a Property of Matter.* London: Ionides Publishing.

Ruan, S., Wobbrock, J. O., Liou, K., Ng, A., & Landay, J. A. (2017). Comparing speech and keyboard text entry for short messages in two languages on touchscreen phones. In *Proceedings of ACM Interactive, Mobile, Wearable and Ubiquitous Technologies.* doi:10.1145/3161187.

Ruff, C. B., Trinkaus, E., & Holliday, T. W. (1997). Body mass and encephalization in Pleistocene Homo. *Nature, 387*, 173–176.

Russell, B. (1927). *The Analysis of Matter.* London: George Allen & Unwin.

Russell, R., Duchaine, B., & Nakayama, K. (2009). Super-recognizers: People with extraordinary face recognition ability. *Psychonomic Bulletin and Review, 16*, 252–257.

Rymer, R. (1994). *Genie: A Scientific Tragedy* (2nd ed.). New York: Harper Perennial.

Sacks, O. (2010). *The Mind's Eye.* New York: Knopf.

Sacks, O. (2017). *The River of Consciousness.* New York: Knopf.

Sadava, D., Hillis, D. M., Heller, H. C., & Berenbaum, M. R. (2011). *Life: The Science of Biology* (9th ed.). Sunderland, MA: Sinauer and W.H. Freeman.

Sandberg, K., Timmermans, B., Overgaard, M., & Cleeremans, A. (2010). Measuring consciousness: Is one measure better than the other? *Consciousness and Cognition, 19*, 1069–1078.

Sanes, J. R., & Masland, R. H. (2015). The types of retinal ganglion cells: Current status and implications for neuronal classification. *Annual Review of Neuroscience, 38*, 221–246.

Saper, C. B., & Fuller, P. M. (2017). Wake-sleep circuitry: An overview. *Current Opinion in Neurobiology, 44*, 186–192.

Saper, C. B., Scammell, T. E., & Lu, J. (2005). Hypothalamic regulation of sleep and circadian rhythms. *Nature, 437*, 1257–1263.

Saposnik, G., Bueri, J. A., Mauriño, J., Saizar, R., & Garretto, N. S. (2000). Spontaneous and reflex movements in brain death. *Neurology, 54*, 221.

Sasai, S., Boly, M., Mensen, A., & Tononi, G. (2016). Functional split brain in a driving/listening paradigm. *Proceedings of the National Academy of Sciences, 113*, 14444–14449.

Scammell, T. E., Arrigoni, E., & Lipton, J. O. (2016). Neural circuitry of wakefulness and sleep. *Neuron, 93*, 747–765.

Schalk, G., Kapeller, C., Guger, C., Ogawa, H., Hiroshima, S., Lafer-Sousa, R., et al. (2017). Facephenes and rainbows: Causal evidence for functional and anatomical specificity of face and color processing in the human brain. *Proceedings of the National Academy of Sciences, 114*, 12285–12290.

Schartner, M. M., Carhart-Harris, R. L., Barrett, A. B., Seth, A. K., & Muthukumaraswamy, S. D. (2017). Increased spontaneous MEG signal diversity for psychoactive doses of ketamine, LSD and psilocybin. *Scientific Reports, 7*, 46421.

Schiff, N. D. (2013). Making waves in consciousness research. *Science Translational Medicine, 5*, 1–3.

Schiff, N. D., & Fins, J. J. (2016). Brain death and disorders of consciousness. *Current Biology, 26*, R572–R576.

Schimmack, U., Heene, M., & Kesavan, K. (2017). Reconstruction of a train wreck: How priming research went off the rails. https://replicationindex.wordpress.com/2017/02/02/reconstruction-of-a-train-wreck-how-priming-research-went-of-the-rails/.

Schmidt, E. M., Bak, M. J., Hambrecht, F. T., Kufta, C. V., O'Rourke, D. K., & Vallabhanath, P. (1996). Feasibility of a visual prosthesis for the blind based on intracortical microstimulation of the visual cortex. *Brain, 119*, 507–522.

Schooler, J. W., & Melcher, J. (1995). The ineffability of insight. In S. M. Smith, T. B. Ward, & R. A. Finke (Eds.), *The Creative Cognition Approach* (pp. 97–134). Cambridge, MA: MIT Press.

Schooler, J. W., Ohlsson, S., & Brooks, K. Thoughts beyond words: When language overshadows insight. *Journal of Experimental Psychology – General, 122*, 166–183.

Schopenhauer, A. (1813). *On the Fourfold Root of the Principle of Sufficient Reason*. (Hillebrand, K., Trans.; rev. ed., 1907). London: George Bell & Sons.

Schrödinger, E. (1958). *Mind and Matter*. Cambridge: Cambridge University Press.

Schubert, R., Haufe, S., Blankenburg, F., Villringer, A., & Curio, G. (2008). Now you'll feel it – now you won't: EEG rhythms predict the effectiveness of perceptual masking. *Journal of Cognitive Neuroscience, 21*, 2407–2419.

Searle, J. R. (1980). Minds, brains, and programs. *Behavioral and Brain Sciences, 3*, 417–424.

Searle, J. R. (1992). *The Rediscovery of the Mind*. Cambridge, MA: MIT Press.

Searle, J. R. (1997). *The Mystery of Consciousness*. New York: New York Review Books.

Searle, J. R. (2013a). Can information theory explain consciousness? *New York Review of Books*, January 10, 54–58.

Searle, J. R. (2013b). Reply to Koch and Tononi. *New York Review of Books*, March 7. Seeley, T. D. (2000). *Honeybee Democracy*. Princeton: Princeton University Press.

Selimbeyoglu, A., & Parvizi, J. (2010). Electrical stimulation of the human brain: Perceptual and behavioral phenomena reported in the old and new literature. *Frontiers in Human Neuroscience, 4*. doi:10.3389/fnhum.2010.00046

Sender, R., Fuchs, S., & Milo, R. (2016). Revised estimates for the number of human and bacteria cells in the body. *PLOS Biology, 14*, e1002533.

Sergent, C., & Dehaene, S. (2004). Is consciousness a gradual phenomenon? Evidence for an all-or-none bifurcation during the attentional blink. *Psychological Science, 15*, 720–728.

Seth, A. K. (2015). Inference to the best prediction: A reply to Wanja Wiese. In T. Metzinger & J. M. Windt (Eds.), *OpenMIND* (p. 35). Cambridge, MA: MIT Press.

Seung, S. (2012). *Connectome: How the Brain's Wiring Makes Us Who We Are*. New York: Houghton Mifflin Harcourt.

Shanahan, M. (2015). Ascribing consciousness to artificial intelligence. *arXiv*, 1504.05696v2.

Shanks, D. R., Newell, B. R., Lee, E. H., Balakrishnan, D., Ekelund, L., Cenac, Z., Kavvadia, F., & Moore, C. (2013). Priming intelligent behavior: An elusive phenomenon. *PLOS One, 8*(4), e56515.

Shear, J. (Ed.). (1997). *Explaining Consciousness: The Hard Problem*. Cambridge, MA: MIT Press.

Shewmon, D. A. (1997). Recovery from "brain death": A neurologist's apologia. *Linacre Quarterly, 64*, 30–96.

Shipman, P. (2015). *The Invaders: How Humans and Their Dogs Drove Neanderthals to Extinction*. Cambridge, MA: Harvard University Press.

Shubin, N. (2008). *Your Inner Fish – A Journey into the 3.5-billion Year History of the Human Body*. New York: Vintage.

Siclari, F., Baird, B., Perogamvros, L., Bernadri, G., LaRocque, J. J., Riedner, B., Boly, M., Postle, B. R., & Tononi, G. (2017). The neural correlates of dreaming. *Nature Neuroscience, 20*, 872–878.

Simons, D. J., & Chabris, C.F. (1999). Gorillas in our midst: Sustained inattentional blindness for dynamic events. *Perception, 28*, 1059–1074.

Simons, D. J., & Levin, D. T. (1997). Change blindness. *Trends in Cognitive Sciences, 1*, 261–267.

Simons, D. J., & Levin, D. T. (1998) Failure to detect changes to people during a real-world interaction. *Psychonomic Bulletin & Review, 5*, 644–649.

Singer, P. (1975). *Animal Liberation*. New York: HarperCollins.

Singer, P. (1994). *Rethinking Life and Death*. New York: St. Martin's Press.

Skrbina, D. F. (2017). *Panpsychism in the West* (Rev. ed.). Cambridge, MA: MIT Press.

Sloan, S. A., Darmanis, S., Huber, N., Khan, T. A., Birey, F., Caneda, C., & Paşca, S. P. (2017). Human astrocyte maturation captured in 3D cerebral cortical spheroids derived from pluripotent stem cells. *Neuron, 95*, 779–790.

Snaprud, P. (2018). The consciousness wager. *New Scientist*, June 23, 26–29.

Sperry, R. W. (1974). Lateral specialization in the surgically separated hemispheres. In F. O. Schmitt and F.G. Worden (Eds.), *Neuroscience 3rd Study Program*. Cambridge, MA: MIT Press.

Stickgold, R., Malaia, A., Fosse, R., Propper, R., & Hobson, J.A. (2001). Brain-mind states: Longitudinal field study of sleep/wake factors influencing mentation report length. *Sleep, 24*, 171–179.

Strawson, G. (1994). *Mental Reality*. Cambridge, MA: MIT Press.

Strawson, G. (2018). The consciousness deniers. *New York Review of Books*, March 13.

Sullivan, P. R. (1995). Content-less consciousness and information-processing theories of mind. *Philosophy, Psychiatry, and Psychology, 2*, 51–59.

Super, H., Spekreijse, H., & Lamme, V. A. F. (2001). Two distinct modes of sensory processing observed in monkey primary visual cortex. *Nature Neuroscience, 4*, 304–310.

Takahashi, N., Oertner T. G., Hegemann, P., & Larkum, M.E. (2016). Active cortical dendrites modulate perception. *Science, 354*, 1587–1590.

Taneja, B., Srivastava, V., & Saxena, K. N. (2012). Physiological and anaesthetic considerations for the preterm neonate undergoing surgery. *Journal of Neonatal Surgery, 1*, 14.

Tasic, B., Yao, Z., Graybuck, L., T., Smith, K. A., Nguyen, T. N. Bertagnolli, D., Giddy, J. et al. (2018). Shared and distinct transcriptomic cell types across neocortical areas. *Nature, 563*, 72–78.

Teilhard de Chardin, P. (1959). *The Phenomenon of Man*. New York: Harper.

Tegmark, M. (2000). The importance of quantum decoherence in brain processes. *Physical Review E*, *61*, 4194–4206.

Tegmark, M. (2014). *Our Mathematical Universe: My Quest for the Ultimate Nature of Reality*. New York: Alfred Knopf.

Tegmark, M. (2015). Consciousness as a state of matter. *Chaos, Solitons & Fractals*, *76*, 238–270.

Tegmark, M. (2016). Improved measures of integrated information. *PLOS Computational Biology*, *12*(11), e1005123.

Teresi, D. (2012). *The Undead – Organ Harvesting, the Ice-Water Test, Beating-Heart Cadavers – How Medicine Is Blurring the Line between Life and Death*. New York: Pantheon Books.

Thompson, E. (2007). *Mind in Life: Biology, Phenomenology, and the Sciences of the Mind*. Cambridge, MA: Harvard University Press.

Tononi, G. (2012). Integrated information theory of consciousness: An updated account. *Archives Italiennes de Biology*, *150*, 290–326.

Tononi, G., Boly, M., Gosseries, O., & Laureys, S. (2016). The neurology of consciousness. In S. Laureys, O. Gosseries, & G. Tononi (Eds.), *The Neurology of Consciousness* (2nd ed., pp. 407–461). Amsterdam: Elsevier.

Tononi, G., Boly, M., Massimini, M., & Koch, C. (2016). Integrated information theory: From consciousness to its physical substrate. *Nature Reviews Neuroscience*, *17*, 450–461.

Tononi, G., & Koch, C. (2015). Consciousness: Here, there and everywhere? *Philosophical Transactions of the Royal Society of London B*, *370*, 20140167.

Travis, S. L., Dux, P. E., & Mattingley, J. B. (2017). Re-examining the influence of attention and consciousness on visual afterimage duration. *Journal of Experimental Psychology: Human Perception and Performance*, *43*, 1944–1949.

Treisman, A. (1996). The binding problem. *Current Opinions in Neurobiology*, *6*, 171–178.

Trujillo, C. A., Gao, R., Negraes, P. D., Chaim, I. A., Momissy, A., Vandenberghe, M., Devor, A., Yeo, G. W., Voytek, B., & Muotri, A. R. (2018). Nested oscillatory dynamics in cortical organoids model early human brain network development. *bioRxiv*, doi:https://doi.org/10.1101/358622.

Truog, R. D., & Miller, F. G. (2014). Changing the conversation about brain death. *American Journal of Bioethics*, *14*, 9–14.

Tsuchiya, N., & Koch, C. (2005). Continuous flash suppression reduces negative afterimages. *Nature Neuroscience*, *8*, 1096–101.

Tsuchiya, N., Taguchi, S., & Saigo, H. (2016). Using category theory to assess the relationship between consciousness and integrated information theory. *Neuroscience Research*, *107*, 1–7.

Turing, A. (1950). Computing machinery and intelligence. *Mind*, *59*, 433–460.

Tyszka, J. M., Kennedy, D. P., Adolphs, R., & Paul, L. K. (2011). Intact bilateral restingstate networks in the absence of the corpus callosum. *Journal of Neuroscience*, *31*, 15154–15162.

VanRullen, R. (2016). Perceptual cycles. *Trends in Cognitive Sciences*, *20*, 723–735.

VanRullen, R., & Koch, C. (2003). Is perception discrete or continuous? *Trends in Cognitive Sciences*, *7*, 207–213.

VanRullen, R., Reddy, L., & Koch, C. (2010). A motion illusion reveals the temporally discrete nature of visual awareness. In R. Nijhawam & B. Khurana (Eds.), *Space and Time in Perception and Action* (pp. 521–535). Cambridge: Cambridge University Press.

Varki, A., & Altheide, T. K. (2005). Comparing the human and chimpanzee genomes: Searching for needles in a haystack. *Genome Research*, *15*, 1746–1758.

Vilensky, J. A. (Ed.). (2011). *Encephalitis Lethargica – During and After the Epidemic*. Oxford: Oxford University Press.

Vries, S. E. de, Lecoq, J., Buice, M. A., Groblewski, P. A., Ocker, G. K., Oliver, M. et al. (2018). A large-scale, standardized physiological survey reveals higher order coding throughout the mouse visual cortex. *bioRxiv*, 359513.

Volz, L. J., & Gazzaniga, M. S. (2017). Interaction in isolation: 50 years of insights from split-brain research. *Brain, 140,* 2051–2060.

Volz, L. J., Hillyard, S. A., Miler, M. B., & Gazzaniga, M. S. (2018). Unifying control over the body: Consciousness and cross-cueing in split-brain patients. *Brain, 141,* 1–3.

Vugt, B. van, Dagnino, B., Vartak, D., Safaai, H., Panzeri, S., Dehaene, S., & Roelfsema, P. R. (2018). The threshold for conscious report: Signal loss and response bias in visual and frontal cortex. *Science, 360,* 537–542.

Vyazovskiy, V. V., Olcese, U., Hanlon, E. C., Nir, Y., Cirelli, C., & Tononi, G. (2011). Local sleep in awake rats. *Nature, 472,* 443–447.

Wallace, D.F. (2004). Consider the lobster. *Gourmet* (August): 50–64.

Walloe, S., Pakkenberg, B., & Fabricius, K. (2014). Stereological estimation of total cell numbers in the human cerebral and cerebellar cortex. *Frontiers in Human Neuroscience, 8,* 508–518.

Wan, X., Nakatani, H., Ueno, K., Asamizuya, T., Cheng, K., & Tanaka, K. (2011). The neural basis of intuitive best next-move generation in board game experts. *Science, 331,* 341–346.

Wan, X., Takano, D., Asamizuya, T., Suzuki, C., Ueno, K., Cheng, K., et al. (2012). Developing intuition: Neural correlates of cognitive-skill learning in caudate nucleus. *Journal of Neuroscience, 32,* 492–501.

Wang, Q., Ng, L., Harris, J. A., Feng, D., Li, Y., Royall, J. J., et al. (2017a). Organization of the connections between claustrum and cortex in the mouse. *Journal of Comparative Neurology, 525,* 1317–1346.

Wang, Y., Li, Y., Kuang X. Rossi, B., Daigle, T. L., Madisen, L., Gu, H., Mills, M., Gray, Tasic, B., Zhou, Z., et al. (2017b). Whole-brain reconstruction and classification of spiny claustrum neurons and L6b-PCs of Gnb4 Tg mice. Poster pre sen ta tion at Society of Neuroscience, 259.02. Washington, DC.

Ward, A. F. & Wegner, D. M. (2013). Mind-blanking: When the mind goes away. *Frontiers in Psychology, 27.* doi:10.3389/fpsyg.2013.00650.

Whitehead, A. (1929). *Process and Reality.* New York: Macmillan.

Wigan, A. L. (1844). Duality of the mind, proved by the structure, functions, and diseases of the brain. *Lancet, 1,* 39–41.

Wigner, E. (1967). *Symmetries and Reflections: Scientific Essays.* Bloomington: Indiana University Press.

Williams, B. (1978). *Descartes: The Project of Pure Enquiry.* New York: Penguin.

Wimmer, R. A., Leopoldi, A., Aichinger, M., Wick, N., Hantusch, B., Novatchkova, Taubenschmid, J., Hämmerle, M., Esk, C., Bagley, J. A., Lindenhofer, D., et al. (2019). Human blood vessel organoids as a model of diabetic vasculopathy. *Nature, 565,* 505–510.

Winawer, J., & Parvizi, J. (2016). Linking electrical stimulation of human primary visual cortex, size of affected cortical area, neuronal responses, and subjective experience. *Neuron, 92,* 1–7.

Winslade, W. (1998). *Confronting Traumatic Brain Injury.* New Haven: Yale University Press.

Wohlleben, P. (2016). *The Hidden Life of Trees.* Vancouver: Greystone.

Woolhouse, R. S., & Francks, R. (Eds.). (1997). *Leibniz's "New System" and Associated Contemporary Texts.* Oxford: Oxford University Press.

Wyart, V., & Tallon-Baudry, C. (2008). Neural dissociation between visual awareness and spatial attention. *Journal of Neuroscience, 28,* 2667–2679.

Yu, F., Jiang, Q. J., Sun, X. Y., & Zhang, R. W. (2014). A new case of complete primary cerebellar agenesis: Clinical and imaging findings in a living patient. *Brain, 138,* 1–5.

Zadra, A., Desautels, A., Petit, D., & Montplaisir, J. (2013). Somnambulism: Clinical aspects and pathophysiological hypotheses. *Lancet Neurology, 12,* 285–294.

Zanardi, P., Tomka, M., & Venuti, L. C. (2018). Quantum integrated information theory. *arXiv,* 1806.01421v1.

Zeki, S. (1993). *A Vision of the Brain.* Oxford: Oxford University Press.

Zeng, H., & Sanes, J. R. (2017). Neuronal cell-type classification: challenges, opportunities and the path forward. *Nature Reviews Neuroscience, 18*, 530–546.

Zimmer, C. (2004). *Soul Made Flesh: The Discovery of the Brain*. New York: Free Press.

Zurek, W. H. (2002). Decoherence and the transition from quantum to classical-revisited. *Los Alamos Science, 27*, 86–109.

Stichwortverzeichnis

© Springer-Verlag GmbH Deutschland, ein Teil von Springer Nature 2020
C. Koch, *Bewusstsein,* https://doi.org/10.1007/978-3-662-61732-8

Printed in the United States
By Bookmasters

Printed in the United States
By Bookmasters